高职高专电力技术类专业系列教材

发电厂动力部分

主　编　夏勇　张争

副主编　朱华杰　郭娅　汪锋

参　编　刘姣姣　姜美影　程天龙

主　审　杨军

机 械 工 业 出 版 社

本书主要介绍了水力发电的原理基础、水轮机的结构、水电厂的辅助设备、水轮机调节和水轮发电机组运行、火力发电的原理基础、锅炉设备、汽轮机设备、汽轮机调节与运行。本书内容紧密联系生产实际，注重职业技能培养。

本书可作为高职高专电力技术类专业教材，也可作为职业资格和岗位技能培训教材，还可供从事水力发电、火力发电等专业的工程技术人员参考。

为方便教学，本书配有免费电子课件、模拟试卷及答案等，凡选用本书作为教材的学校，均可来电索取。咨询电话：010-88379375；电子邮箱：cmpgaozhi@sina.com。

图书在版编目（CIP）数据

发电厂动力部分/夏勇，张争主编 .—北京：机械工业出版社，2017.8
（2024.7 重印）
高职高专电力技术类专业系列教材
ISBN 978-7-111-57322 -7

Ⅰ. ①发… Ⅱ. ①夏…②张… Ⅲ. ①发电厂—动力装置—高等职业教育—教材 Ⅳ. ①TM621

中国版本图书馆 CIP 数据核字（2017）第 162155 号

机械工业出版社（北京市百万庄大街 22 号 邮政编码 100037）
策划编辑：王宗锋 责任编辑：王宗锋 高亚云
责任校对：刘秀芝 封面设计：路恩中
责任印制：刘 媛
涿州市般润文化传播有限公司印刷
2024 年 7 月第 1 版第 4 次印刷
184mm×260mm · 16.5 印张 · 399 千字
标准书号：ISBN 978-7-111-57322 -7
定价：49.80 元

电话服务 网络服务
客服电话：010-88361066 机 工 官 网：www.cmpbook.com
010-88379833 机 工 官 博：weibo.com/cmp1952
010-68326294 金 书 网：www.golden-book.com
封底无防伪标均为盗版 机工教育服务网：www.cmpedu.com

前　言

　　随着科学技术的不断进步与社会生产力的不断发展，电能的需求日益增长，对电力从业者的要求也越来越高。为了满足高职高专院校电力技术类专业学生技术能力培养需要，我们组织编写了本书。

　　本书是校企合作开发教材，由长江工程职业技术学院专业教师和汉江集团丹江口水力发电厂工程技术人员合作编写。本书紧密联系生产实际，全面反映了我国目前发电厂的技术及设备情况，内容详实，易学易懂。

　　本书在编写内容的安排上，对水电、火电的内容同等对待，力求使读者弄懂动力设备的作用、原理和运行，了解发电厂动力设备相互之间的联系，从而对发电厂动力设备有一个系统、整体的了解，为专业知识的学习和现场知识的积累搭建良好的知识平台。动力设备结构复杂，体型庞大，是读者尤其是初学者学习过程中经常遇到的难题，为此，本书配制了大量平面机械视图和立体视图，尽可能通过视图详尽展现复杂设备，解决读者困难。

　　本书由长江工程职业技术学院夏勇、张争任主编，长江工程职业技术学院朱华杰、汪锋和汉江集团丹江口水力发电厂郭娅任副主编。长江工程职业技术学院刘姣姣、姜美影和程天龙参与编写。全书共分8章，其中，第1章由刘姣姣编写，第2章由张争编写，第3章由夏勇编写，第4章由郭娅编写，第5章由姜美影编写，第6章由程天龙编写，第7章由朱华杰编写，第8章由汪锋编写。夏勇、张争负责全书的统稿工作，汉江集团丹江口水力发电厂杨军担任主审。

　　由于时间仓促，书中难免有不妥之处，敬请读者批评指正！

编　者

目　录

水力发电的原理基础

 教学目标

1. 了解水力发电的基本原理。
2. 了解水电站的基本类型。
3. 掌握各类水电站的特点及应用。
4. 了解水轮机的主要类型及其结构特点。
5. 掌握水轮机的工作原理。
6. 掌握水力发电的基本过程。

1.1 水电站的类型

1.1.1 水电站概述

水电站是将水能转换成水轮机旋转的机械能，再由发电机最终将旋转的机械能转换成电能的场所。与火力发电、核能发电相比，水力发电具有环保、可再生、成本低、运行管理简单、起动快、消耗少、适于调峰和调频及污染少等诸多优势，水力发电厂（以下简称水电厂）是我国电力系统中最普遍的能源转换场所。

水电站是借助水工建筑物和机电设备将水能转换为电能的场所，为了利用水流发电，就要将天然落差集中起来，并对天然的流量加以控制和调节（如建造水库），形成发电所需要的水头和流量。

1.1.2 水电站的分类

1. 水电站按集中落差的方式分类

（1）坝式开发和坝式水电站　在河流峡谷处，拦河筑坝，坝前壅水，在坝址处形成集中落差，这种水能开发方式称为**坝式开发**。用坝集中落差形成水头的水电站称为**坝式水电站**。坝式水电站的特点是建有相对较高的拦河坝，以集中落差并形成一定库容，可以进行水量调节。这种水利枢纽一般具有防洪、灌溉、发电、航运、给水等综合功能。其主要建筑物有拦河坝、泄水建筑物和水电站厂房。另外可能有为其他专业部门而设的建筑物，如船闸、灌溉取水口、工业取水口、筏道和鱼道等。水电站建筑物集中布置在电站坝段，坝上游侧设有进水口，进水口设有拦污栅、闸门及启闭设备等。压力钢管一般穿过坝身向机组供水。

坝式水电站按坝和厂房的相对位置不同，又可分为坝后式和河床式两种基本类型。

1）坝后式水电站。如图1-1所示，坝后式水电站一般修建在河流的中、上游，由于筑坝壅水，会造成一定的淹没损失，在河流中上游一般允许淹没到一定高程而不致造成太大损失。电站厂房置于坝下游，坝与厂房一般用沉陷缝分开。厂房不起挡水作用，在结构上与大坝无关，只能形成300m以下的水位差，因为过高的大坝在建造和安全方面都存在难以解决的问题。

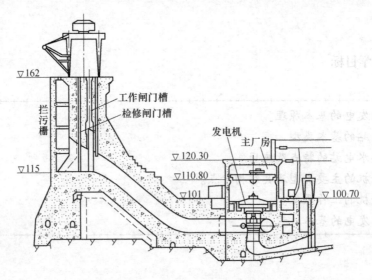

图1-1　坝后式水电站厂房坝段剖面示意图

2）河床式水电站。厂房位于河床中作为挡水建筑物的一部分，与大坝布置在一条线上，只能形成50m以下的水位差，如图1-2所示。随着水位的增高，作为挡水建筑物一部分的厂房上游侧墙面厚度增加，使厂房的投资增大。

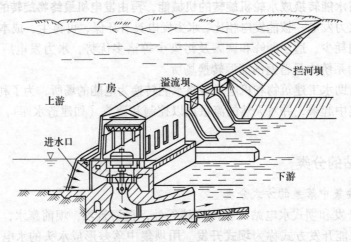

图1-2　河床式水电站厂房坝段剖面示意图

（2）引水式开发和引水式水电站　按照引水建筑物类型的不同，引水式水电站又可分为无压引水式与有压引水式两种基本类型。

1）无压引水式水电站。如图 1-3 所示，用引水明渠从上游水库长距离引水，与自然河床产生落差。渠首到渠末为有自由表面的无压水流，渠末压力前池接倾斜下降的压力管道进入位于下游河床段的水电站厂房，只能形成 100m 左右的水位差。使用水头过高的话，在机组紧急停机时，渠末压力前池的水位起伏较大，水流有可能溢出渠道，不利于安全。由于是用渠道引水，工作水头又不高，所以电站总装机容量不会很大，属于小型水电站。

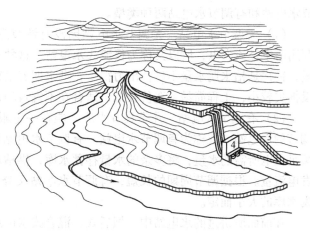

图 1-3　无压引水式水电站布置示意图

1—拦河大坝　2—引水明渠　3—溢水道　4—水电站厂房

2）有压引水式水电站。用穿山压力隧洞从上游水库长距离引水，与自然河床产生水位差。洞首在水库水面以下有压进水，洞首到洞末为无自由表面的有压管流，洞末接倾斜下降的压力管道进入位于下游河床的厂房。能形成较高或超高的水位差，如图 1-4 所示。

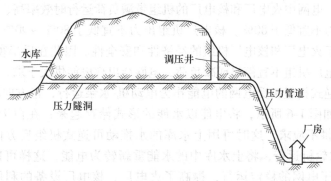

图 1-4　有压引水式水电站布置示意图

（3）混合式开发和混合式水电站　混合式水电站是由坝和引水道两种建筑物共同形成发电水头的水电站，可以充分利用河流有利的天然条件，在坡降平缓河段上筑坝形成水库，以利于径流调节，在其下游坡降很陡或落差集中的河段采用引水方式得到大的水头，如图 1-5 所示。这种水电站通常兼有坝式水电站和引水式水电站的优点和工程特点。

图 1-5　混合式水电站示意图

2. 水电站按径流调节的程度分类

水电站除按集中落差的方式分类外，还可以按其是否有调节天然径流的能力而分为无调节水电站和有调节水电站两种类型。

（1）无调节水电站　无调节水电站因没有调节库容，不能对径流进行调节，只能直接利用河中径流发电，所以又称为**径流式水电站**。这种水电站的出力变化，主要取决于天然流量，往往是枯水期水量不足，出力很小，洪水期流量很大，产生弃水。但其工程量和水库淹没损失较小，工程简易，造价较低，适合在不宜筑坝建库的河段采用。

（2）有调节水电站　凡是具有水库，能在一定限度内按照负荷的需要对天然径流进行调节的水电站，统称为**有调节水电站**。有调节水电站能根据用电负荷要求对径流进行调节，满足发电所需的水量，将多余的水量存蓄水库，供枯水期来水不足时，从水库供水，以增加发电流量。根据调节周期的长短，有调节水电站又分为日调节、年调节及多年调节水电站，视水库的大小而定。

在前面所讲过的水电站中，坝后式、混合式水电站一般都是有调节的；河床式水电站和引水式水电站则常是无调节的。

3. 特殊水电站

特殊水电站的上、下游水位差靠特殊方法形成。特殊水电站又分抽水蓄能水电站和潮汐水电站两种形式。

（1）抽水蓄能水电站　抽水蓄能发电是水能利用的另一种形式，它不是开发水资源向电力系统提供电能，而是以水体作为能量储存和释放的介质，对电网的电能供给起到重新分配和调节的作用。电网中火电厂和核电厂的机组带满负荷运行时效率高、安全性好，例如大型火电厂机组出力不宜低于80%，核电厂机组出力不宜低于80%~90%，频繁地开机停机及增减负荷不利于火电厂和核电厂机组的经济性和安全性。因此在后半夜电网用电低谷时，由于火电厂和核电厂机组不宜停机或减负荷，电网会出现电能供大于求，这时可起动抽水蓄能水电站中的可逆式机组接受电网的电能作为电动机-水泵运行，正方向旋转将下水库的水抽到上水库中，如图1-6所示，将电能以水能的形式储存起来；在白天电网用电高峰时，电网会出现电能供不应求，这时可用上水库的水推动可逆式机组反方向旋转，可逆式机组作为发电机-水轮机运行，将上水库中的水能重新转为电能，这样可以大大改善电网的电能质量，有利于电网的稳定运行，提高了火电厂、核电厂设备的利用率和经济性、安全性及电网的经济效益。可逆式机组有两个工况：正向抽水、反向发电。发电量与耗电量之比约为75%，即用100kW·h的电能将下水库的水抽到上水库，发电时由于各种损耗，使得发电量最多为75kW·h。但是峰电与谷电的上网电价之比大于1，国外一般为4:1，因此建造抽水蓄能电站还是有巨大的利润空间。随着电网容量的不断扩大，人们生活水平的日益提高，电网一天中的峰谷电负荷差也日益增大，抽水蓄能电站在电网中已必不可少。

（2）潮汐水电站　在海湾与大海的狭窄处筑坝，隔离海湾与大海，可逆式机组利用潮水涨落产生的坝内外水位差发电，如图1-7所示。从理论上讲潮汐水电站有六个工况：正向发电、正向抽水、正向泄水、反向发电、反向抽水、反向泄水。

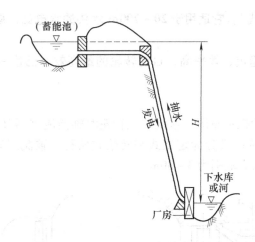

图1-6　抽水蓄能水电站示意图

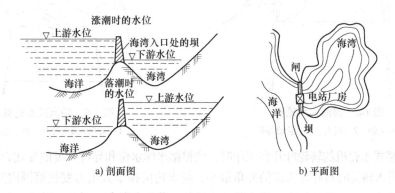

a) 剖面图　　　　　　　　　　　b) 平面图

图1-7　潮汐水电站示意图

1.2　水轮机的主要类型

水轮机是将水能转换为旋转机械能的水力机械。利用水轮机带动发电机将旋转机械能变为电能的设备，称为**水轮发电机组**。由于河流的自然条件和水电站开发方式的不同，各个水电站的水头、流量和出力相差很大，因此需要设计和制造多种类型的水轮机来适应不同情况的需要，以期最有效地利用水力资源。

按水流能量转换特征，可将**水轮机分为反击式和冲击式两大类**。

1.2.1　反击式水轮机

反击式水轮机的转轮在工作过程中全部浸在水中，压力水流流经转轮叶片时，受叶片的作用而改变压力、流速的大小和方向，同时水流对转轮产生反作用力，形成旋转力矩使转轮转动。**反击式水轮机按水流流经转轮的方向不同，又分为混流式、轴流式、斜流式和贯流式四种类型。**

1. 混流式水轮机

混流式水轮机的水流进入转轮前是沿主轴半径方向，在转轮内转为斜向，最后沿主轴轴线方向流出转轮，如图1-8所示。水流在转轮内做旋转运动的同时，还进行径向运动和轴向运动,所以称为"**混流式**"。它适用于 **20~700m 水头的水电站,属于中等水头、中等流量机型**。

混流式水轮机运行稳定,效率高,目前转轮的最高效率已达 94%,是应用最广泛的水轮机。

2. 轴流式水轮机

图 1-9 为轴流式水轮机示意图,水流流经转轮时轴向流进而又轴向流出,故称**轴流式**。按其叶片在运行时能否转动又分为定桨式和转桨式两种。轴流定桨式应用水头范围为 3~50m,轴流转桨式应用水头范围为 3~80m。

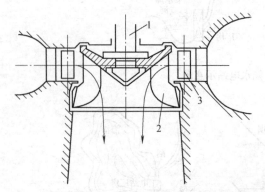

图 1-8　混流式水轮机

1—主轴　2—叶片　3—活动导叶

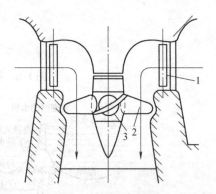

图 1-9　轴流式水轮机

1—导叶　2—叶片　3—轮毂

轴流转桨式水轮机的转轮叶片在工作时,能根据水库水位和导叶开度的变化自动调节叶片角度,使水流进入转轮时对叶片头部的冲角最小,使水轮机在很大出力变化范围内效率都比较高。但是,轴流转桨式水轮机和相应的调速器结构复杂,设备投资大,所以适用于大中型水电站。

轴流定桨式水轮机由于在运行中转轮叶片角度不能根据水库水位和导叶开度的变化自动调整,所以高效区很窄。但是由于**结构简单,投资省,在小型水电站仍较多地被采用**。

3. 斜流式水轮机

斜流式水轮机转轮内的水流运动与混流式转轮一样,但转轮叶片又与轴流转桨式转轮一样,如图 1-10 所示。因此其性能吸取了上两种水轮机的优点,**适用于 40~200m 水头的水电站,属于中等水头、中等流量机型**。斜流式水轮机由于叶片转动机构的结构和工艺比较复杂,造价较高,国内 20 世纪 60 年代在云南毛家村水电站(8.33MW)有采用。当做成水泵水轮机时,可用在抽水蓄能电站上。

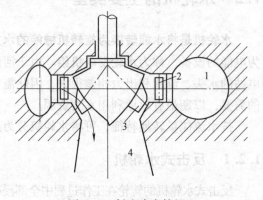

图 1-10　斜流式水轮机

1—蜗壳　2—导叶　3—转轮叶片　4—尾水管

4. 贯流式水轮机

贯流式水轮机的转轮结构及转轮内的水流运动与轴流式转轮完全一样,也有贯流定桨式和贯流转桨式两种形式。与轴流式水轮机的不同之处是贯流式水轮机的水流从进入水轮机到流出水轮机几乎始终与主轴线平行贯通,"贯流式"的名称由此而得。由于水流进出水轮机几乎贯流畅通，所以水轮机的过流能力很大，只要有0.3m的水位差就能发电。**贯流式水轮机适用于30m水头以下的大流量水电站，特别是潮汐电站，属于超低水头、超大流量机型。**

贯流式水轮机的结构形式又分为灯泡贯流式、轴伸贯流式、竖井贯流式和虹吸贯流式四种，其中灯泡贯流式水轮机如图1-11所示，它结构合理，因有良好的过流条件，效率较高，所以应用最多。贯流式水轮机一般为卧式，可简化厂房结构，土建工程量小。

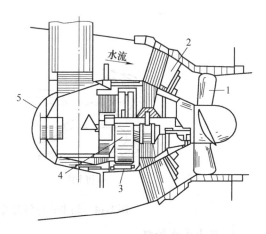

图1-11　灯泡贯流式水轮机
1—转轮　2—导叶　3—发电机定子
4—发电机转子　5—灯泡体

1.2.2　冲击式水轮机

冲击式水轮机的特征是：有压水流从喷嘴射出后全部转换为动能冲击转轮旋转变为机械能；在同一时间水流只冲击部分斗叶，而不充满全部流道，转轮在大气压下工作。**常用的冲击式水轮机有切击式（水斗式）、斜击式和双击式等形式。**

1. 切击式（水斗式）水轮机

水流由喷嘴形成高速运动的射流，射流沿着转轮旋转平面的切线方向冲击转轮斗叶，所以又称为切击式水轮机，是应用最广泛的冲击式水轮机，如图1-12所示。**切击式（水斗式）水轮机适用于高水头、小流量的水电站**，特别是当水头超过400m时，由于结构强度和空蚀等条件的限制，混流式水轮机已不太适用，常采用切击式水轮机。大型切击式水轮机的应用水头约为300~1700m，小型切击式水轮机的应用水头约为40~250m。

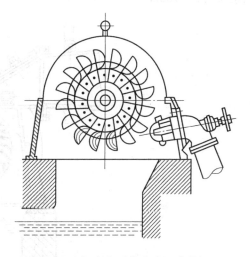

图1-12　切击式（水斗式）水轮机

2. 斜击式水轮机

水流由喷嘴形成高速运动的射流，射流沿着转轮旋转平面的正面约22.5°的方向冲击转轮叶片，再从转轮旋转平面的背面流出转轮，如图1-13和图1-14所示。与切击式相比，斜击式过流量较大，但效率较低，目前最高也只有85.7%。因此这种水轮机多用于中小型水电站，**适用水头一般为20~300m。**

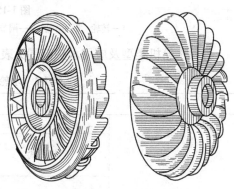

图1-13　斜击式水轮机转轮

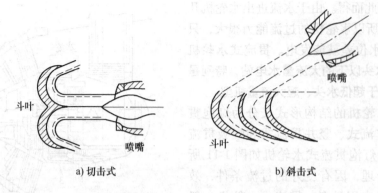

a) 切击式　　　　　　　　　　b) 斜击式

图 1-14　切击式与斜击式水轮机水流进出情况比较图

3. 双击式水轮机

其特点为从喷嘴出来的射流先后两次冲击转轮叶片，如图 1-15 所示。它结构简单，制作方便，但效率低，转轮叶片强度差，仅适用于单机出力不超过 1000kW 的小型水电站，适用水头为 5～100m。

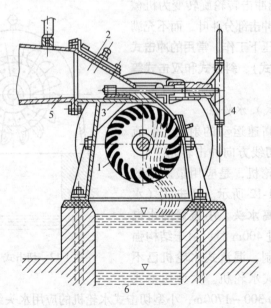

图 1-15　双击式水轮机
1—转轮　2—喷嘴　3—调节闸板　4—舵轮　5—引水管　6—尾水槽

各种水轮机类型及应用水头范围见表 1-1。

表 1-1　水轮机类型及应用水头范围

类型			应用水头范围/m
反击式	混流式		20～700
	轴流式	轴流转桨式	3～80
		轴流定桨式	3～50
	斜流式		40～200

（续）

类型			应用水头范围/m
反击式	贯流式	贯流转桨式	1～25
		贯流定桨式	
冲击式		切击式（水斗式）	40～1700
		斜击式	20～300
		双击式	5～100

1.3　水轮机的型号和装置形式

1.3.1　水轮机的型号

1. 型号含义

根据《水轮机型号编制规则》规定，我国水轮机的型号由三部分组成，各部分之间用一短横线相连。

第一部分由汉语拼音字母与阿拉伯数字组成，其中汉语拼音字母表示水轮机形式，见表1-2。阿拉伯数字表示转轮型号，入型谱的转轮的型号为比转速数值，未入型谱的转轮的型号为各单位自己的编号，旧型号为模型转轮的编号。可逆式水轮机在水轮机型号后加"N"表示。

表1-2　水轮机形式

水轮机形式	代表符号	水轮机形式	代表符号
混流式	HL	贯流转桨式	GZ
轴流转桨式	ZZ	切击式（水斗式）	CJ
轴流定桨式	ZD		
斜流式	XL	双击式	SJ
贯流定桨式	GD	斜击式	XJ

第二部分由两个汉语拼音字母组成，前一个字母表示水轮机主轴的布置形式，后一个字母表示引水室特征，见表1-3。

表1-3　主轴布置形式及引水室特征

名称	代表符号	名称	代表符号
立轴	L	罐式	G
卧轴	W	灯泡式	P
斜轴	X	竖井式	S
金属蜗壳	J	虹吸式	X
混凝土蜗壳	H	轴伸式	Z
明槽	M		

第三部分为水轮机转轮标称直径 D_1（cm）或其他必要的指标。水轮机类型不同，表示方法各异，如切击式（水斗式）水轮机第三部分表示方法为：

水轮机转轮标称直径 D_1（cm）/作用在每个转轮上的喷嘴数×设计射流直径（cm）

水轮机型号含义示例：

1）HL240-LJ-140，表示转轮型号为 240 的混流式水轮机，立轴、金属蜗壳，转轮直径为 140cm。

2）ZZ560-LH-500，表示转轮型号为 560 的轴流转桨式水轮机，立轴、混凝土蜗壳，转轮直径为 500cm。

3）GD600-WP-250，表示转轮型号为 600 的贯流定桨式水轮机，卧轴、灯泡式引水，转轮直径为 250cm。

4）2CJ26-W-120/2×10，表示转轮型号为 26 的切击式（水斗式）水轮机，一根轴上装有 2 个转轮、卧轴、转轮直径为 120cm，每个转轮具有 2 个喷嘴，设计射流直径为 10cm。

2. 转轮直径

表征转轮的主要几何尺寸，称为**转轮的标称直径**（或称**名义直径**），用 D_1 表示，单位是 cm。各种类型水轮机的转轮标称直径（简称转轮直径）如图 1-16 所示，具体的规定如下：

1）轴流式、斜流式和贯流式水轮机转轮直径指与转轮叶片轴线相交处的转轮室内径。

2）混流式水轮机转轮直径指其转轮叶片进水边的最大直径。

3）冲击式水轮机转轮直径指转轮与射流中心线相切处的节圆直径。

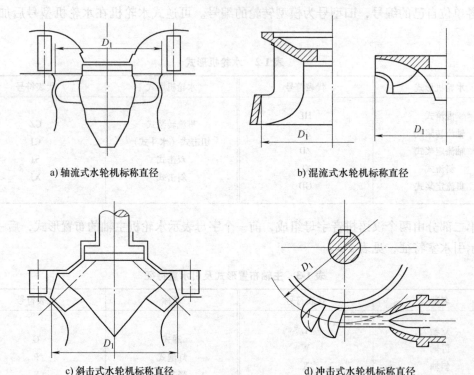

a) 轴流式水轮机标称直径　　　　　　　b) 混流式水轮机标称直径

c) 斜击式水轮机标称直径　　　　　　　d) 冲击式水轮机标称直径

图 1-16　各种类型水轮机的转轮直径

反击式水轮机转轮标称直径 D_1 的尺寸系列规定见表 1-4。

表1-4 反击式水轮机转轮标称直径 D_1 的尺寸系列规定

标称直径 D_1/mm	25	30	35	(40)	42	50	60	71	(80)	84
	100	120	140	160	180	200	225	250	275	350
	330	380	410	450	500	550	600	650	700	750
	800	850	900	950	1000					

注：表中括号内数字仅适用于轴流式水轮机。

1.3.2 水轮机的装置形式

水轮机的装置形式是指水轮机主轴的布置形式和引水室形式相结合的总体，它取决于使用水头、单机容量和上下游水位等的变化情况。水轮机按主轴布置方式不同，又分为立式和卧式两种。**主轴竖向装置者称立式**，发电机位于水轮机上部，其位置较高，不易受潮，所占厂房面积较小，但厂房高度大，多用于大中型水电站。**主轴横向装置者称卧式**，发电机和水轮机布置在同一高度上，可减小厂房高度，但发电机易受潮，厂房面积较大，多用于小型水电站。

水轮机装置形式与水电站厂房设计有密切的关系，下面对水轮机常见的几种装置形式进行简要介绍。

1. 反击式水轮机的装置形式

反击式水轮机使用水头范围大，单机容量差别大，机型繁多，所以装置形式各不相同。

对于大型机组，为了缩小厂房面积，一般采用立式布置形式水轮机与发电机轴直接连接。对于中、小型机组，根据利用方式不同，主轴可以布置成立式或者卧式。水轮机轴与发电机轴可以直接连接，也可以通过齿轮、传动带间接连接。在高水头时，一般采用蜗壳；在低水头时，大多采用开敞式引水室，另外也有采用罐式、虹吸式的，而尾水管一般采用直锥形和弯肘形尾水管。

对于中高水头混流式机组，采用立轴、金属蜗壳、弯肘形尾水管，如图1-17所示。对于中低水头混流式机组和轴流式机组，一般采用立轴、混凝土蜗壳、弯肘形尾水管，如图1-18所示。对于贯流式机组，主轴都采用卧式布置形式，引水室采用贯流式。

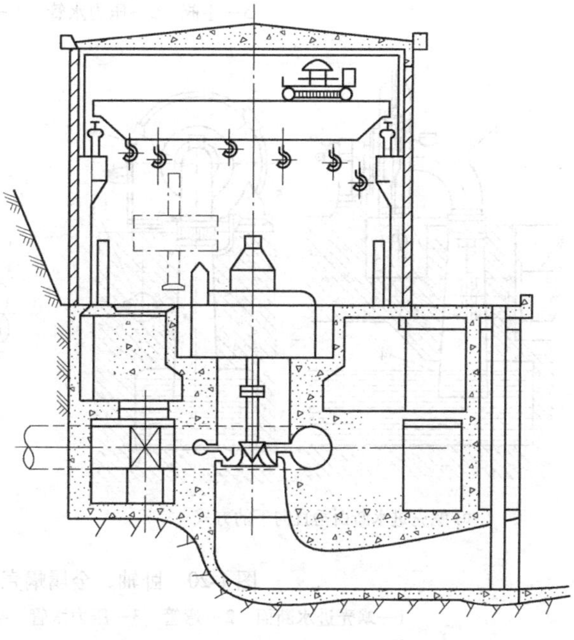

图1-19所示采用立轴、金属蜗壳、喇叭形尾水管，一般用于低水头、容量相对较小的混流式机组；图1-20所示采用卧轴、金属蜗壳、肘形尾水管，一般用于中高水头、小容量的机组；图1-21所示采用卧轴、明槽、弯肘形尾水管，一般低水头、小容量的轴流式水轮机可以采用这种装置形式；图1-22所示为立轴、明槽、

图1-17 立轴、金属蜗壳、弯肘形尾水管

直锥形尾水管，低水头的小容量轴流式水轮机可以采用这种装置形式；图 1-23 所示为卧轴、罐式、弯肘形尾水管，一般用于中等水头、容量相当小的混流式水轮机。

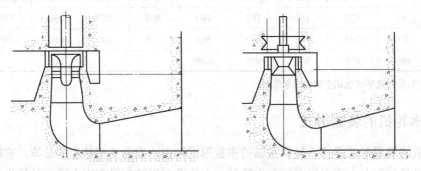

图 1-18　立轴、混凝土蜗壳、弯肘形尾水管

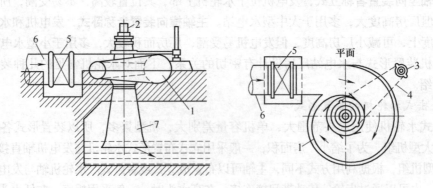

图 1-19　立轴、金属蜗壳、喇叭形尾水管
1—金属蜗壳　2—主轴　3—调节轴　4—推拉杆
5—主阀　6—压力水管　7—喇叭形尾水管

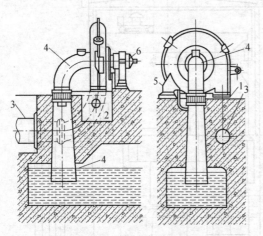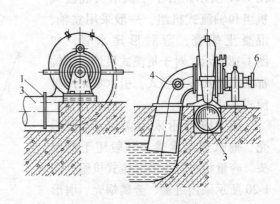

a) 蜗壳进水断面垂直向下的方式　　　　　　　　b) 蜗壳进水断面朝向水平的方式

图 1-20　卧轴、金属蜗壳、肘形尾水管
1—蜗壳进水断面　2—弯管　3—压力水管　4—尾水管　5—支撑腿　6—主轴

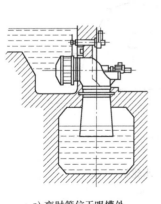

a) 弯肘管位于明槽外

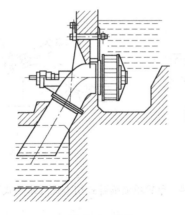

b) 弯肘管位于明槽外

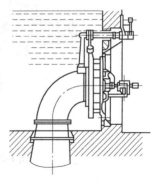

c) 弯肘管位于明槽内

图1-21　卧轴、明槽、弯肘形尾水管

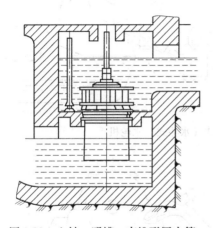

图1-22　立轴、明槽、直锥形尾水管

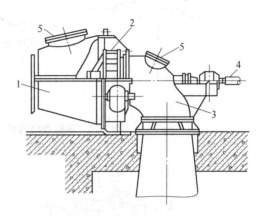

图1-23　卧轴、罐式、弯肘形尾水管
1—水轮机罐　2—水轮机转轮　3—弯肘形尾水管
4—水轮机主轴　5—检查孔

2. 冲击式水轮机的装置形式

冲击式水轮机的装置形式是根据其类型和机组容量的大小，结合当地自然条件与生产制造水平决定的。

斜击式和双击式水轮机由于机组容量小，一般采用卧式装置形式。切击式水轮机由于机组容量范围较大，因此装置形式有立式也有卧式。大容量机组一般采用立式，小容量机组采用卧式。卧式切击式水轮机一般为了得到较高的水力效率大多对每个转轮采用单喷嘴，对较大容量的卧式机组采用双转轮，每个转轮使用双喷嘴的装置形式，如图1-24～图1-27所示。

对于大容量机组，为了缩小厂房平面尺寸，降低开挖费用，一般采用立式装置形式。立式机组还可以降低进水管中的水力损失及转轮的风损，提高水轮机效率。另外立式机组可以多装喷嘴，一般是1～6个喷嘴，如图1-28所示。增加喷嘴数可以提高切击式水轮机的转速，在运行中能够根据负荷的变化自动调整投入运行的喷嘴数，保持高效率运行。国外5～6个喷嘴的切击式水轮机所占比例相当大。

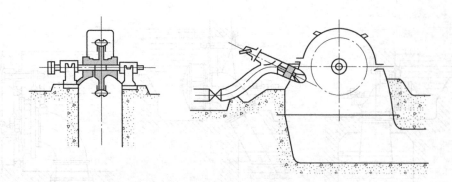

图 1-24　单轮单喷嘴卧式切击式（水斗式）水轮机

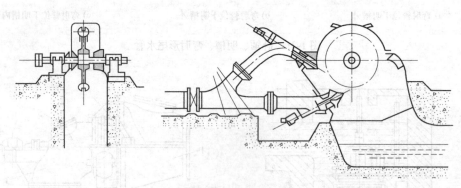

图 1-25　单轮双喷嘴卧式切击式（水斗式）水轮机

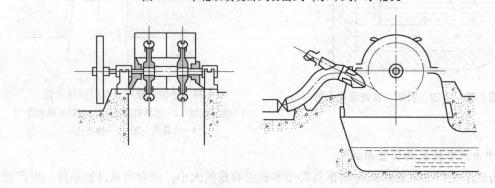

图 1-26　双轮单喷嘴卧式切击式（水斗式）水轮机

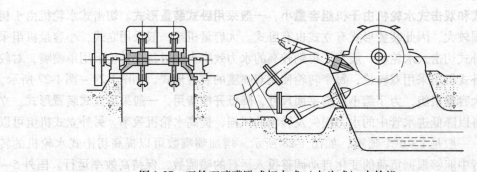

图 1-27　双轮双喷嘴卧式切击式（水斗式）水轮机

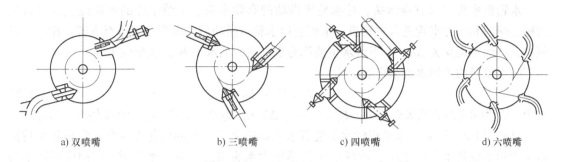

a) 双喷嘴　　　　　b) 三喷嘴　　　　　c) 四喷嘴　　　　　d) 六喷嘴

图 1-28　立式机组喷嘴布置

1.4　水轮机的基本工作参数

当水流通过水轮机时，水流的能量被转换为水轮机转轮的机械能，我们用一些参数来表征能量转换的过程，称为水轮机的基本工作参数，主要有：工作水头 H、流量 Q、转速 n、出力 P 与效率 η_t 等。

1. 工作水头 H

水轮机的工作水头（简称**水头**）是指水轮机进口和出口截面处单位重量的水流能量差，单位为 m，如图 1-29 所示。

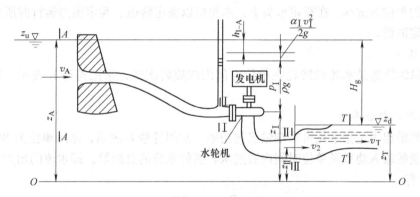

图 1-29　水电站和水轮机的水头示意图

对反击式水轮机，进口断面取在蜗壳进口处 Ⅰ-Ⅰ 断面，出口取在尾水管出口 Ⅱ-Ⅱ 断面。列出水轮机进、出口断面的能量方程，根据水轮机工作水头的定义可得其基本表达式为

$$H = E_{\mathrm{I}} - E_{\mathrm{II}} = \left(z_{\mathrm{I}} + \frac{p_{\mathrm{I}}}{\rho g} + \frac{\alpha_{\mathrm{I}} v_{\mathrm{I}}^2}{2g}\right) - \left(z_{\mathrm{II}} + \frac{p_{\mathrm{II}}}{\rho g} + \frac{\alpha_{\mathrm{II}} v_{\mathrm{II}}^2}{2g}\right) \tag{1-1}$$

式中，E 为单位质量水体的能量（m）；z 为相对某一基准的位置高度（m）；p 为相对压力（N/m² 或 Pa）；v 为断面平均流速（m/s）；α 为断面动能不均匀系数；ρ 为水的密度（kg/m³）；g 为重力加速度，$g = 9.81\mathrm{m/s}^2$。

式 (1-1) 中，计算时常取 $\alpha_{\mathrm{I}} = \alpha_{\mathrm{II}} = 1$，$\alpha v^2/2g$ 称为某截面的水流单位动能，即比动能，其单位为 m；$p/\rho g$ 为某截面的单位压力势能，即比压能，其单位为 m；z 称为某截面的水流单位位置势能，即比位能，单位为 m。$\alpha v^2/2g$、$p/\rho g$ 与 z 的三项之和为某水流截面水的总比能。

水轮机水头 H 又称**净水头**，是水轮机做功的有效水头。上游水库的水流经过进水口拦污栅、闸门和压力水管进入水轮机，水流通过水轮机做功后，由尾水管排至下游，在这一过程中，产生水头损失 Δh。上下游水位差称为水电站的毛水头 H_g，其单位为 m。

故水轮机的工作水头又可表示为

$$H = H_g - \Delta h \qquad (1\text{-}2)$$

式中，H_g 为水电站的毛水头（m），$H_g = z_u - z_d$；Δh 为水电站引水建筑物中的水力损失（m）。

从式（1-2）可知，水轮机的水头随着水电站的上下水位的变化而改变，常用几个特征水头表示水轮机水头的范围。特征水头包括最大水头 H_{max}、最小水头 H_{min}、加权平均水头 H_a、额定水头 H_W、设计水头 H_r 等，这些特征水头可由水能计算给出。

1）**最大水头 H_{max}**：允许水轮机运行的最大净水头。它对水轮机结构的强度设计有决定性的影响。

2）**最小水头 H_{min}**：保证水轮机安全、稳定运行的最小净水头。

3）**额定水头 H_W**：水轮机发出额定出力时所需要的最小净水头。

4）**设计水头 H_r**：水轮机效率最高所对应的水头。

水轮机的水头表明了水轮机利用水流单位机械能的多少，是水轮机最重要的基本工作参数，其大小直接影响着水电站的开发方式、机组类型以及电站的经济效益等技术经济指标。

2. 流量 Q

水轮机的流量是单位时间内通过水轮机某一特定过流断面的水流体积，常用符号 Q 表示，常用的单位为 m^3/s。在额定水头下，水轮机以额定转速、额定出力运行时所对应的水流量称为**额定流量**。

3. 转速 n

水轮机的转速是水轮机转轮在单位时间内的旋转次数，常用符号 n 表示，常用单位为 r/min。

4. 出力 P 与效率 η_t

水轮机的出力是指水轮机轴端输出的功率，常用符号 P 表示，常用单位为 W 或者 kW。

水轮机的输入功率是单位时间内通过水轮机的水流的总能量，即水流的出力，常用符号 P_n 表示，有

$$P_n = \rho g Q H \qquad (1\text{-}3)$$

式中，P_n 为水流的出力（W）；ρ 为水的密度（kg/m^3）；g 为重力加速度，$g = 9.81 m/s^2$。

则

$$P_n = 9.81 Q H \qquad (1\text{-}4)$$

式中，P_n 为水流的出力（kW）。

由于水流通过水轮机时存在一定的能量损耗，所以水轮机出力 P 总是小于水流出力 P_n。水轮机出力 P 与水流出力 P_n 之比称为**水轮机的效率**，用符号 η_t 表示，则

$$\eta_t = \frac{P}{P_n} \qquad (1\text{-}5)$$

由于水轮机水能在工作过程中存在能量损耗，故水轮机的效率 $\eta_t < 1$。

由此，水轮机的出力可写成

$$P = P_n \eta_t = 9.81 Q H \eta_t \qquad (1\text{-}6)$$

水轮机将水能转化为水轮机轴端的出力，产生旋转力矩 M 用来克服发电机的阻抗力矩，并以角速度 ω 旋转。水轮机出力 P、旋转力矩 M 和角速度 ω 之间有以下关系：

$$P = M\omega = M2\pi n/60 \tag{1-7}$$

式中，ω 为水轮机旋转角速度（rad/s）；M 为水轮机主轴输出的旋转力矩（N·m）；n 为水轮机转速（r/min）。

1.5 水轮机的工作原理

1.5.1 水轮机的基本方程式

1. 转轮内水流运动的分析

水流在反击式水轮机转轮中的运动是十分复杂的流动，这里着重讨论水流在稳定工况下的运动，此时水轮机的工作水头、流量和转速都保持不变。为了研究方便，认为水流在蜗壳、导水机构、尾水管中的流动以及在转轮中相对于转动叶片的运动都属于恒定流动，即水流运动参数不随时间的变化而变化。

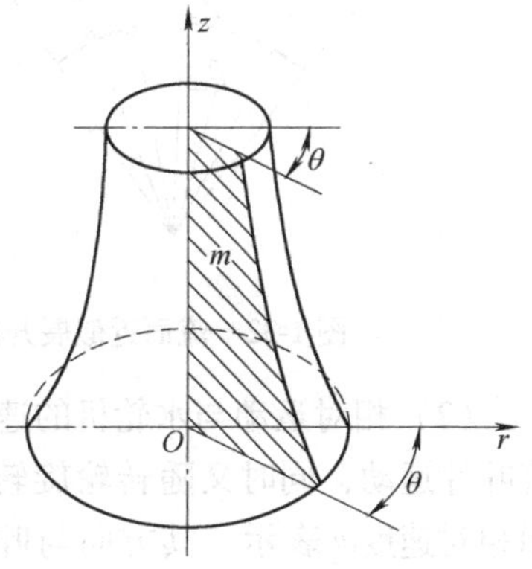

（1）轴面与流面 水流通过水轮机转轮流道时，一方面沿着扭曲的转轮叶片做相对运动，同时又随转轮旋转，因此，水轮机中的水流是一种复杂的空间运动。分析水轮机中水流的运动，常采用圆柱坐标系，如图 1-30 所示，图中 z 轴为水轮机轴线方向，r 轴为径向，θ 为辐角，任意 θ 角的 r_z 平面称为轴面，分析中使用较多的是 $\theta = 0°$ 或 $180°$ 的轴面。

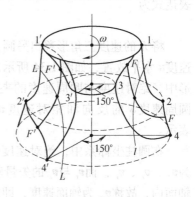

图 1-30 圆柱坐标系

按半径和高度不变，旋转投影到轴面上称为**轴面投影**。将转轮用旋转投影的方法投影到轴面上所得到的投影图称为**转轮轴面投影图**，如图 1-31 所示。转轮轴面投影图上有叶片的进出口边线和上冠、下边环线。由于上冠、下环是环形件，与轴面正交，因此可反映实际轮廓形状和尺寸大小。工程上通常采用转轮轴面投影图来表示不同转轮的特征。俯视图为叶片水平投影，按正投影方法获得。

当叶片的进水边（或出水边）处于同一轴面内，则轴面投影图反映进水边（或出水边）的实形；若不处于同一轴面，则轴面投影图反映进水边（或出水边）与上冠、下环相交点的真实半径，工程通常采用轴面投影图表示转轮的特征。

轴面投影图上所形成的不流通道称为**轴面通道**。空间

图 1-31 混流式转轮叶片
及其轴面投影

流线在轴面投影图上的投影称为**轴面流线**，或者说是水流质点在轴面通道内运动所形成的流线。以轴面流线为**母线**，绕主轴轴线旋转一周所得到的空间曲面，称为**流面**。混流式水轮机的流面为一喇叭形，如图 1-30 所示；而轴流式的流面近似圆柱面。

每一轴面流线所对应的空间流线，一定包含在对应的流面上，而流线是无限多的，因此可以设想无限多的流面组成整个转轮的流场。分析转轮内的水流运动，便可在各个流面上进行。

为了方便起见，可将流面展开。轴流式的流面近似为圆柱面，展开比较方便。混流式流面为喇叭形，只能近似按圆锥面展开。当流面与叶片相割，便得出叶片的断面形状，将它按圆锥展开可得出叶片断面在圆锥展开面上的投影，如图 1-32 所示。

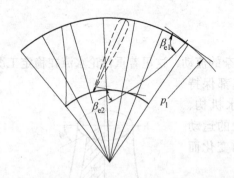

图 1-32　流面近似展开图

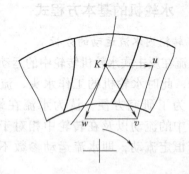

图 1-33　转轮内任意一点 K 的运动分析

（2）相对运动与水轮机的速度三角形　如图 1-33 所示，在转轮中水流质点 K 一方面沿着叶片运动，同时又随转轮旋转。水流质点 K 在转轮内沿叶片流道的运动称为**相对运动**，用相对速度 w 表示，其方向与叶片相切；水流质点 K 随转轮旋转称为**牵连（圆周）运动**，用圆周速度 u 表示，其方向朝着转轮旋转方向并与质点所在圆周相切；水流质点 K 对地球的运动称为**绝对运动**，用绝对速度 v 表示，绝对速度 v 的大小和方向则由 u 和 w 的合成来确定。由相对速度 w、圆周速度 u 和绝对速度 v 构成的封闭三角形，称为**水轮机的速度三角形**。其表达式为

$$v = u + w \tag{1-8}$$

将 K 的速度三角形移出另画，通常将圆周速度 u 水平放置，如图 1-34 所示。在速度三角形中，绝对速度与圆周速度的夹角用 α 表示，圆周速度 u 的反向和相对速度 w 的夹角用 β 表示。

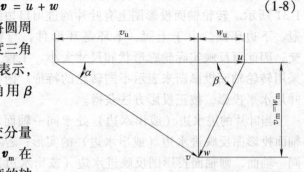

图 1-34　水轮机速度三角形

在圆柱坐标系中，绝对速度 v 的正交分量为 v_u、v_z、v_r，而 v_r 与 v_z 的矢量和为 v_m，v_m 在轴面内，故称 v_m 为轴面速度，即绝对速度的轴面分量。于是

$$v = v_u + v_z + v_r = v_u + v_m \tag{1-9}$$

速度三角形中各速度分量的关系如图 1-35 所示。

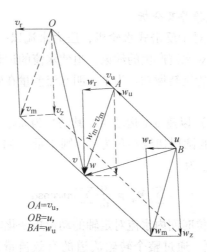

图1-35　速度三角形正交分解

由 $v = u + w$ 组成的速度三角形各边的大小，可分别用相应的速度系数 k_v、k_u、k_w 表示，且

$$v = k_v \sqrt{2gH} = K \frac{Q}{D^2} \qquad (1\text{-}10)$$

即

$$k_v = \mathrm{const} \frac{Q}{D^2 \sqrt{H}} \qquad (1\text{-}11)$$

$$u = k_u \sqrt{2gH} = \frac{\pi n D}{60} \qquad (1\text{-}12)$$

以及

$$k_u = \mathrm{const} \frac{nD}{\sqrt{H}} \qquad (1\text{-}13)$$

可见，速度三角形与水轮机工作参数流量 Q、工作水头 H、转速 n 及转轮直径 D 紧密相关。因此，它可表达水轮机的工作状态，是分析水轮机工况的重要工具。工程上一般只研究转轮进口和出口的速度三角形。带下标"1"表示进口，带下标"2"表示出口。图1-36所示为轴流式水轮机的进出口三角形。

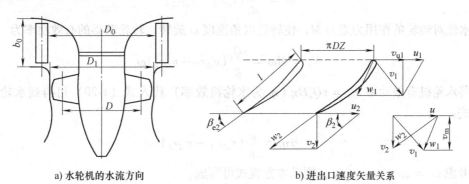

a) 水轮机的水流方向　　　　　b) 进出口速度矢量关系

图1-36　轴流式水轮机的进出口三角形

2. 水轮机的基本方程式推导及分析

（1）基本方程式推导　对于反击式水轮机，压力水流以一定的流速进入转轮，由于空间扭曲叶片间所形成的流道对水流产生的约束，迫使水流的运动速度和方向不断改变，因而水流给叶片以反作用力使转轮旋转做功。为了说明水流能量在转轮中是否转换为机械能，可从基本方程式得到答案。

当水流质点（质量为 m）以速度 v 运动时，其动量为 mv。如质点对定轴的距离为 r，而质点所在处速度 v 与半径 r 的圆周切线夹角为 α，则质量 m 对定轴的动量矩为 $mvr\cos\alpha$，根据动量矩定理可得外力矩 M_α 为

$$\sum M_\alpha = \frac{\mathrm{d}}{\mathrm{d}t}\sum mvr\cos\alpha \tag{1-14}$$

由式（1-14）可知，单位时间内水流对定轴的动量矩变化等于作用在水流上全部外力对定轴的力矩之和。若在时刻 t 通过整个转轮流道的有效流量为 Q_e，并在转轮进、出口对 $vr\cos\alpha$ 取平均值，对于整个转轮则有

$$\frac{\mathrm{d}}{\mathrm{d}t}\sum mvr\cos\alpha = \frac{vQ_e}{g}(v_2 r_2 \cos\alpha_2 - v_1 r_1 \cos\alpha_1) \tag{1-15}$$

虽然作用在水流上的外力很多，但能对水流产生力矩的只有转轮叶片对水流的作用力，它迫使水流改变其运动方向和速度的大小。这样，作用在水流上的外力矩仅有转轮叶片对水流作用力产生的力矩 M_b，即 $\sum M_\alpha = M_b$，因此有

$$M_b = \frac{vQ_e}{g}(v_2 r_2 \cos\alpha_2 - v_1 r_1 \cos\alpha_1) \tag{1-16}$$

叶片对水流有作用力矩 M_b，则水流对叶片有反作用力矩 M，它们大小相等方向相反，即

$$M = -M_b \tag{1-17}$$

于是，水流对转轮的作用力矩为

$$M = -M_b = \frac{vQ_e}{g}(v_1 r_1 \cos\alpha_1 - v_2 r_2 \cos\alpha_2) \tag{1-18}$$

因 $v_1\cos\alpha_1 = v_{u1}, v_2\cos\alpha_2 = v_{u2}$，则式（1-18）可写为

$$M = \frac{vQ_e}{g}(v_{u1} r_1 - v_{u2} r_2) \tag{1-19}$$

水流对转轮的作用力矩为 M，使转轮以角速度 ω 旋转，转轮获得的有效功率为

$$N_e = M\omega = \frac{vQ_e}{g}(v_{u1} r_1 - v_{u2} r_2)\omega \tag{1-20}$$

将水轮机有效功率 $N_e = vQ_e H\eta_t$（η_t 为水轮机效率）代入式（1-20）可得到水轮机基本方程式：

$$H\eta_t = \frac{\omega}{g}(v_{u1} r_1 - v_{u2} r_2) \tag{1-21}$$

考虑 $u_1 = \omega r_1, u_2 = \omega r_2$，则基本方程式可写成

$$H\eta_t = \frac{1}{g}(v_{u1} u_1 - v_{u2} u_2) \tag{1-22}$$

根据速度三角形，将 $v_u = v\cos\alpha$ 代入式（1-22），则基本方程式可写成

$$H\eta_t = \frac{1}{g}(v_1 u_1 \cos\alpha_1 - v_2 u_2 \cos\alpha_2) \tag{1-23}$$

水轮机的基本方程式还可用环量来表示，因水流的速度环量 $\Gamma = 2\pi v_u r$，则用环量表示的基本方程形式为

$$H\eta_t = \frac{\omega}{2\pi g}(\Gamma_1 - \Gamma_2) \tag{1-24}$$

又由转轮进、出口速度三角形可得

$$w_1^2 = v_1^2 + u_1^2 - 2v_1 u_1 \cos\alpha_1 = v_1^2 + u_1^2 - 2u_1 v_{u1}$$
$$w_2^2 = v_2^2 + u_2^2 - 2v_2 u_2 \cos\alpha_2 = v_2^2 + u_2^2 - 2u_2 v_{u2}$$

代入式（1-22）或式（1-23）得

$$H\eta_t = \frac{v_1^2 - v_2^2}{2g} + \frac{u_1^2 - u_2^2}{2g} + \frac{w_2^2 - w_1^2}{2g} \tag{1-25}$$

此式为另一种表达形式的基本方程式，它给出了有效水头与速度三角形中各速度之间的关系式。式中第一项为水流作用在转轮上的动能水头，第二、三项为势能水头。

（2）基本方程式分析　**基本方程式的物理意义在于：水流对转轮作用的有效能量是与水流内部能量转换相平衡的，它实质上是水能转换成机械能的平衡方程式。**

基本方程式说明，转轮的作用就是改变水流速度矩而做功。如果转轮进口和出口速度矩转换不充分，则水流对转轮作用的有效能量就要减少；如果转轮由进口到出口的环量没有改变，则转轮将不会受到任何力矩的作用。因此，正确设计转轮叶片进、出口角是十分重要的。

在正确设计叶片进、出口角，以保证所要求的环量差以后，进出口之间的叶片形状和变化规律对能量转换无直接影响，但中间环量的分布规律对水轮机气蚀性能、工作稳定性等有一定影响。

保证进、出口一定的环量差，虽可达到对转轮有效地做功，但进、出口环量的绝对值则必须根据过流部件整体考虑。如出口环量可选择为零，也可选择略带正值，对转轮的作用都一样，但对尾水管的工作则有不同效果。

1.5.2　水轮机的能量损失及效率

水轮机将水流的输入功率转变为旋转轴的输出机械功率，在这个能量转换过程中存在各种损失，其中包括水力损失、漏水容积损失和摩擦机械损失等，使得水轮机的输出功率总是小于水流的输入功率，水轮机输出功率与水流输入功率之比称为**水轮机效率**，常用 η_t 表示。因而水轮机总效率是由水力效率、容积效率和机械效率组成的，现分述如下。

1. 水轮机的水力损失及水力效率

水流经过水轮机的蜗壳、导水机构、转轮及尾水管等过流部件时会产生摩擦、撞击、涡流、脱流等水头损失，统称为**水力损失**。这种损失与流速的大小、过流部件的形状及其表面的粗糙度有关。

设水轮机的工作水头为 H，通过水轮机的水头损失为 Δh，则水轮机的有效水头为 $H - \Delta h$。水轮机的水力效率 η_h 为有效水头与工作水头的比值，即

$$\eta_h = \frac{H - \Delta h}{H} \tag{1-26}$$

2. 水轮机的容积损失及容积效率

在水轮机的运行过程中有一小部分流量从水轮机的固定部件与旋转部件之间的间隙（如混流式水轮机的上、下止漏环之间，轴流式水轮机的叶片与转轮室之间）中漏出，这部分流量没有对转轮做功，称为**容积损失**。设进入水轮机的流量为 Q，容积损失为 Δq，则水轮机的容积效率 η_v 为

$$\eta_v = \frac{Q - \Delta q}{Q} \tag{1-27}$$

3. 水轮机的机械损失及机械效率

在扣除水力损失与容积损失后，便可得出水流作用在转轮上的有效功率 P_e 为

$$P_e = 9.81(Q - \Delta q)(H - \Delta h) = 9.81 Q H \eta_h \eta_v \tag{1-28}$$

转轮将此有效功率 P_e 转变为水轮机轴的输出功率时，其中还有一小部分功率 ΔP_m 消耗在各种机械损失上，如轴承及密封处的摩擦损失、转轮外表面与周围水之间的摩擦损失等，由此得出机械效率为

$$\eta_m = \frac{P_e - \Delta P_m}{P_e} \tag{1-29}$$

则水轮机的输出功率为

$$P = P_e - \Delta P_m = P_e \eta_m \tag{1-30}$$

即

$$P = 9.81 Q H \eta_v \eta_h \eta_m$$

所以水轮机的总效率为

$$\eta_t = \eta_v \eta_h \eta_m \tag{1-31}$$

故

$$P = 9.81 Q H \eta_t$$

从以上分析可知，水轮机的效率与水轮机的类型、尺寸及运行工况等有关，其影响因素较多，要从理论上准确确定各种效率的具体数值是很困难的。目前所采用的方法是首先进行模型试验，测出水轮机的总效率，然后将模型试验所得出的效率值经过理论换算，最后得出原型水轮机的效率。现代大中型水轮机的最高效率可达 90% ~95%。

图 1-37 给出了反击式水轮机在转轮直径为 D_1、转速为 n 和工作水头为 H 的

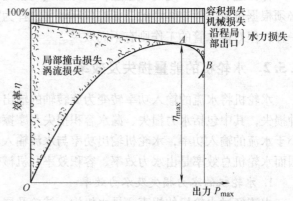

图 1-37　反击式水轮机效率和出力的关系及各项损失

情况下，当改变其流量时效率和出力的关系曲线。图中也标出了各种损失随出力变化的情况。

4. 水轮机的最优工况

由图 1-37 可以看出，在反击式水轮机的各种损失中水力损失是主要的，容积损失和机械损失都比较小而且基本上是一定值。因而提高水轮机的效率主要应提高其水力效率。而在水力损失中，局部撞击损失和涡流损失所占的比值较大，在水轮机满负荷或以较小负荷工作

时，情况更是如此。因此有必要研究这种局部损失的产生情况和改善措施。

在机组负荷变化时，导叶的开度发生相应的改变，水流在转轮进、出口的绝对速度 v_1、v_2 的大小及其方向角 α_1、α_2 也随着发生改变，因而水轮机的进、出口速度三角形亦有所不同。在某一工况下，在转轮进口速度三角形中，水流相对速度 w_1 的方向角 β_1 与转轮叶片的进口角 β_{e1} 相同，即 $\beta_1 = \beta_{e1}$，则水流平顺地进入转轮而不发生撞击和脱落现象，如图1-36b所示，叶片进口水力损失最小，从而也就提高了水轮机的水力效率，此工况称为**无撞击进口工况**。在其他工况下 $\beta_1 \neq \beta_{e1}$，则水流在叶片进口产生撞击，造成撞击损失，使水流不能平顺畅流，如图1-38a、c所示，从而降低了水轮机的水力效率。

水流相对速度 w_1 的方向角 β_1 指进口相对速度与圆周切线的夹角。进口角 β_{e1} 指叶片翼形断面骨线在进口处的切线与圆周切线的夹角。

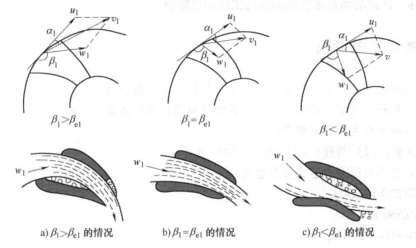

a) $\beta_1 > \beta_{e1}$ 的情况   b) $\beta_1 = \beta_{e1}$ 的情况   c) $\beta_1 < \beta_{e1}$ 的情况

图1-38 转轮进口处的水流运动

同样，当在某一工况下，在转轮出口速度三角形里，水流绝对速度 v_2 的方向角 $\alpha_2 = 90°$，如图1-39a所示，即 v_2 垂直于 u_2 时，$v_{u2} = 0$，$\Gamma_2 = 0$，水流离开转轮后没有旋转并沿尾水管流出，不产生涡流现象，从而提高了水轮机的水力效率，此工况称为**法向出口工况**。当 $\alpha_2 \neq 90°$ 时，$v_{u2} \neq 0$，如图1-39b、c所示，此时转轮出口水流的旋转分速度 v_{u2} 在尾水管中将引起涡流损失，使得效率下降。当增大到某一数值时，尾水管中会出现偏心真空涡带，引起水流压力脉动，形成水轮机的空腔气蚀与振动。

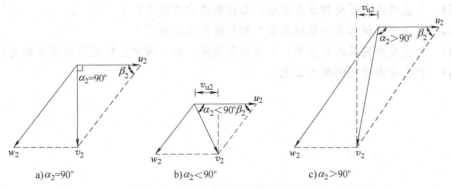

a) $\alpha_2 = 90°$ b) $\alpha_2 < 90°$ c) $\alpha_2 > 90°$

图1-39 转轮出口处的速度三角形

如上所述，当水轮机在 $\beta_1 = \beta_{e1}$、$\alpha_2 = 90°$ 的工况下工作时，水流在转轮进口无撞击损失，出口无涡流损失，此时水轮机的效率最高，称为**水轮机的最优工况**。在选择水轮机时，应尽可能地使水轮机经常在最优工况下工作，以获取较多的电能。

实践证明，当 α_2 稍小于 90°、水流在出口略带正向（即与转轮旋转方向相同）圆周分量 v_{u2} 时，可使水流紧贴尾水管管壁而避免产生脱流现象，反而会使水轮机效率略有提高。

对轴流转桨式和斜流式水轮机，在不同工况下工作时，自动调速器在调节导叶开度的同时亦能调节转轮叶片的转角，使水轮机仍能达到或接近无撞击进口和法向出口的最优工况，故轴流转桨式和斜流式水轮机有较宽广的高效率工作区。

水轮机的运行工况是经常变动的，当在最优工况运行时，不仅效率较高，而且运行稳定，空蚀性能好。当偏离最优工况时，效率下降，空蚀亦随之加剧，甚至会使水轮机工作部件遭受破坏，因此必须对水轮机的运行工况加以限制。

复习与思考题

1-1 水轮机可分为哪些类型？各类水轮机的适用范围如何？

1-2 水轮机的装置形式有哪些？各自的应用范围及特点是什么？

1-3 水轮机相关的名词解释：

(1) 流量；(2) 转速；(3) 出力；(4) 效率。

1-4 解释下列型号中各部分的含义：

(1) HL220-LJ-250；

(2) ZZ560-LH-500；

(3) GD600-WP-300；

(4) 2CJ20-W-120/2×10

1-5 不同类型水轮机的标称直径各是如何定义的？

1-6 什么是叶片的进口角、出口角？

1-7 水轮机中水流的运动实际情况如何？分析水流运动做了哪些基本假定？

1-8 什么叫轴面、轴面流线、轴面通道、流面、轴面投影？

1-9 写出水轮机基本方程的各种表达形式，说明其物理意义。

1-10 什么叫容积损失和容积效率？如何提高容积效率？

1-11 什么叫水力损失和水力效率？如何提高水力效率？

1-12 什么叫机械损失和机械效率？如何提高机械效率？

1-13 什么是水轮机的总效率？它与容积效率、水力效率、机械效率关系如何？

1-14 什么是水轮机的最优工况？

第 2 章

水轮机的结构

教学目标

1. 掌握水轮机的主要结构部件。
2. 了解反击式水轮机引水部件的作用和结构。
3. 了解反击式水轮机导水部件的作用和结构。
4. 掌握反击式水轮机混流式和轴流式两种常用转轮的结构。
5. 了解反击式水轮机泄水部件的作用、类型及性能。
6. 了解反击式水轮机的主轴和轴承。
7. 了解水斗式水轮机的装置形式和主要部件。

水轮机是以水作为工作介质的流体机械，是水电厂带动发电机发电的原动机，水轮机运行的经济性和安全性直接影响水电厂的经济效益。来自压力管道的压力水经引水部件、导水部件进入工作部件，由工作部件将水能转化成转轮旋转的机械能，导水部件根据机组所带的负荷调节进入转轮的水流量，经能量转换后的低能水由泄水部件排入下游。反击式水轮机主要由这四大过流部件（引水部件、导水部件、工作部件和泄水部件）及其他非过流部件（主轴、轴承、密封等）组成。在水轮机工作时，水流直接作用于四大过流部件，其性能好坏直接影响水轮机的水力性能。本章主要介绍反击式水轮机的四大过流部件，简要介绍其他非过流部件以及水斗式水轮机的结构。

2.1 反击式水轮机的引水部件

引水部件就是引水室。 水流由压力水管进入水轮机的第一个部件是引水室，通过它将水引向导水部件并进入转轮区。

反击式水轮机引水室的主要作用是：

1）以最小的水力损失把水引向导水部件，从而提高了水轮机的效率。

2）尽可能保证沿导水部件的周围均匀进水，水流呈轴对称，使转轮受力均匀，以提高运行的稳定性。

3）在引入导水部件前，使水流具有一定的旋转量，可减小水流对转轮叶片头部的进口冲角。

25

4）保证转轮在工作时始终浸没在水中，不会有大量空气进入转轮。

为了适应不同的出力与水头条件，**引水室分为蜗壳式、明槽式和罐式三种**，如图 1-17 ~ 图 1-23 所示。图 2-1 为引水室的应用范围示意图，利用该图可按水头和出力来选择合适的引水室的类型。

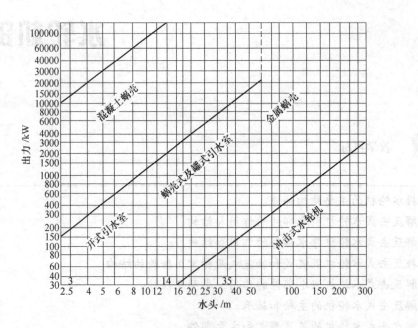

图 2-1　引水室的应用范围示意图

对于大中型水轮机，多数采用蜗壳式引水室。它的进口端与压力水管相连，从进口端到末端其断面积逐渐减小，将导水部件包围在它里面。蜗壳式引水室又可分为金属蜗壳和混凝土蜗壳两种，如图 2-2 和图 2-3 所示。混凝土蜗壳一般用于水头在 30m 以下的机组，高水头时采用金属蜗壳。

影响蜗壳尺寸大小的主要参数有：蜗壳的断面形状、蜗壳包角和进口断面的平均流速。

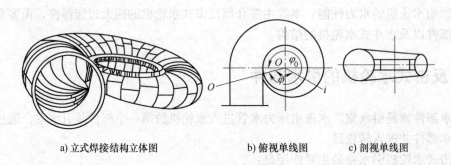

　　　a) 立式焊接结构立体图　　　　　　b) 俯视单线图　　　　　　c) 剖视单线图

图 2-2　金属蜗壳引水室

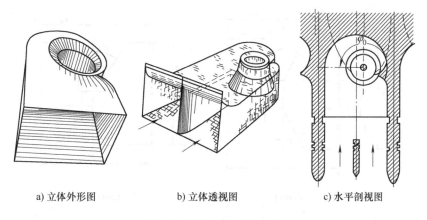

a) 立体外形图　　　　　　b) 立体透视图　　　　　　c) 水平剖视图

图 2-3　混凝土蜗壳引水室

2.1.1　蜗壳的主要特性

1. 蜗壳的断面形状

金属蜗壳的断面形状如图 2-4 所示，为圆形或椭圆形，能工作在较高的水头，可承受较大的水压力。

混凝土蜗壳的断面形状如图 2-5 所示，一般为梯形，使用梯形断面可以减少径向尺寸，适用于低水头、流量较大的水电站。一般梯形断面混凝土蜗壳按相对于导叶水平中心线的位置又可分为对称式、上伸式和下伸式等几种形状，图 2-6 为不同形状的梯形蜗壳断面示意图。

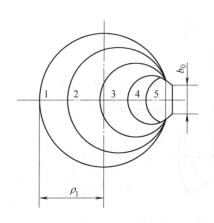

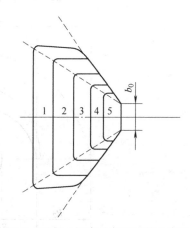

图 2-4　金属蜗壳的断面形状示意图　　　　图 2-5　混凝土蜗壳的断面形状示意图

2. 蜗壳包角 φ

蜗壳自鼻端至入口断面所包围的角度称为**蜗壳包角**。蜗壳包角的大小影响蜗壳平面尺寸的大小，图 2-7 为不同包角的蜗壳平面尺寸比较示意图。如果其他条件完全相同，则 $\varphi \approx 180°$ 蜗壳的水轮机的平面尺寸要比 $\varphi \approx 360°$ 蜗壳的水轮机的平面尺寸小，即 $B_1 < B_2$，$R_1 < R_2$。对于低水头大流量的机组，可减小厂房尺寸，降低电站造价。

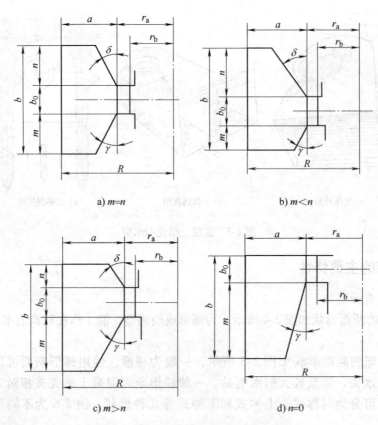

a) $m=n$ b) $m<n$

c) $m>n$ d) $n=0$

图 2-6　不同形状的梯形蜗壳断面示意图

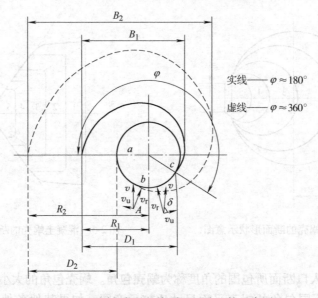

实线——$\varphi \approx 180°$

虚线——$\varphi \approx 360°$

图 2-7　不同包角的蜗壳平面尺寸比较示意图

　　另外，蜗壳包角的大小，影响水力损失，也就影响水轮机效率的高低。在蜗状部分，水流速度的切向分量 v_u 与径向分量 v_r 均沿导水部件圆周各点均匀分布。在非蜗状部分，水流直接由引水管道流入导水部件，水流速度的分布是不均匀的。

实践证明，随着蜗壳包角的减小，速度分布的不均匀性增加，非蜗状部分导水部件进口各点的水流速度不一，水流绕流导叶时具有不同的冲角，引起导水部件内水力损失的增加，甚至使进入转轮前的水流也不均匀，引起转轮内能量损失的增加，可能使转轮受到非对称性的横向力，影响机组运转的稳定性，所以蜗壳包角的减小主要增加了导叶和转轮叶片的绕流损失，降低了水轮机的效率。**为了使导水部件前水流符合轴对称性，减少能量损失，增大蜗壳包角是正确的。**但这往往受到水电站尺寸和投资的限制，所以蜗壳包角的选择要综合各方面的因素加以考虑。

一般低水头混凝土蜗壳包角 $\varphi = 135° \sim 270°$，通常采用 $\varphi = 180°$。高水头金属蜗壳包角选用接近 $360°$，通常采用 $\varphi = 345°$。

3. 蜗壳进口断面平均流速 v_c

蜗壳进口断面的平均流速 v_c 如果选得大，则当蜗壳通过同样的流量时，蜗壳的断面尺寸就小，机组间距就可以缩小，但是蜗壳和导水部件内的水力损失就增大。反之，v_c 选得小，水力损失小，但会增大蜗壳尺寸和水电站土建的工程量。

一般蜗壳进口断面的平均流速按下式选取

$$v_c = K \sqrt{H} \tag{2-1}$$

式中，H 为工作水头；K 为流速系数。

图 2-8 为建立在经验基础上的金属蜗壳的流速系数与设计水头的关系，对于金属蜗壳，建议按图中曲线 3 选取 K 值，以决定蜗壳进口断面的平均流速。混凝土蜗壳进口断面的平均流速如图 2-9 所示，对于混凝土蜗壳，建议按该图来决定蜗壳进口断面的平均流速。

混凝土蜗壳所允许的极限流速一般为 $7 \sim 8 m/s$；金属蜗壳允许的极限流速为 $14 \sim 15 m/s$。

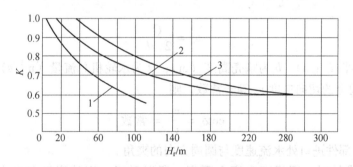

图 2-8　金属蜗壳的流速系数与设计水头的关系
1—1960 年以前国内生产的产品 K 值统计曲线
2—1960—1970 年间国内生产的产品 K 值统计曲线　3—推荐曲线

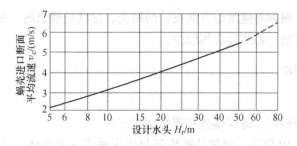

图 2-9　混凝土蜗壳进口断面平均流速

4. 蜗壳中水流的运动规律

为提高水轮机的能量特性，要求在蜗壳内水力损失小，进入导水部件时撞击最小，使用中应按上述要求进行蜗壳设计。为了设计良好的蜗壳，必须掌握蜗壳中水流运动的规律。为便于分析，可假定：

1）忽略水流黏性及其管壁的摩擦损失。

2）水流在蜗壳内不产生漩涡运动。

3）对水轮机轴线而言，蜗壳内的水流是轴对称的。

上述几点假定，实际上就是说蜗壳内的水流运动是理想液体做轴对称有势流动，符合**等速度矩定律**。即

$$v_u r = 常数 = C \tag{2-2}$$

式中，v_u 为速度的切向分量（m/s），如图 2-7 所示；r 为计算点半径（m）；C 为蜗壳常数。

为保证水轮机运行的稳定性，通过水轮机转轮的流量沿圆周方向必须是均匀的，也就是通过蜗壳各断面的流量应均匀减少。即

$$Q_i = Q \frac{\varphi_i}{360°} \tag{2-3}$$

式中，Q_i 为通过蜗壳任意断面 i 的流量（m^3/s）；Q 为通过水轮机的全部流量（m^3/s）；φ_i 为从蜗壳鼻端到任意断面 i 之间的角度。

对具有等高断面的蜗壳（即 b = 常数），蜗壳中任意一点的速度 v 可分解为沿圆周运动的切向速度 v_u 和沿半径方向的径向速度 v_r。由于流量是均匀分布的，则同一圆周上的径向速度为

$$v_r = \frac{Q}{2\pi rb} \tag{2-4}$$

式中，r 为座环半径（m）；b 为蜗壳高度（m）；Q 为水轮机总流量（m^3/s）。

在同一圆周上的切向速度 v_u 等于常数，则

$$\cot\delta = \frac{v_u}{v_r} = 常数 \tag{2-5}$$

式中，δ 为导水部件进口处水流速度与圆周方向的夹角。

上面公式推导时，因蜗壳高度 b 不变，所以对于一定的流量和水头来说，$\cot\delta$ = 常数。即蜗壳内各点的速度与圆周方向的夹角为一常数。由几何学知道，只有对数螺线才具有这样的特点，所以蜗壳内流线必定是对数螺线，与流线相适应的蜗壳外壁亦呈对数螺线状。

实际运行证明，根据等速度矩方法设计的蜗壳、形状是理想的，效果是良好的。另外还有采用其他假定的方法，但实际应用较少。

2.1.2 蜗壳的结构

1. 金属蜗壳

金属蜗壳分铸造蜗壳、铸焊蜗壳和焊接蜗壳三种。

铸造蜗壳如图 2-10 所示，通常是把座环与蜗壳做成一个整体，又分为铸钢蜗壳和铸铁蜗壳两种。铸钢蜗壳一般应用在水头大于 200m 的大中型容量的混流式水轮机上，它能保证

强度要求而又避免卷厚钢板的困难，铸钢材料一般为 ZG270-500。**对于水头小于 120m 的小型机组，一般采用铸铁蜗壳。**

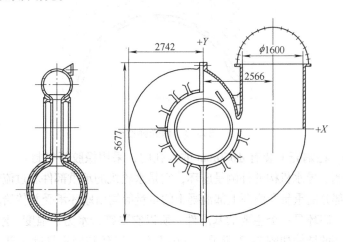

图 2-10 铸造蜗壳

铸焊蜗壳的外壳用钢板压制而成，固定导叶支柱和座环一般是铸造的，然后用焊接的方法把它们连成整体。焊接后需进行必要的热处理，以消除焊接残余应力。**铸焊蜗壳与铸造蜗壳一样，适用于尺寸不大的高水头混流式水轮机。**

焊接蜗壳如图 2-11 所示，一般与座环是分开制造的，运到电站工地后再焊接。焊接蜗壳由多节锥形管段组焊而成，设计中应考虑减少焊接内应力，这就要求选择合理的焊缝坡口，减少或避免仰焊，改善施焊条件。

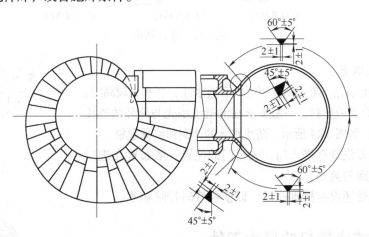

图 2-11 焊接蜗壳

考虑到装焊的需要，焊接蜗壳应有凑合节。在工地，当其他各节焊好后，再根据实际情况将凑合节配制好焊上去。蜗壳进口端的第一节也要留有裕量，以便于与引水钢管焊接。

对全部埋在混凝土中的蜗壳（铸造蜗壳的上半部敞开，不浇在混凝土中），在蜗壳的上部和混凝土之间垫以弹性层，如图 2-12 所示，这是为了避免上部基础传来的外负载直接作用到蜗壳上。弹性层厚约 50mm，由沥青、石棉、油毡等材料组成。

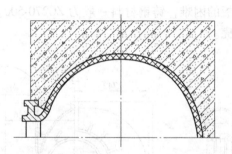

图 2-12　蜗壳弹性层

　　为便于检修，在蜗壳上装有 $\phi650mm$ 的人孔门，采用橡胶板密封。

　　在蜗壳的内侧、导水机构的外侧是**座环**，它是水轮机的承重部件和过流部件，水轮机的轴向水推力、转动部分的重量和座环上部混凝土的重量等均由座环承受并传给基础。在机组的装配和安装过程中，座环是一个主要的基准件。所以它要符合水力、强度、刚度多方面的要求，应十分重视。座环的结构如图 2-13 所示，它由上环、下环和固定导叶三部分组成。座环可整体铸造，也可以用铸焊和焊接结构。铸造材料常用 ZG270-500，焊接结构常用 Q235。

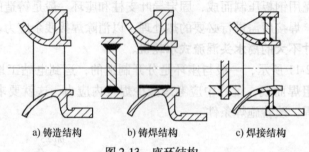

a) 铸造结构　　　　b) 铸焊结构　　　　c) 焊接结构

图 2-13　座环结构

2. 混凝土蜗壳

　　对于混凝土蜗壳，考虑到混凝土具有透水性，当水头较高时，在蜗壳内壁设有钢板里衬，一般要求在混凝土蜗壳与座环的连接部位加有衬板，如图 2-14 所示，防止水流的冲刷和渗漏现象。

　　蜗壳上大多设置有进人门，人孔门的位置一般布置在进口处的上部或尾部的侧面。

　　蜗壳进口处还设有排水孔道，以便检修时排除积水。

2.2　反击式水轮机的导水部件

2.2.1　导水部件的作用和类型

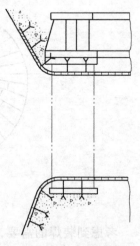

图 2-14　混凝土蜗壳的衬板

1. 导水部件的作用

　　水轮机导水部件的作用是形成和改变进入转轮水流的环量，保证水轮机具有良好的水力特性；根据电力系统对所需功率的要求，调节水轮机出力；在正常停机和事故停机时，封住水流，使机组停止转动。

对导水部件的一般要求是：导叶的最大可能开口应有一定的裕量；导水部件应有足够的强度和刚度；导叶操作机构动作应灵活可靠；导叶关闭后应有可靠的封水性能，以减少漏水损失。

2. 导水部件的类型

按导叶轴线布置位置的不同，导水部件有径向式、轴向式和斜向式三种形式，图 2-15 为三种形式的示意图。

1）径向式导水部件。其特点是水流沿着与水轮机主轴垂直的径向流过导叶，导叶转轴线与水轮机主轴线平行。大部分反击式水轮机采用的是径向式导水部件，如图 2-15a 所示。

2）轴向式导水部件。其特点是水流沿着与水轮机主轴平行的轴向流过导叶，导叶转轴线与水轮机主轴线垂直。由于控制环的转动平面与连杆的移动平面、拐臂的转动平面相互不平行，三者之间的连接结构较复杂。该形式应用在轴伸贯流式水轮机中，如图 2-15b 所示。

3）斜向式导水部件。其特点是水流沿着与水轮机主轴倾斜的方向流过导叶，导叶转轴线与水轮机主轴线倾斜。同样由于控制环的转动平面与连杆的移动平面、拐臂的转动平面相互不平行，三者之间的连接结构较复杂。该形式应用在斜流式水轮机和灯泡式、竖井式和虹吸式贯流式水轮机中，如图 2-15c 所示。

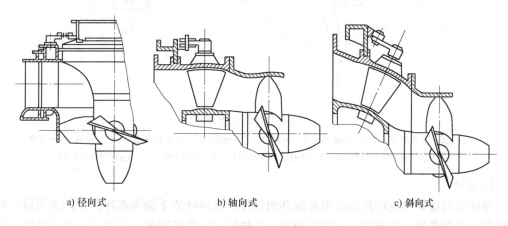

a) 径向式　　　　　b) 轴向式　　　　　c) 斜向式

图 2-15　导水部件的三种形式示意图

2.2.2　导水部件的结构

图 2-16 为典型的径向导水部件。导叶 3 的上、中轴颈和下轴颈安放在水轮机顶盖 7 和导水部件底环 2 内的轴承中。上、中轴承由尼龙轴瓦 4、6 与轴套 5 组成，下轴承的尼龙轴瓦 1 直接压入底环的孔内。转臂 9 套在导叶上轴颈上，二者之间用分半键 10 固定，转臂与连接板 8 由剪断销 11 连成一体。连杆 12 的两端分别与连接板 8 和控制环 14 铰接。控制环 14 支承在固定于顶盖上的支座 15 上。接力器通过推拉杆 13 驱动控制环转动，控制环通过连杆、转臂带动所有导叶同步来回转动，从而关闭或开启导水机构，调节进入转轮的水流量，达到调节机组的出力和转速的目的。在这种机构中，由于控制环的转动平面与连杆的移动平面、转臂的转动平面相互平行，三者之间可以方便地用销子进行铰接，所以在传动的结

构上最容易实现，结构性能最佳。同时这种传动机构在水外，便于维护和检修，故广泛用于大中型水轮机。

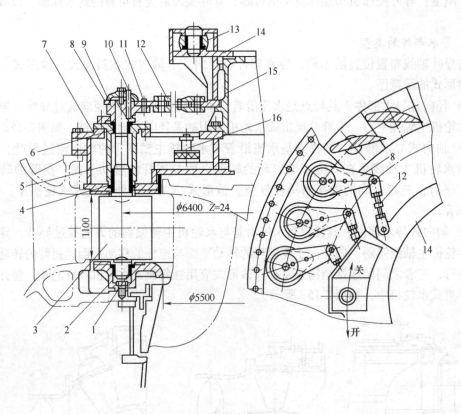

图 2-16　径向导水部件

1、4、6—尼龙轴瓦　2—导水部件底环　3—导叶　5—轴套　7—水轮机顶盖　8—连接板　9—转臂
10—分半键　11—剪断销　12—连杆　13—推拉杆　14—控制环　15—支座　16—补气阀

1. 导叶

导叶均匀地分布在转轮的外围和座环的里面，在导叶的下面为底环，上面为顶盖。导叶的断面形状为翼型，首端较厚，尾端较薄，这样既可以保证强度又可以减少水力损失。导水部件的叶形，通常用的有对称型和正曲率型两种标准叶形，图 2-17 为不同叶形的导水部件示意图。对称型的导叶一般使用在低水头的轴流式水轮机中，正曲率型的导叶一般工作于有较大开度的高水头轴流式水轮机和较低水头的混流式水轮机中。

对于大中型水轮机，导叶多采用铸钢整体铸造，材料一般为 ZG270-500 或 ZG20Mn。为了减轻导叶的重量，导叶体通常做成中空的，壁厚由强度计算及铸造的可能性确定。图 2-18 所示为整铸导叶。近年来，由于焊接技术的发展，有采用焊接结构的导叶，如图 2-19 所示。焊接导叶加工成本较低，所以很有采用价值。

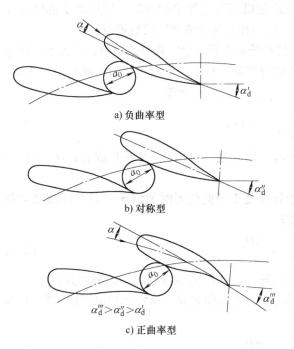

a) 负曲率型

b) 对称型

$\alpha_d''' > \alpha_d'' > \alpha_d'$

c) 正曲率型

图 2-17 不同叶形的导水部件示意图

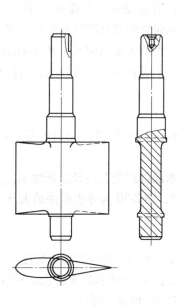

图 2-18 整铸导叶

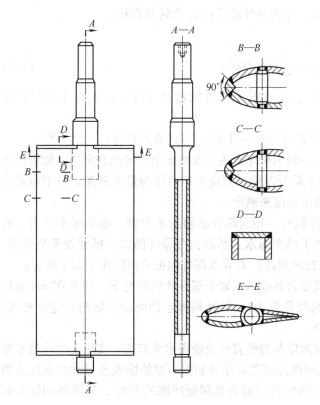

图 2-19 焊接导叶

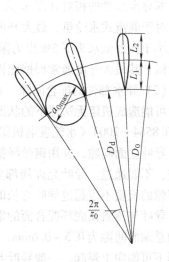

图 2-20 导水部件的最大开度示意图

（1）导水部件的开度　为了表征导叶在水轮机调节过程中的位置，使用导水部件开度来表示，用 a_0 表示。开度 a_0 是任一导叶出口边与相邻导叶体之间的最短距离。

对几何结构相似的导水部件来说，为了消除转轮直径和导叶数目的影响，引入了表征导水部件位置的无量纲值 $\bar{a}_0$，称为**导水部件的相对开度**。对于几何结构相似的导水部件来说，只要导叶位置相同，不管导水部件的尺寸大小，$\bar{a}_0$ 总是一个常数。

$$\bar{a}_0 = \frac{a_0 z_0}{\pi D_1} \times 100\% \tag{2-6}$$

式中，$\bar{a}_0$ 为导水部件的相对开度；a_0 为导水部件开度（m）；z_0 为导叶数目；D_1 为转轮直径。

导水部件理论上的最大开度 a_{0max} 相当于导叶处于径向位置时的情况（只要尾端是对称的导叶），图 2-20 为导水部件最大开度示意图。

$$a_{0max} = \frac{\pi D_d}{z_0} \tag{2-7}$$

式中，a_{0max} 为导水部件的最大开度（m）；z_0 为导叶数目；D_d 为导叶出口边圆的直径。

对于图 2-20 所示的水轮机结构情况，导叶位于径向位置时，导叶出口边圆的直径 D_d 与转轮直径 D_1 相等，可得

$$a_{0max} = \frac{\pi D_1}{z_0} \tag{2-8}$$

式中，a_{0max} 为导水部件的最大开度（m）；z_0 为导叶数目；D_1 为转轮直径。

把式（2-8）带入（2-6），得

$$\bar{a}_0 = \frac{a_0}{a_{0max}} \times 100\% \tag{2-9}$$

式中，a_{0max} 为导水部件的最大开度（m）；$\bar{a}_0$ 为导水部件的相对开度；a_0 为导水部件开度（m）。

即导水部件的相对开度 $\bar{a}_0$ 表示导水部件的某一开度 a_0 与其最大开度 a_{0max} 之比值。

对于混流式水轮机，最大开度 a_{0max} 一般为额定水头下发额定出力时的开度值。如果此开度值小于在最低水头下 5% 出力限制线上的开度值，则应取后者作为最大开度。对于转桨式水轮机，其最大开度通常根据允许的吸出高度来确定。

（2）导水部件的配合间隙　机组停机时，导水部件必须封水严密，如果漏水严重，有时就可能造成机组无法停下的状况。为了减少漏水，必须提高导叶的加工精度及安装质量。GB/T 8564—2003《水轮发电机组安装技术规范》对导水部件的配合间隙作了如下规定：

导叶立面间隙，在用钢丝绳捆紧或接力器油压压紧全部导叶的情况下，用 0.05mm 塞尺检查，不能通过。导叶允许局部立面间隙见表 2-1，导叶局部立面间隙不能超过这个要求。有间隙的长度不应超过导叶总长的 25%。

导叶与顶盖及底环配合面的端面间隙值与转轮直径及使用水头有关。实用上中小型水轮机的总端面间隙为 0.5 ~ 0.6mm，考虑到顶盖刚度对导叶端面间隙的影响及导叶在水压力的作用下可能向上浮起，一般导叶与顶盖的配合间隙为总端面间隙的 60%，与底环的配合间隙为总间隙的 40%。

表 2-1　导叶允许局部立面间隙　　　　　　　　　　　　　（单位：mm）

项目	导叶高度 h/mm				
	$h < 600$	$600 \leq h < 1200$	$1200 \leq h < 2000$	$2000 \leq h < 4000$	$h \geq 4000$
不带密封条的导叶	0.05	0.10	0.13	0.15	0.20
带密封条的导叶	0.15			0.20	
说明	带密封条的导叶在密封条装入后检查导叶立面，应无间隙				

2. 导叶轴承

为了保证导叶转动灵活，在导叶轴处装有导叶轴承。在大中型水轮机中，导叶受力较大，采用三个轴承。

图 2-16 为目前常用的典型结构，三个轴承中的下轴承装在导水部件底环 2 上，上、中两个轴承的尼龙轴瓦 4、6 则安装在专门的轴套 5 内。这种轴套目前多数采用图 2-21 所示的整体圆筒形式，用法兰固定在顶盖导叶轴孔内，一般采用 HT 200 铸铁铸造。

导叶轴承过去大多采用锡青铜铸造，加注黄油润滑。因结构上未设排油孔，轴承内的水及空气无法排出，因此黄油不宜注满，以免造成轴瓦干磨。目前已广泛应用具有自润滑性能的工程塑料和尼龙 1010，这样既节省了有色金属，又降低了成本，简化了结构。

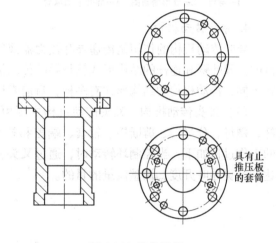

具有止推压板的套筒

图 2-21　整体圆筒

3. 导叶密封

为了防止水流进入轴承引起轴颈锈蚀和破坏油膜，导叶轴颈的密封大多装在导叶套筒的下端。导叶密封的材料过去多用牛皮制作的 U 形密封，封水性能较好，但结构复杂。

现在机组中大多已改用 L 形密封，密封圈可采用中硬度橡胶模压成型，如图 2-22 所示，此密封封水性能好，结构简单。L 形密封圈 2 用导叶上轴承套 1 压紧在顶盖 3 上，与导叶轴颈之间靠水压贴紧封水，为了形成压差，在轴承套和套筒上均开有排水孔。密封圈与顶盖配合端面则靠压紧封水，所以套筒与顶盖端面配合尺寸应保证橡胶有一定的压缩裕量。

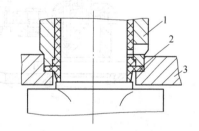

图 2-22　L 形密封圈示意图
1—导叶上轴承套　2—L 形密封圈
3—顶盖

导叶下轴颈在采用工业塑料的润滑轴承时，为了防止泥沙进入轴承而发生轴颈磨损，一般采用 O 形橡胶密封圈进行密封，如图 2-23 所示。

高水头的水轮机要考虑导叶在水压作用下的上浮力，当上浮力超过导叶自重时，导叶套筒上需装设止推装置，以防导叶向上抬起碰撞顶盖和影响连杆受力。止推装置的结构形式很多，图 2-24 为采用较多的在转臂上开槽的结构，利用固定于套筒上法兰面的止推压板卡在导叶槽内，使转臂与导叶受轴向限位，从而限制导叶向上浮动。

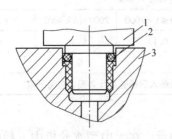

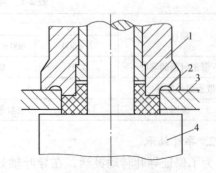

图 2-23　O 形橡胶密封圈示意图
1—导叶　2—O 形密封圈　3—导叶下轴承套

图 2-24　下部止推结构
1—套筒　2—止推压板　3—顶盖　4—导叶

4. 导叶传动机构

导叶传动机构的作用是传递导叶接力器液压油的作用力，使导叶转动，达到调节流量的目的。导叶臂和连杆的结构形式就是导叶传动机构的结构形式，由于导叶臂和连杆的结构形式不同，传动机构的结构形式有多种，目前常用的有叉头传动机构和耳柄传动机构。

（1）叉头传动机构　叉头传动机构主要由转臂、连接板、控制环、叉头、叉头销、连杆、螺母、分半键、剪断销、轴套、端盖和补偿环等组成，其结构如图 2-25 所示。该机构的工作过程如下：当控制环转动时，通过叉头、连杆带动转臂动作，最后使导叶转动，从而达到变更导叶开度、调整流量的目的。

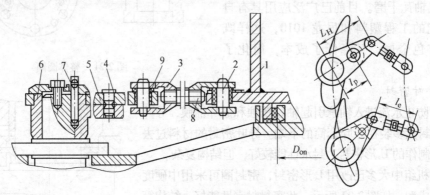

图 2-25　叉头传动机构
1—控制环　2—叉头销　3—叉头　4—剪断销　5—连接板　6—转臂　7—分半键　8—连杆　9—补偿环

转臂与导叶用分半键连接，直接传递操作力矩。转臂上装有端盖，用调节螺钉把导叶悬挂在端盖上，通过调整螺钉的顺逆转动，使导叶上、下移动，达到调整端面间隙的目的，而其他传动件位置不受影响。图 2-26 为转臂的两种结构：带止推槽的和不带止推槽的。

在转臂与连接板上装有剪断销，是一易坏连接件。在关闭导水部件过程中，如果导叶间因异物（如圆木等）卡住，传动机构的操作力将急剧增大，当应力增高到 1.5 倍时，剪断销上有一最弱断面会首先剪断，在保证关机的同时，可以保护其他传动件不受损坏。

在连接板或控制环与叉头连接处，为了使连杆保持水平，可以装补偿环进行调整。连杆两端螺纹分别为左旋和右旋，以便安装中调整连杆长度和导叶开度。

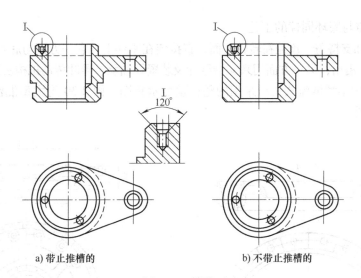

a) 带止推槽的　　　　　　　　b) 不带止推槽的

图 2-26　转臂

叉头传动机构受力情况较好，大中型机组上采用较多。

（2）耳柄传动机构　耳柄传动机构的结构如图 2-27 所示。此机构主要由转臂、分半键、端盖、耳柄、旋套、连杆销、剪断销和轴套等组成。导叶立面间隙的调整是通过旋套来完成的。

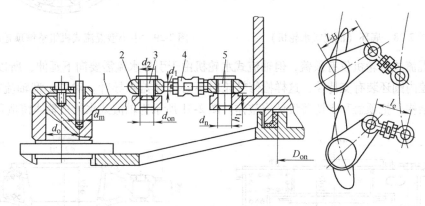

图 2-27　耳柄传动机构

1—转臂　2—耳柄　3—剪断销　4—旋套　5—连杆销

耳柄传动机构的结构简单，但其受力情况不如叉头传动机构好，连杆销和剪断销上都有附加弯矩，剪断销的剪断力容易随轴套配合间隙和安装质量变化，剪断面尺寸不如叉头传动机构中的剪断销容易确定。这种传动机构在中小型机组中采用较多。

5. 环形部件

导水机构的环形部件有底环、顶盖和支持盖、控制环。伞式机组支承推力负荷的推力轴承支架也属环形部件，它直接装在顶盖或支持盖上。以上这些环形部件受力比较复杂，制造和安装要求高。

（1）底环　底环是一个扁平的环形部件。它固定于座环的下环上，用来安装导叶的下轴承及支持导叶的下轴颈。底环的结构如图 2-28 所示，比较简单。

对于泥沙磨损较严重的电站，在底环与导叶相配合的端面上装有抗磨板，用螺钉固定。在制造和安装时，要注意底环上的导叶轴孔应与顶盖上相应的导叶轴孔同心，为此，中小型机组常采用顶盖与底环同镗的工艺。

（2）顶盖和支持盖　顶盖在转轮上面，直接装在座环上，它一方面与底环形成过流通道，且防止水流向上溢出，另一方面用来支持导叶及装置导轴承、导叶传动机构及附属装置等。

图 2-29 为中小型混流式机组采用的整铸顶盖示意图，图 2-30 为大型混流式机组采用的焊接顶盖示意图。

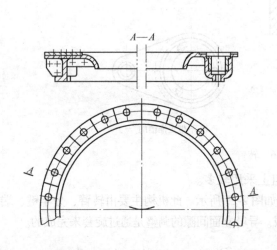

图 2-28　底环（混流式水轮机）　　　　图 2-29　中小型混流式机组整铸顶盖示意图

一般混流式水轮机仅有顶盖，但轴流式水轮机由于引导水流需要向下延伸，所以轴流式水轮机上顶盖内圆还装有支持盖，这样检修转轮时不必拆顶盖和导叶。对中小型轴流式水轮机，为了简化结构，把顶盖和支持盖设计成整体。图 2-31 所示为轴流式水轮机整体铸造顶盖。

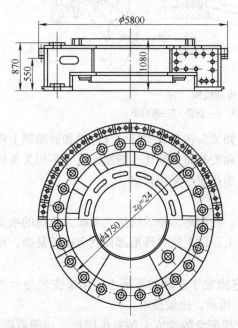

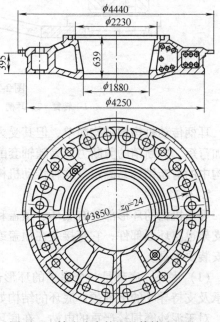

图 2-30　大型混流式机组焊接顶盖示意图　　　　图 2-31　轴流式水轮机整体铸造顶盖

（3）控制环　控制环是传递接力器作用力的，并通过传动机构转动导叶的环形部件。图 2-32 为控制环的两种常用结构。

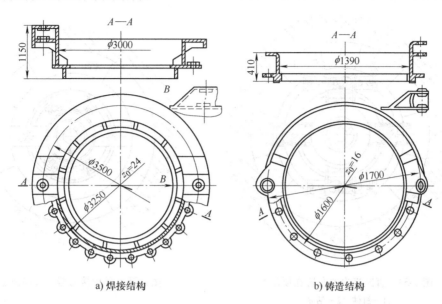

a) 焊接结构　　　　　　　　　　　　　　b) 铸造结构

图 2-32　控制环

6. 接力器

接力器是导叶传动机构的动力部分。当外界负荷变化时，由调速器进行自动测量和调整，当调速器的主配压阀控制的液压油进入接力器的液压缸时，推动接力器活塞移动，通过推拉杆转动控制环，控制环再通过连杆、转臂，使导叶根据要求进行调节。

导水机构接力器布置形式很多，目前国内外使用的结构如图 2-33 ～ 图 2-36 所示。

图 2-33 为直缸接力器在机坑内的布置形式，是目前国内运行机组中采用最多的一种，其接力器的结构如图 2-37 所示，它由缸体、缸盖、活塞、导管、推拉杆和锁锭装置等组成。在活塞上与缸体的进油口位置相对应处开有三角形槽口，在接力器关闭时可以遮挡部分出口，形成节流，起到缓冲作用。

图 2-34 为直缸接力器在水轮机顶盖上的布置形式，两组直缸接力器共四个液压缸分布在对称的两边。这种形式有利于降低厂房高度，减少工地安装调整工作。

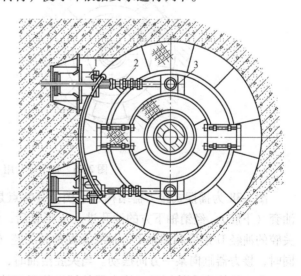

图 2-33　直缸接力器布置在机坑内
1—缸体　2—活塞　3—推拉杆

图 2-35 为环形接力器在水轮机顶盖上的布置形式。接力器的液压缸和接力器活塞为一

环形圆筒，在油压作用下，活塞运动的轨迹位于控制环的同心圆上。这种形式工作平稳，可降低厂房高度，但它工艺要求高，加工困难。

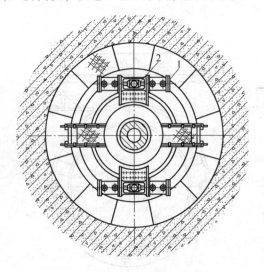

图 2-34　直缸接力器布置在顶盖上
1—缸体　2—活塞

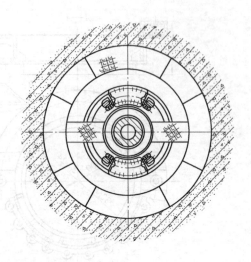

图 2-35　环形接力器布置在顶盖上

图 2-36 为每个导叶用一个小型接力器传动的布置形式。这种形式结构简单，调试方便，但每一个接力器需有一个机械锁锭装置，运行不便。

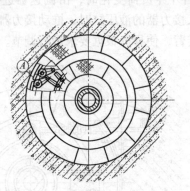
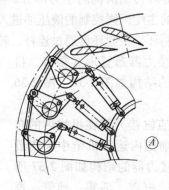

图 2-36　每个导叶用一个接力器

图 2-38 为摇摆式接力器结构示意图。其特点是缸摆动，当开腔给油时，液压油进入配油套（下腔），经销轴下方的油孔进入 π 形管后，流入接力器开腔，使接力器打开。接力器关腔的油经 U 形管和销轴上方油孔及配油套关腔（上腔），进入油管而流回。在活塞移动的同时，接力器缸向某一方向摆动。当关腔给油时，动作过程与上述相反。

导水机构完全关闭后，接力器的锁锭装置把接力器锁在关闭位置，防止导叶被水冲开，即使接力器中油压消失，导叶也不会自行开启。锁锭装置目前有两种结构。图 2-39 为液压压差式锁锭装置，它的特点是当系统油压降低到相当于事故低油压时，滑阀轴 3 在弹簧 2 的作用下下移，液压油自 A 处进入差压活塞 6 的上部，使锁锭闸落下。这种锁锭有时因弹簧

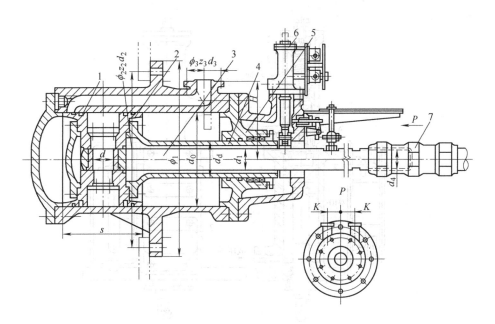

图 2-37　单导管直缸接力器

1—缸体　2—活塞　3—推拉杆　4—导管　5—缸盖　6—锁锭装置　7—连接套管

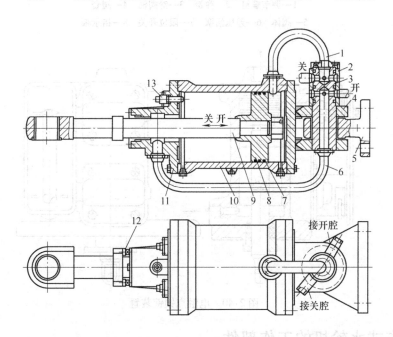

图 2-38　摇摆式接力器结构示意图

1—U 形管　2—配油套　3—销轴　4—后缸盖　5—固定支座　6—π 形管　7—活塞环　8—活塞
9—推拉杆　10—缸体　11—前缸盖　12—特殊螺钉　13—限位螺钉

质量不稳定而影响锁锭正常工作。图 2-40 为电触点锁锭装置，它利用继电器传送低压信号，再由电磁操作阀控制锁锭闸动作。

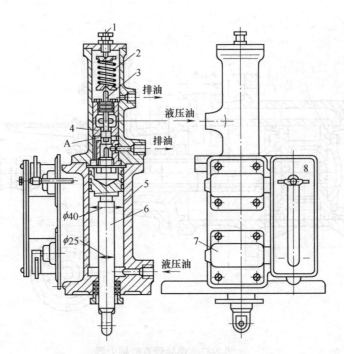

图 2-39　液压压差式锁锭装置

1—调节螺钉　2—弹簧　3—滑阀轴　4—阀套

5—阀体　6—差压活塞　7—限位开关　8—指示板

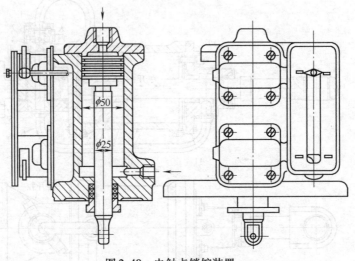

图 2-40　电触点锁锭装置

2.3　反击式水轮机的工作部件

　　反击式水轮机的工作部件是**转轮**，其作用是将水能转换成转轮旋转的机械能，是水轮机的核心部件，水轮机的水力性能主要由转轮决定。转轮的类型如图 2-41～图 2-43 所示，有混流式转轮、轴流式（贯流式）转轮和斜流式转轮。由于轴流式水轮机的转轮与贯流式水轮机的转轮一样，所以反击式水轮机的类型有四种，转轮类型只有三种。本节介绍混流式和轴流式两种常用转轮的结构。

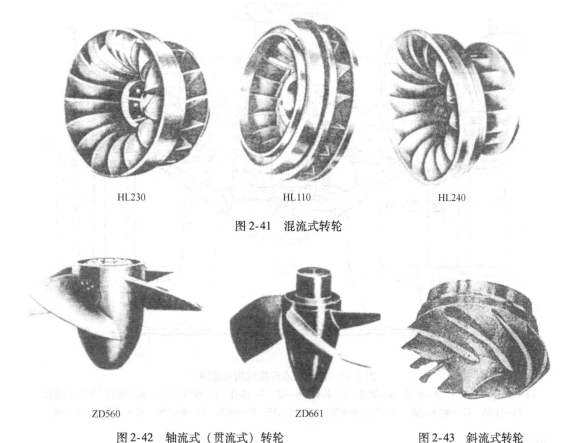

| HL230 | HL110 | HL240 |

图 2-41　混流式转轮

ZD560　　　　　　　ZD661

图 2-42　轴流式（贯流式）转轮　　　　　　图 2-43　斜流式转轮

2.3.1　混流式水轮机转轮

混流式水轮机是反击式水轮机的一种，由于它制造、安装方便，运行可靠，且有较高的效率和较低的空蚀系数，所以它的水头应用范围逐渐扩展，但它主要适用于中水头电站。

图 2-44 为混流式水轮机的结构示意图，位于水轮机中心的是转轮 3，与主轴 11 相连，主轴 11 的另一端一般与发电机轴相连。在转轮的四周布置着导水部件的导叶 2，导叶的下端装在底环 15 内，而底环 15 放在座环 1 的下环内。导叶的上端装在顶盖 4 内，顶盖被安装在座环的上环上，顶盖 4 将转轮 3 盖住。在导叶 2 的外围，分布有固定导叶，座环上下环的外面直接与蜗壳连接，且被蜗壳包围着。

顶盖 4 内的导叶上端通过拐臂 5、销 6、连杆 7 与控制环 8 相连，控制环通过推拉杆与接力器相连。在座环 1 的下方装有基础环 14，它通过锥形环与尾水管相连。在顶盖上方、主轴外装有水轮机导轴承 10，在导轴承的下方装有密封装置 9。混流式水轮机的附属装置有紧急真空破坏阀，有时还装有放水阀等。

1. 转轮

转轮是各种形式水轮机将水能转变成机械能的核心部件。转轮各过流部分应满足水力设计的型线要求，有足够的强度和刚度。另外，制造转轮的材料应具备抗空蚀损坏、耐泥沙磨

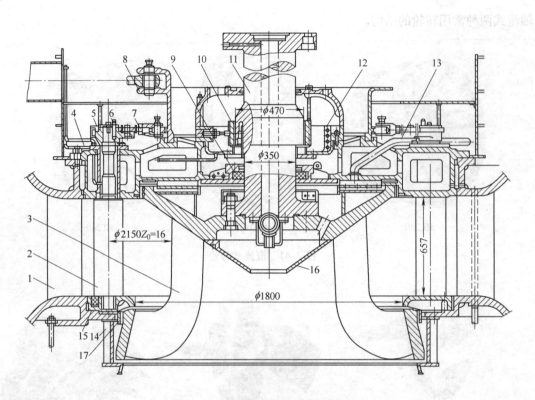

图 2-44 混流式水轮机结构示意图

1—座环 2—导叶 3—转轮 4—顶盖 5—拐臂 6—销 7—连杆 8—控制环 9—密封装置 10—导轴承
11—主轴 12—油冷却器 13—顶盖排水管 14—基础环 15—底环 16—泄水锥 17—下部固定止漏环

损的性能。

混流式水轮机适用的水头范围广。由于应用水头和流量的不同,其转轮的形状不同,如图 2-45 所示。

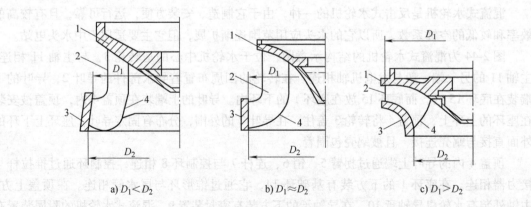

a) $D_1 < D_2$ b) $D_1 \approx D_2$ c) $D_1 > D_2$

图 2-45 混流式转轮形状

1—上冠 2—叶片进水边 3—下环 4—叶片出水边

图 2-45a 所示转轮应用于水头较低、流量较大的场合,图 2-45c 所示转轮应用于高水头、小流量的场合,水头和流量介于上述两者之间的用图 2-45b 所示的转轮。

无论什么转轮形状的混流式水轮机，其转轮基本上由上冠，下环，叶片，上、下止漏装置，泄水锥和减压装置组成。图 2-46 为混流式转轮结构示意图。

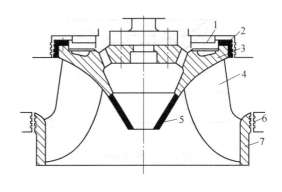

图 2-46 混流式转轮结构示意图
1—减压装置 2、6—止漏环 3—上冠
4—叶片 5—泄水锥 7—下环

（1）上冠 转轮上冠的作用第一是支承叶片，第二是与下环构成过流通道。

上冠形似圆锥体，其上部中间为上冠法兰，此法兰的上面与主轴相连，其下面固定有泄水锥，在上冠上固定有均匀分布的叶片。在上冠法兰的外围开有几个减压孔，在其外侧面装有减压装置。

（2）叶片 叶片的作用是直接将水能转换为机械能。叶片断面形状为翼形，叶片数目为 10～24 片，叶片的形状、数目及制造叶片的材料均对水轮机的效率及水轮机抗空蚀、抗磨损的性能产生很大的影响。叶片上端与上冠相连，下端与下环连成一整体。

（3）下环 下环的作用：①增加转轮的强度和刚度；②与上冠形成过流通道。

（4）泄水锥 泄水锥的作用是引导由叶片出来的水流顺利地变成轴向，避免叶片出口水流互相撞击和向上旋转所造成的水力损失，从而保证水轮机的效率。

（5）止漏装置 止漏装置的作用是减小转动部分与固定部分之间的漏水损失。止漏装置常用的有间隙式、迷宫式、梳齿式和阶梯式四种。

止漏装置分为固定部分和转动部分，为防止水流向上和向下漏出，水轮机上一般装有上、下两道止漏环。上止漏环的固定部分装在顶盖上，其转动部分装在上冠上；下止漏环的固定部分一般装在底环上，转动部分装在转轮的下环上。

（6）减压装置 减压装置的作用是减小作用在转轮上冠上的轴向水推力，它包括减压板和减压孔。其形状为环形减压板，分别装在顶盖下面和上冠的上方。

（7）转轮的结构形式 由于混流式水轮机的转轮应用水头和尺寸大小不同，它们的构造形式、制作材料及加工方法均不相同。

混流式转轮的结构形式主要是指上冠、叶片和下环三部分的构造形式，基本上分为整铸转轮、铸焊转轮和组合转轮三种。

1）整铸转轮。整铸转轮是指上冠、叶片和下环整体铸造而成的转轮，图 2-47 为整铸转轮，这种结构在中小型机组中广泛采用。低水头的中小型混流式转轮材料采用灰铸铁 HT200 或球墨铸铁整铸；高水头的中小型转轮和低水头的大型转轮则采用铸钢 ZG270-500 整铸。对于高水头的水轮机转轮，为提高其强度和抗空蚀损坏、耐泥沙磨损的性能，多采用不锈钢材料。有些采用普通碳钢的转轮，在其容易空蚀和磨损的过流部位，例如叶片表面和下环内侧，堆焊抗空蚀耐磨损的材料。

整铸转轮尺寸不大时，其生产周期短，成本较低，且有足够的强度，所以广泛采用。缺点是容易产生铸造缺陷，铸造质量不易保证，尤其当转轮尺寸大时，对铸造设备的要求也高。

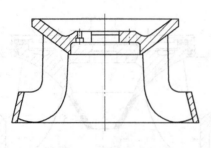

图 2-47 整铸转轮

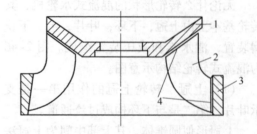

图 2-48 铸焊转轮
1—上冠 2—叶片 3—下环 4—焊缝

2) 铸焊转轮。在混流式转轮制造中,目前广泛采用焊接结构。图 2-48 为铸焊转轮其中的一种结构形式。转轮的上冠、叶片和下环三部分单独铸造后,经过一定的生产工艺流程,焊接而成。这种焊接结构具有良好的技术经济效果,对不同部位可采用不同的钢种,例如对上冠和下环采用普通铸钢而叶片采用不锈钢,这样做既提高了转轮的抗空蚀能力,又节省了镍铬等金属。

铸焊转轮由于铸件小,形状较简单,容易保证铸造质量,同时降低了对铸造能力的要求。但铸焊转轮焊接工作量大,对焊接工艺要求高,要确保每条焊缝的质量,避免和消除焊接残余应力等。

大型混流式转轮除采用手工焊外,还采用叶片与上冠电渣焊、下环与叶片手工焊的结构形式。目前已成功地制成了叶片与上冠、下环全部采用管极熔嘴全电渣焊的大型转轮。

3) 组合转轮。当转轮直径大于 5.5m 时,因受铁路运输的限制,或因铸造能力不足,必须把转轮分半制作,运到现场再组合成整体。

根据转轮各部分的组合连接方式不同,也分几种形式。我国主要采用上冠螺栓连接、下环焊接结构,在上冠连接处有轴向和径向的定位销,图 2-49 为这种组合转轮的示意图。

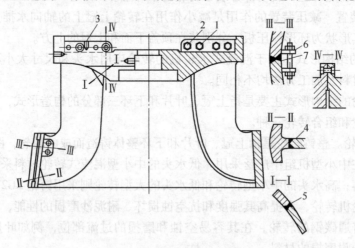

图 2-49 组合转轮示意图
1—组合螺栓 2—组合定位螺栓 3—定位销 4—下部分剖面
5—上部分剖面 6—临时组合法兰 7—下环分瓣面

2. 轴向水推力和减压装置

在混流式水轮机中，当水流经过转轮时，产生了沿水流方向的轴向推力，它的大小取决于转轮的型号、水头、转轮尺寸、止漏环的结构形式及减压装置的形式。

轴向水推力一般由四部分组成：

1）在转轮内腔中，因水流作用而产生的轴向水压力（包括在叶片上的）。

2）作用于上冠外表面上的轴向水压力。

3）作用于下环外表面的轴向水压力。

4）作用在转轮上的浮力。

这四部分力构成的轴向水推力，作用于推力轴承上，再传至基础。

轴向水推力的估算公式为

$$P_{oc} = 9.81 \times 10^3 K \frac{\pi}{4} D_1^2 H_{max} \tag{2-10}$$

式中，P_{oc} 为水流对转轮的轴向水推力（N）；D_1 为转轮直径（m）；H_{max} 为最大水头（m）；K 为与转轮型号有关的水推力系数，可通过试验方法获得。国产转轮的 K 值可参考表 2-2 和表 2-3 查取。

表 2-2　混流式轴向水推力系数

转轮型号	HL310	HL240	HL230	HL220	HL200	HL180	HL160	HL120	HL110	HL100
K	0.37~0.45	0.34~0.41	0.18~0.22	0.28~0.34	0.22~0.28	0.22~0.28	0.20~0.26	0.10~0.13	0.10~0.13	0.08~0.14

表 2-3　轴流式轴向水推力系数

转轮叶片数	4	5	6	7	8
K	0.85	0.87	0.90	0.93	0.95

如水中含有泥沙，密封间隙有较严重的磨损或转轮直径较小时，需额外放大止漏环间隙的结构，取较大的 K 值。

水轮机总的轴向推力

$$P = P_{oc} + G_N + G_L \tag{2-11}$$

式中，P_{oc} 为转轮的轴向水推力（N）；G_N 为转轮重量（N）；G_L 为主轴重量（N）。

G_N 和 G_L 由制造厂商提供，初步设计时可根据《水轮机设计手册》中相应的附表进行估算。

为了减小推力轴承上的负荷，在结构上常采用减小作用在上冠外面轴向水推力的措施。

图 2-50 为减压装置示意图，常用减压装置的结构形式有两种，引水板泄水孔的减压方式及顶盖排水管和转轮泄水孔的减压方式，如图 2-50a、b 所示。

图 2-50a 所示的减压装置中，上下环形引水板分别装在顶盖下方和上冠的上面，当漏水进入顶盖引水板与上冠引水板之间的间隙 C 时，由于转轮旋转受离心力的作用，漏水溢至顶盖引水板上，经减压孔排至尾水管。此形式的减压效果与引水板面积、间隙 E 和 C 的大小及减压孔的直径 d 有关。一般认为引水板和减压孔面积越大，间隙 E 和 C 越小，减压效果越显著。减压孔最好开成顺水流方向，倾斜角 $\beta = 20° \sim 30°$。

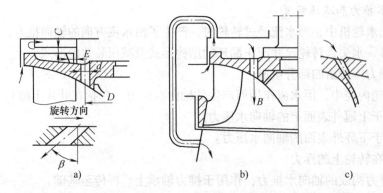

图 2-50　减压装置示意图

图 2-50b 所示的减压装置中，顶盖和尾水管内有数条排水管相连，使上冠上面的漏水一部分经排水管泄至尾水管，另一部分经转轮上的减压孔排入尾水管。自转轮减压孔排入尾水管的漏水有直接排至尾水管的，如图 2-50b 所示；有经泄水锥内腔排入尾水管的，如图 2-50c 所示。经转轮上的减压孔排入尾水管，使转轮上面的压力降低，从而减轻作用在转轮上的轴向水推力。但如图 2-50b 所示，可能在泄水锥的过流表面上产生空蚀损坏和磨损。而图 2-50c 所示的方式又有可能影响补气的效果。

3. 止漏装置

混流式水轮机在运行时，通过转轮上冠与顶盖之间、下环与基础环之间的缝隙常有高压水流到尾水管中去。为了减少漏水损失，常采用止漏环。图 2-51 为目前广泛采用的止漏环结构形式，有间隙式、迷宫式、梳齿式和阶梯式四种。

（1）止漏环的固定方式　止漏环的材料一般电站用 ZG270-500 或 Q235 钢板，泥沙较多的电站采用不锈钢。止漏环的固定方式有直接车制和红套固定两种。对一些水质干净、转轮尺寸较小的转轮，可以直接在上冠和下环上车制迷宫槽。为了考虑拆卸方便，一般在整铸转轮上采用红套固定。

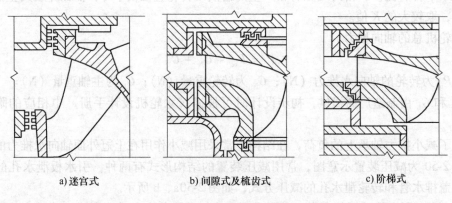

a) 迷宫式　　　　　　　b) 间隙式及梳齿式　　　　　　　c) 阶梯式

图 2-51　止漏环结构形式

（2）止漏环结构形式的选择　使用水头 $H<200m$ 时，型谱内所列各型号混流式转轮一般采用间隙式或迷宫式止漏环，它止漏效果差，但其与转轮的同心度高，制造、安装方便，抗磨损性能较好。迷宫式止漏环与转轮的同心度高，制造、安装较方便。在清水电站采用迷

宫式止漏环较多。图 2-51a 为迷宫式止漏环，当水从间隙中流过时，由于局部阻力加大，使压力降低，当水流到达沟槽部位时又突然扩大，进入下一个间隙时又突然收缩，这种反复扩大、收缩的结果减低了水流压力，使漏水量大大减少。

使用水头 $H>200$m 的混流式水轮机常采用梳齿式止漏环，它的转动环和固定环的截面为梳齿状，两个环的截面交错配合。当水流经过梳齿时，转了许多直角弯，增加了水流阻力，使漏水量减少。其缺点是止漏环与转轮的同心度不易保证，间隙测量困难，安装不便，它一般与间隙式止漏环配合使用，如图 2-51b 所示。

图 2-51c 为阶梯式止漏环，多用于水头 $H>200$m 的水电站，其止漏效果好，因它具有迷宫式及梳齿式止漏环的特点。另外，这种止漏环与转轮的同心度好，安装测量比较方便。

（3）止漏环的安装　止漏环的间隙值不但影响止漏效果，影响机组效率，还会对机组运行稳定性产生较大影响。止漏环单边间隙一般可取转轮直径的 0.5‰，具体数值见表 2-4。

表 2-4　止漏环单边间隙表　（单位：mm）

转轮型号	转轮直径						
	1400~1600	1800~2000	2250~2500	2750~3000	3300~3800	4100~5000	5500~6000
HL310，　HL240 HL230，　HL220 HL200	0.9	1.0	1.25	1.5	1.75	2.0	2.25
HL180，　HL160 HL120，　HL110 HL100	0.7	0.8	1.0	1.25	1.5	1.75	2.0
间隙公差	±0.1	±0.1	±0.12	±0.12	±0.15	±0.19	±0.22

在安装时，应仔细测量止漏环的单边间隙，当转轮位于安装的最终高程时，各止漏环间隙的允许偏差见表 2-5。

表 2-5　混流式转轮止漏环间隙允许偏差

水头范围		允许偏差	说明
工作水头 <200m		各间隙与实际平均间隙之差不应超过实际平均间隙值的 ±20%	
工作水头 ≥200m	a_1、a_2	各间隙与设计间隙之差不应超过设计间隙值的 ±10%	a_1、a_2、b_1、b_2 见图 2-52
	b_1、b_2	各间隙与设计间隙之差不应超过 ±0.20mm	

图 2-52 为梳齿密封的止漏间隙情况示意图，当水头超过 200m 时，采用梳齿密封的混流式水轮机由于运行中机组摆度的影响，圆周方向的间隙不均匀，可能导致 A、B 腔内水流压力波动，严重时会引起机组振动，因此间隙值一般应适当加大。也可以采用加连通管、进口外圆车制环形槽等措施来均衡 A、B 腔压力。

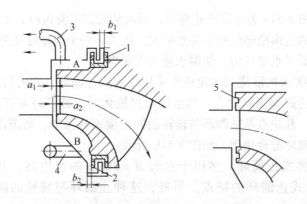

图 2-52 梳齿密封的止漏间隙情况示意图
1—上梳齿 2—下梳齿 3—A腔排水管 4—B腔连通管 5—环形槽

2.3.2 轴流式水轮机转轮

轴流式水轮机也是反击式水轮机的一种，由于水流进入转轮和离开转轮均是轴向的，故称为**轴流式水轮机**。轴流式水轮机的转轮按照叶片能否转动分为定桨式和转桨式两种。轴流定桨式转轮结构简单，容易制造，适用于工况变化比较小的带基本负荷的电站。轴流转桨式转轮的叶片可以转动，平均效率较混流式水轮机高，在负荷和水头变化时，效率变化不大。并且轴流转桨式水轮机稳定性能好，有较高的出力。

图 2-53 为 ZZ440-LH-850 轴流转桨式水轮机结构剖面图。轴流转桨式水轮机的工作过程与混流式水轮机基本相同，水流经压力水管、蜗壳、座环、导叶、转轮、尾水管到下游。与混流式水轮机所不同的是负荷变化时，它不但调节导叶转动，同时还调节转轮叶片，使其与导叶转动保持某种协联关系，以保持水轮机在高效率区运行。轴流转桨式水轮机在我国应用较普遍，发展很快，葛洲坝水电站二江发电厂使用的就是这种形式的水轮机，单机容量为 175MW，转轮直径为 11.3m。截至 2014 年年底，我国自行研制的容量最大的轴流转桨式水轮机用在四川安谷水电站，单机容量为 190MW。

图 2-54 为 ZD440-330 转轮叶片结构示意图。对于大中型轴流定桨式水轮机，其转轮叶片多数采用单独铸造，加工后用卡环或螺母等零件固定在转轮体上。在转轮体与叶片连接的法兰上，开有若干个定位销孔，随运行工况的季节性变化，可以停机后人工调整定位销位置，保证叶片有若干个与运行工况大致相适应的装置角度。中小型定桨式转轮中，有的把叶片直接铸造或焊接在转轮体上。这种结构更简单，但不能调整叶片的角度。

轴流式水轮机转轮位于转轮室内，轴流式水轮机转轮主要由转轮体、叶片和泄水锥等部件组成。轴流转桨式水轮机转轮还有一套叶片操作机构和密封装置。

图 2-55 和图 2-56 为 ZZ440-330 转轮和 ZZ560-800 转轮结构，转轮体上部与主轴连接，下部连接泄水锥，在转轮体的四周放置悬臂式叶片。在转桨式水轮机的转轮体内部装有叶片操作机构，在叶片与转轮体之间安装着转轮密封装置，用来防止漏油和渗水。

1. 转轮体

轴流式水轮机的转轮体上装有全部叶片和操作机构，在安放叶片处，转轮体的外形有圆柱形和球形两种。大中型转桨式水轮机的转轮体多数采用球形，它能使转轮体与叶片内缘之

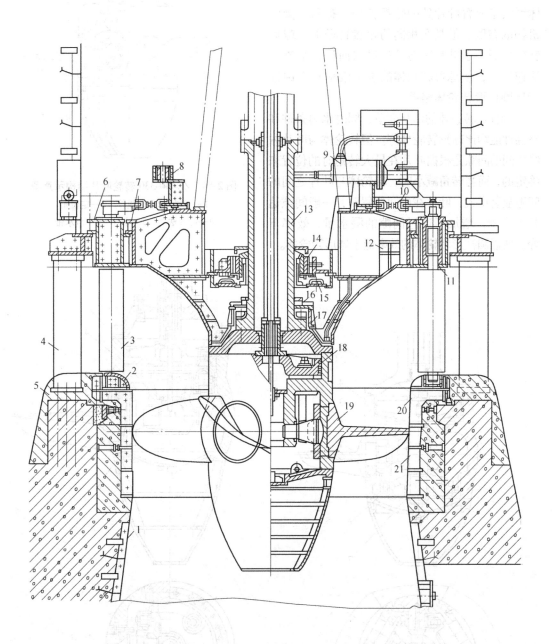

图 2-53　ZZ440-LH-850 轴流转桨式水轮机结构剖面图

1—尾水管　2—底环　3—导叶　4—座环　5—蜗壳　6—顶盖　7—支持盖

8—控制环　9—接力器　10—导叶传动机构　11—套筒密封　12—真空破坏阀

13—主轴　14—导轴承　15—冷却器　16—主轴密封　17—检修密封　18—转轮接力器

19—转轮　20—基础环　21—转轮室

间的间隙在各种转角下都保持不超过一定范围，达到减少漏水损失的目的。另外球形转轮体增大了放置叶片处的轮毂直径，有利于操作机构的布置。但是在相同的轮毂直径下，球形转轮体减小了叶片区转轮的过水面积，水流的流速增加，使球形转轮体的水力效率和空蚀性能比圆柱形转轮体略差。

圆柱形转轮体的形状简单，同时水力条件和空蚀性能均比球形转轮体好。但转轮体与叶片内缘之间的间隙是根据叶片在最大转角时的位置来确定的，而当转角减小时，转轮体与叶片之间的间隙显著增大，叶片在中间位置时，一般间隙达几十毫米，增加了通过间隙的漏水量，效率下降，所以圆柱形转轮体的效率低于球形转轮体。

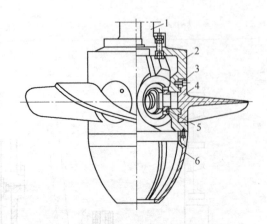

图 2-54　ZD440-330 转轮叶片结构示意图
1—主轴　2—转轮体　3—定位销
4—叶片法兰　5—卡环　6—泄水锥

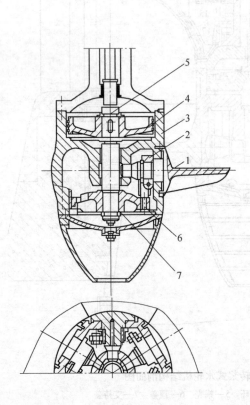

图 2-55　ZZ440-330 转轮结构
1—叶片　2—转臂　3—转轮体　4—接力器活塞
5—推拉杆　6—连杆　7—操作架

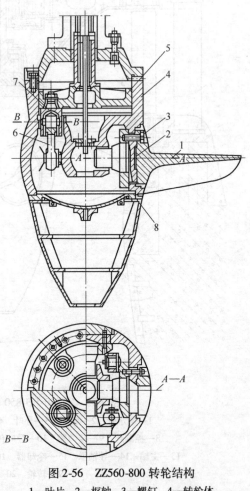

图 2-56　ZZ560-800 转轮结构
1—叶片　2—枢轴　3—螺钉　4—转轮体
5—抗剪销　6—连杆　7—套筒　8—转臂

转轮体的具体结构要根据接力器布置位置与操作机构的形式而定。小型水轮机转轮、定桨式水轮机转轮一般采用圆柱形转轮体。转轮体一般用 ZG270 – 500 或 ZG20Mn 整体铸造，其基本形状如图 2-57 所示。为了支撑叶片，转轮体开有与叶片数相等的孔，并在孔中安置叶片轴。随着工艺、材料和结构的改进，转轮体球面直径 d_B 与转轮直径 D_1 之比，即轮毂比，逐步减小，目前采用的叶片数与轮毂比的关系见表 2-6。

表 2-6　叶片数与轮毂比的关系

叶片数	轮毂比 d_B/D_1
4	0. 333 ~ 0. 4
5	0. 41 ~ 0. 45
6	0. 45 ~ 0. 5
8	小于 0. 55

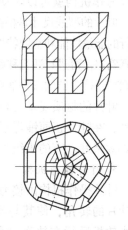

图 2-57　转轮体的基本形状

2. 叶片

轴流式水轮机叶片数目可为 3 ~ 8 片。轴流式转轮叶片由叶片本体和枢轴两部分组成。图 2-58 为叶片枢轴结构，叶片本体与枢轴有的是一个整体，有的用螺栓连接。对于尺寸小的水轮机，一般采用整体式结构，因为这样可以减少零件数目，铸造、加工、安装的困难也不大。但当水轮机尺寸大时，分开成叶片本体和枢轴两部分就比较有利。这是因为：

1）分成叶片本体和枢轴两部分，每一部分的重量和尺寸都减小了，对于铸造、加工和安装而言较为方便。

2）因为叶片易受空蚀损坏，分开式结构可单独地拆卸某个叶片进行检修。

3）分开式结构有可能对两个部件采用不同的材料，例如叶片本体采用不锈钢，而枢轴采用优质铸钢。

但是分开式结构对转轮体的强度是有所削弱的，因为为了布置叶片、枢轴和转臂的连接螺钉，分开式叶片法兰和枢轴法兰的外径都要比整体时大，这一缺点对于高水头的转轮可能就是致命的，因为水头高，叶片数目就多，转轮体上相邻叶片轴孔之间的宽度本来就很小，如再采用分开式结构，转轮体就无法满足强度要求了。

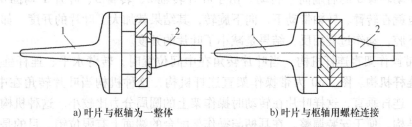

a) 叶片与枢轴为一整体　　　　　b) 叶片与枢轴用螺栓连接

图 2-58　叶片枢轴结构

1—叶片本体　2—枢轴

轴流式转轮的叶片一方面承受其正背面水压差所形成的弯曲力矩，另一方面承受水流作用的扭转力矩，同时还承受离心力的作用。受力最大位置在叶片的根部，叶片的断面是外缘薄，逐渐增厚，根部断面最厚。叶片根部有一法兰，这是为了叶片与转轮体的配合。

叶片本体末端是枢轴，枢轴上套有转臂。这样，把枢轴插在转轮体内，通过转臂，连上叶片操作机构就可以转动叶片了。

叶片的型线尺寸是根据模型转轮的木模图,按几何相似换算得来的。叶片型线直接影响机组运行的能量性能和空蚀特性。枢轴的中心线位置一般是根据力特性试验曲线,进行叶片操作力矩计算确定,再进行适当移距,使叶片关闭和开启方向的操作油压接近,所以枢轴中心线位置直接影响转轮接力器的操作油压,因此在制造时要力求保证叶片型线和枢轴中心线的正确性。

叶片的材质要求与转轮体相同,目前多数采用 ZG270-500 或 ZG20Mn,并根据电站运行条件,在叶片正面铺焊耐磨材料,背面铺焊抗空蚀材料。许多电站运行实践证明,铺焊不如堆焊效果好。有的机组采用不锈钢整铸叶片效果更理想。

3. 叶片操作机构

叶片操作机构由接力器、活塞杆、曲柄连杆机构等零件组成,安装在转轮体内,用来变更叶片的转角,使其与导叶开度相适应,从而保证水轮机运行在效率较高的区域。叶片操作机构的动作是由调速器进行自动控制的,其叶片操作机构示意如图 2-59 所示。

叶片操作机构的形式很多,图 2-60 ~ 图 2-62分别为目前应用比较普遍的三种接力器形式,根据接力器布置方式的不同,叶片操作机构分为带操作架直连杆机构、带操作架斜连杆机构和不带操作架直连杆机构。

采用一个操作架来实现几个叶片同时转动的称为**操作架式叶片操作机构**。图 2-59 所示叶片操作机构就是操作架式叶片操作机构的示意图,它由接力器活塞、活塞杆、操作架、连杆、转臂及轴承等组成。

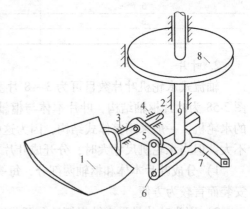

图 2-59 叶片操作机构示意图
1—叶片 2—叶片转轴 3、4—轴承 5—转臂
6—连杆 7—操作架 8—接力器活塞 9—活塞杆

当液压油进入接力器活塞 8 的上部,在液压油的作用下,活塞向下移动,活塞杆 9 也随活塞一起向下移动,同时带动操作架 7 向下移动,连杆 6 是与操作架相连的,此时也向下移动,连杆拉动转臂 5 的右端向下转动。由于叶片转轴 2、转臂 5、叶片 1 均固定为一整体,所以叶片也就在转臂、转轴带动下,向下旋转,其结果就加大了叶片的开度。如果液压油进入活塞的下腔,动作过程相反,结果是减小了叶片的开度。

(1) 带操作架直连杆机构 当叶片转角在中间位置时,转臂水平、连杆垂直的称为**带操作架直连杆机构**。图 2-60 为带操作架直连杆机构,这种机构当叶片转角在中间位置时,转臂水平,连杆垂直,这样叶片在转动时操作架上的圆周分力比较小。这种机构采用操作架带耳柄的结构,便于安装调整。在耳柄与操作架配合的端面上有限位销,目的是在耳柄固定时,防止其发生偏卡。采用两块连接板式的连杆可以使连杆销受力均匀,但由于连接板式连杆与耳柄配合常引起偏卡磨损,所以现在大多采用耳柄式连杆。转臂与叶片间采用圆柱销来传递转矩,径向位置由卡环定位,转臂下部开口,用螺钉夹紧,便于装拆和紧固卡环。

带操作架直连杆机构在叶片数为 4 ~ 6 片的中小型水轮机中采用较多。

(2) 带操作架斜连杆机构 带操作架斜连杆机构如图 2-61 所示。这种机构的特点是当叶片转角在中间位置时,转臂与连杆都有较大的倾斜角,在机构动作过程中,操作架受较大的圆

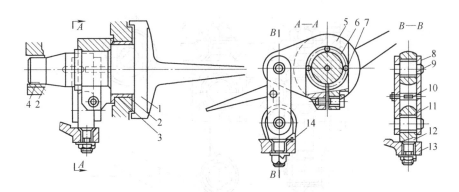

图 2-60　带操作架直连杆机构

1—叶片　2—固定螺钉　3—止推轴承　4—轴套　5—转臂　6—卡环　7—圆柱销
8—连接板　9—连杆销　10—定位螺钉　11—销轴套　12—耳柄　13—操作架　14—限位销

周分力，限制操作架导向键的数量和接触面积都比直连杆机构多。由于这种机构增加了转臂的有效臂长，接力器的直径可以缩小，行程增大了，所以此种机构多用于叶片数较多的转轮中。

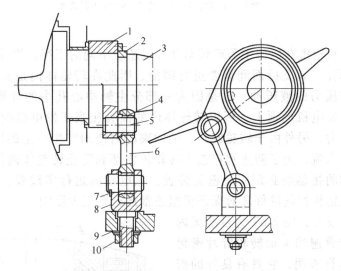

图 2-61　带操作架斜连杆机构

1—转臂　2—卡环　3—叶片　4—轴套　5—销
6—连杆　7、9—限位块　8—耳柄　10—螺母

（3）无操作架直连杆机构　无操作架直连杆机构如图 2-62 所示，它取消了操作架，套筒 2 用螺母 1 固定在接力器活塞上，并跟随活塞上下移动，连杆 4 用圆柱销 3 与套筒相连，连杆可以在套筒内前后摆动。当活塞在油压作用下运动时，通过连杆和转臂使叶片转动。由于这种机构是在接力器活塞上安装套筒和连杆直接操作转臂的，所以又称为**套筒式叶片操作机构**。

这种结构的特点是取消了操作架，连杆和转臂直接由接力器带动，所以它较带操作架机构紧凑，重量轻，但转轮体加工工序比较复杂，周期长。另外套筒引导瓦处漏油严重。这种结构多数用在叶片数为 4 ~ 5 的大型机组上。

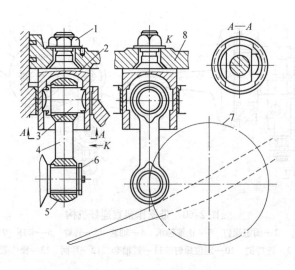

图 2-62　无操作架直连杆机构
1—螺母　2—套筒　3—圆柱销　4—连杆
5—轴套　6—限位板　7—转臂　8—接力器活塞

4. 密封装置

由于转桨式水轮机在运行中需要转动叶片以适应不同的工况，当叶片操作机构工作时，一些转动部件与其支持面间需要进行润滑，因此在转轮体内是充满油的。转轮体内的油是具一定压力的液压油，这是因为一部分主轴中心孔中的油最后排入受油器，而受油器布置在发电机的顶上，所以转轮体内的油有相当于发电机的顶部至转轮体这段油柱高度的压力，另外由于转轮旋转，油的离心力使油产生一定的压力。另一方面，转轮体外是高压水流，为了防止水流进入转轮体内部和防止转轮体内部的油向外渗漏，在叶片与转轮体的接触处必须安装密封装置。从电站的运行实践看，转桨式水轮机转轮叶片密封装置结构性能的好坏对保证机组正常运行有很大影响。

密封的形式很多，图 2-63 为目前国内水轮机厂采用较普遍的 λ 形转轮叶片密封结构。试验和运行表明，它具有良好的密封性能，结构紧凑，制造和装拆方便。

λ 形转轮叶片密封结构的主要部件是 λ 形橡胶密封圈 3，它由压盖 2 从外面压紧，由顶起环 4 和弹簧 5 从里面顶住，当油沿着转轮体 8 和叶片枢轴 6 之间的缝隙从里面向外透出来时，压力的作用就把 λ 形橡胶的 B、C 两点向外张开一些，分别贴紧叶片法兰和转轮体，增加了止漏作用。当高压水要从外面向里渗漏时，λ 形橡胶的 A 点亦贴紧壁面，

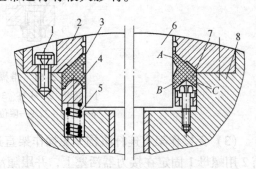

图 2-63　λ 形转轮叶片密封结构
1—螺钉　2—压盖　3—λ 形密封圈　4—顶起环
5—弹簧　6—叶片枢轴　7—限位螺钉　8—转轮体

为了防止水进入转轮，在运行中，λ 形密封圈 3 在环形槽内 A、B、C 三点都贴紧壁面，借助于弹簧 5、顶起环 4 和压盖 2 等零件，使 λ 形密封圈 3 定位。在叶片转动时，λ 形密封圈 3

不会随着转动，而在油压作用下，可以贴紧密封面，起到了良好的密封作用。

压盖 2 一般分成 4 块，用螺钉 1 均匀固定在转轮体上，分块的压块主要有利于密封的更换，但密封的可靠性就主要取决于压紧力是否均匀。电站的运行经验表明，λ 形密封结构制造和安装拆卸方便，防漏油效果好，防漏水的效果差，如电站的尾水位较高，则不宜采用这种形式的密封。

密封装置中的弹簧应满足弹簧力的总和超过作用在密封上的水压力。由于水压力计算困难，加上某些高水头机组在弹簧布置上有困难，因此弹簧设计可以根据结构布置情况，参照实际经验具体决定。

近年有的机组采用 V 形橡胶环双向密封，结构简单，安装方便，更换密封不需要拆卸叶片，优点较多。

从我国制造转桨式水轮机的过程看，叶片的密封是一个很重要的技术关键，由于密封问题得到解决，从 20 世纪 70 年代开始，转桨式水轮机在我国得到了广泛的应用。

5. 转轮叶片的操作油系统

图 2-64 为轴流转桨式水轮机转轮叶片操作系统。在导水机构的导叶动作的同时，转轮叶片的协联机构凸轮装置 1 动作，控制配压阀 3，使高压油经液压油管 4 进入受油器 2，再流经操作油管 5 至转轮接力器 6 的一腔，高压油推动活塞，转轮接力器另一腔的油则顺着另一条油管返回主配压阀。图 2-64 所示为开启叶片时的油路，叶片关闭操作时，油路则相反。

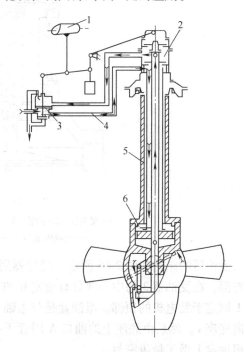

从图 2-64 可见，液压油从调速器的配压阀经过受油器、操作油管最后到达转轮接力器。操作油管的布置如图 2-65 所示，在水轮机和发电机的主轴中心孔内，布置有两根同心的内外操作油管，下端连接于接力器活塞，上端和受油器 1 相连接。操作油管与主轴中心孔内壁形成 a、b、c 三个油腔，把接力器活塞上下空腔及转轮体内的空腔同受油器相应空腔连通起来。

图 2-64 轴流转桨式水轮机转轮叶片操作系统
1—凸轮装置 2—受油器 3—配压阀
4—液压油管 5—操作油管 6—转轮接力器

操作油管通常分成数段并用法兰连接，管的分段数应根据电站布置、主轴和接力器的结构特征具体决定。操作油管所有的连接法兰都应装有可靠的密封，以保证内外腔的液压油不致渗漏。在工地安装后应进行水压试验。当机组只有一根主轴时，操作油管可以做成一整根。操作油管长而壁厚较小，为增加其刚度，可减小操作油管的跨度，并保证操作油管一定的同心度，在主轴中心孔内装有一定数量的引导瓦。考虑到操作油管与引导瓦之间的间隙小，而此处为主轴的上端，其摆度较大，容易烧瓦。如加大间隙，会增加漏油，所以一般采用浮动轴瓦，使浮动轴瓦随主轴的摆动，在主轴中心孔内自由移动。这样，漏油量小又不容易烧瓦。

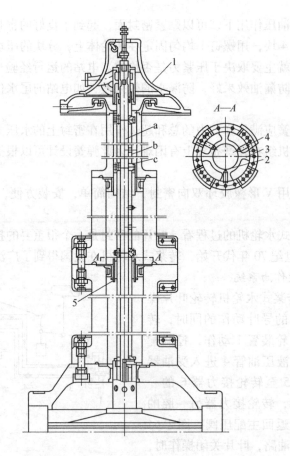

图 2-65　操作油管布置

1—受油器　2—内管　3—外管　4—支撑螺钉　5—引导瓦
a—内液压油腔　b—外液压油腔　c—回油腔

受油器的结构如图 2-66 所示。受油器用法兰与操作油管连成一体，实际上是操作油管的首部，在受油器 3 的中心部分有油室 b 和 c，分别装有同心的内外油管 5 和 2。受油器底座 1 固定于发电机的顶部。甩油盆是与主轴一起旋转的。来自主轴中心孔的油进入空腔口被甩向底座 1，然后由底座上的油口 A 用管子排到油压装置的回油管。为防止油进入发电机，在甩油盆上做了梳齿密封。

6. 泄水锥

泄水锥的外形尺寸由模型试验给定。中小型机组的泄水锥大多采用 ZG270-500 铸造，图 2-67 为泄水锥与转轮体的连接结构，泄水锥体上部周围开有带筋的槽口，用螺钉把合，除加保险垫圈外，装配后螺母还应和锥体点焊，防止机组在运行中泄水锥脱落。

7. 回复机构

用来连接调速器与转轮接力器（或导水机构接力器）之间的传动机构被称为**回复机构**。通过回复机构将接力器的动作传给调速器，作为反馈信号，使调速器在调节后回复，在新的工况下稳定运行。

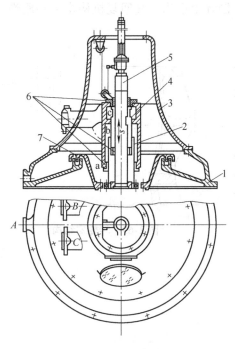

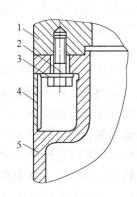

图 2-66　受油器的结构

1—底座　2、5—油管　3—受油器

4—套管　6—衬套　7—甩油盆

图 2-67　泄水锥与转轮体的连接结构

1—转轮体　2—螺钉　3—保险垫圈

4—护盖　5—泄水锥

转轮接力器回复信号从操作油管上端的回复节上引出。其回复机构通常采用软性回复，它的一端与操作油管上的回复节相连，另一端通过滚动轴承和滑轮等与调速器的回复重锤相连。当转轮接力器上下移动时，便通过回复机构使调速器配压阀回复。图 2-68 为软性回复机构布置图。

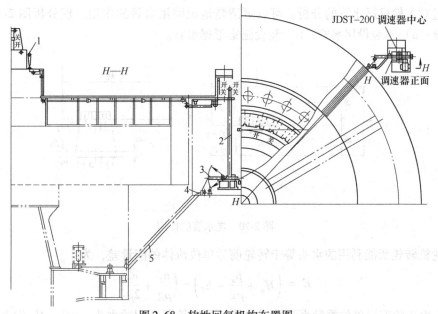

图 2-68　软性回复机构布置图

1—封闭式滚轮装置　2—回复杆　3—回复臂　4—滚轮　5—钢丝绳

导水部件接力器回复信号从接力器导管或控制环上引出。其回复机构多采用刚性回复机构。

8. 转轮室

图 2-69 为转轮室的结构，转轮室的上端与底环相连，下端与尾水管里衬相连。转轮室的形状要求与转轮叶片的外缘相吻合，以保证在任何叶片角度时叶片和转轮室之间都有最小的间隙。

在水电站运行中，发现转轮室壁受到强烈的振动，可能造成可卸段的破坏，有时整个可卸段被拉脱。因此加强转轮室的刚度和改善转轮室与混凝土的结合，是应该重视的一个问题。在叶片出口处的转轮室内表面上，常出现严重的间隙空蚀和磨损现象，需要采取抗磨抗空蚀的措施。

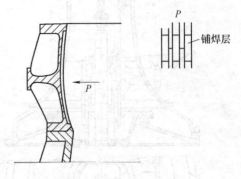

图 2-69　转轮室结构

2.4　反击式水轮机的泄水部件

2.4.1　尾水管的作用

尾水管是反击式水轮机的重要部件，尾水管性能的好坏直接影响水轮机的效率和稳定性，一般水轮机中均选用经过试验和实践证明性能良好的尾水管。

反击式水轮机尾水管的作用如下：

1）汇集转轮出口处的水流，并把它平缓地引至下流。

2）回收转轮出口处的部分能量。

通过对水轮机尾水管的分析，可以更清楚地说明尾水管的作用。现分析图 2-70 所示的两种情况：a）不装设尾水管；b）装设圆锥形尾水管。

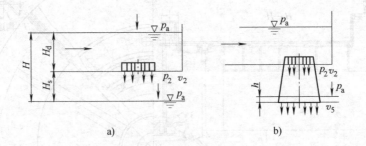

图 2-70　尾水管的作用

水轮机转轮所能利用的水头等于转轮前后单位流体的能量差，为

$$E = \left(H_d + \frac{p_a}{\rho g} - h_E \right) - \left(\frac{p_2}{\rho g} + \frac{v_2^2}{2g} \right) \tag{2-12}$$

式中，E 为转轮前后单位重量水流的能量差，即转轮所利用的水头（m）；H_d 为上游水位至

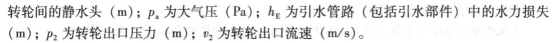

转轮间的静水头（m）；p_a 为大气压（Pa）；h_E 为引水管路（包括引水部件）中的水力损失（m）；p_2 为转轮出口压力（m）；v_2 为转轮出口流速（m/s）。

1. 不装设尾水管的水能利用

按图 2-70a 所示，因为没有尾水管，所以 $\dfrac{p_2}{\rho g}=\dfrac{p_a}{\rho g}$，则

$$E' = H_d - \left(\frac{v_2^2}{2g} + h_E\right) \tag{2-13}$$

式中，E' 为不设尾水管时转轮所能利用的水头（m）。

从式（2-13）可见，此时仅利用了水电站总水头中的 H_d 部分（即上游水位到转轮间的落差），同时还损失掉了转轮出口水流的全部动能 $\dfrac{v_2^2}{2g}$。

2. 装设圆锥形尾水管的水能利用

按图 2-70b 所示，写出出口断面 2 和 5 的伯努利方程式，则 $\dfrac{p_2}{\rho g}$ 为

$$\frac{p_2}{\rho g} = \left(\frac{p_a}{\rho g} - H_s - \frac{v_2^2 - v_5^2}{2g} + h_w\right) \tag{2-14}$$

式中，h_w 为尾水管内的水头损失（m）；H_s 为转轮出口到下游水位的落差（m），也称为吸出水头或吸出高度；v_5 为尾水管出口流速（m/s）。

此时断面 2 处的真空值为

$$\frac{p_a - p_2}{\rho g} = H_s + \left(\frac{v_2^2 - v_5^2}{2g} - h_w\right) \tag{2-15}$$

将式（2-15）代入式（2-12），整理后得

$$E'' = (H_d + H_s) - \left(\frac{v_5^2}{2g} + h_w + h_E\right) \tag{2-16}$$

式中，E'' 为装设尾水管时转轮所能利用的水头（m）。

式（2-16）与式（2-13）相减，可得

$$\Delta E = E'' - E' = H_s + \left(\frac{v_2^2 - v_5^2}{2g} - h_w\right) \tag{2-17}$$

由式（2-17）可见：

当采用了圆锥形尾水管后，转轮能利用的水头多出了两部分，一部分是转轮出口到下游水位的落差 H_s，即吸出高度，称之为**静力真空**；另一部分是转轮出口多利用了数值为 $\dfrac{v_2^2 - v_5^2}{2g}$ 的能量，但增加了尾水管中的水头损失 h_w，即 $\dfrac{v_2^2 - v_5^2}{2g} - h_w$，此项为圆锥形尾水管实际所恢复的动能，称之为**动力真空**。

为了估计圆锥形尾水管的效能，假定圆锥形尾水管内没有水头损失（$h_w = 0$），并且出口断面为无穷大、没有动能损失（即 $v_5^2/2g = 0$），此时在断面 2 处所形成的理想动力真空就

等于转轮出口的全部动能 $v_2^2/2g$。

实际恢复的动能与全部动能的比值称为尾水管的动能恢复系数 η_w，即

$$\eta_w = \frac{\dfrac{v_2^2 - v_5^2}{2g} - h_w}{\dfrac{v_2^2}{2g}} \tag{2-18}$$

从式（2-18）可见，尾水管内的水头损失及出口动能越小，则尾水管的动能恢复系数越高。因此，动能恢复系数表征了尾水管的质量，反映了其转换动能的能力。

2.4.2 尾水管的类型及性能

1. 直锥形尾水管

直锥形尾水管是最简单的扩散形尾水管，制造简单，内部水流均匀，阻力小，水力损失小，性能良好，此种形式的尾水管在小型水电站中使用，在贯流式水轮机中也普遍采用。图 2-71a 所示的母线为直线，这是多数直锥形尾水管采用的形式，也有的母线为曲线而使管子呈喇叭状，如图 2-71b 所示。

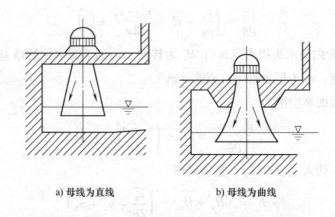

a) 母线为直线　　　　　　b) 母线为曲线

图 2-71　母线为直线和母线为曲线的直锥形尾水管

从前面的分析中知道，要想提高尾水管的效率，必须使尾水管能量损失减小。一般将尾水管出口的相对能量损失控制在以下范围，即

$$\frac{v_5^2}{2gH} = 0.3\% \sim 2.5\%$$

$$v_5 = (0.242 \sim 0.7)\sqrt{H}$$

式中，v_5 的单位为 m/s，H 的单位为 m。

一般情况下，低水头小型电站尾水管的出口流速允许在 $1.0 \sim 1.5$ m/s 范围内。

2. 弯肘形尾水管

图 2-72 为弯肘形尾水管，用于大中型水电站的立式水轮机中。它由进口锥管段、弯肘段和出口扩散段组成。这种尾水管的锥管段里衬由制造厂提供，尾水管在现场用钢筋混凝土浇成。

在大中型电站的立式水轮机中，如采用直锥形尾水管，由于管子长，需将下游挖得很深，

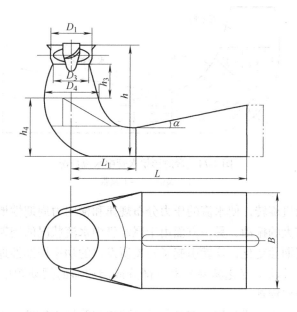

图 2-72　弯肘形尾水管

大大增加土建工程量，以致实际上不可能实现，所以必须采用弯肘形尾水管。在这种尾水管中，水流经过一段不长的直锥管后进入肘管，使水流变为水平方向，再经过水平的扩散段而流入下游。弯肘形尾水管增加了转弯的附加水力损失及出口水流不均匀性的水力损失，因此这种尾水管的动能恢复系数较直锥形尾水管低。

　　图 2-73 为小型卧式机组用的弯肘形尾水管，它由弯管段和直锥管段组成，一般由制造厂全套提供。

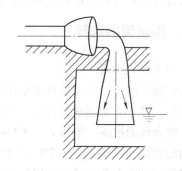

图 2-73　小型卧式机组用的弯肘形尾水管

2.4.3　尾水管中的水流情况

　　尾水管内的水力损失有摩擦损失、扩散损失和转弯等的附加损失。扩散损失是由于水流的扩散，引起管壁脱流的一种局部损失。图 2-74 为弯肘形尾水管中水流情况，水流经直锥段后进入肘管，在肘管内水流方向发生改变，随着变向及流线的扭曲，必然会产生离心力，使压力沿离开曲率中心的方向增大，而流速相应降低，因此靠管道外壁的压力增大，而内壁压力降低，同时靠内壁处产生水流收缩，靠外壁处产生水流扩散，形成漩涡，且当水轮机运行工况偏离最优工况时，转轮出口流速本身具有旋转分量。工况偏离越远，旋转分量越大，造成在直锥段及肘管中的水流成螺旋形，称为**空腔涡带**。又由于转轮出口水流不可能完全对称，且大多数弯肘形尾水管无法做到轴对称，所以涡带是偏心的，这就造成了尾水管管壁上作用有横向力，尾水管管壁在这个力的作用下容易出现管壁与基础混凝土的分离，严重时甚至造成整个尾水管直锥段里衬全部崩裂，使尾水管迅速破坏。

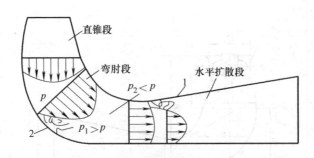

图 2-74　弯肘形尾水管中水流情况

1—涡带　2—下涡带

涡带中心绕水轮机旋转，使水流的压力分布规律和横向力周期性地变化，这一方面常常引起尾水管附近有较大的振动，另一方面由于尾水管中水流状况的周期性变化，引起转轮区流速和水流压力的周期性变化，这就引起了转轮所发出的功率周期性地变化。一般这种功率变化不明显，但当这种功率变化频率与电气部分或调速器的摆动频率相近时，就会出现共振，即形成机组的功率摆动。

通常在水电站运行中，采用尾水管补气的办法来消除尾水管偏心涡带所造成的振动。补气办法有自然补气和强迫补气两种，补气部位一般在尾水管的直锥段进口处。

2.4.4　尾水管的选择

1. 直锥形尾水管

在小型电站中，采用的直锥形尾水管参数如图 2-75 所示，图中 L 为尾水管管长，即安装时的开挖深度。较合理的挖深一般为 $L=(3\sim4)D_3$，此时最大的动能恢复系数 $\eta_w=77\%\sim82\%$，其相应的最优锥角（即扩散角）为 $\theta=12°\sim14°$，单边扩散角为 $7°\sim9°$；如减小管长到 $L=(1.5\sim2.0)D_3$，则 η_w 下降为 $68\%\sim72\%$，这将导致水轮机效率降低，不宜采用；如管长增至 $L=(5\sim6)D_3$，则

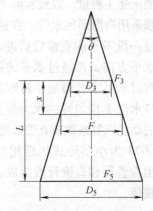

图 2-75　直锥形尾水管参数

η_w 仅增加 $2\%\sim3\%$，这不仅使尾水管本身造价提高，更使土建投资增大，因而也是不合理的。

2. 弯肘形尾水管

为了合理地确定图 2-72 中弯肘形尾水管的参数，分别对其三部分加以介绍。

（1）直锥段　直锥段一般较短，$h_3/D_3=0.4\sim1.0$；相应的最优单边扩散角 $\theta/2$，对混流式水轮机取 $7°\sim9°$，对转桨式水轮机取 $8°\sim10°$。

（2）弯肘段　为了减小转弯处的脱流及漩涡损失，肘管的出口断面的高与宽之比约为 0.25。为减小水流损失，肘管的出口断面与肘管进口断面面积之比为 1：3，肘管的转弯半径 $R=(0.6\sim1.0)D_4$，内壁半径选下限，外壁半径选上限。在《水轮机设计手册》中，推荐有标准的混凝土肘管尺寸。

（3）尾水管深度　尾水管深度 h 是指水轮机底环平面至尾水管底板平面的高度，一般对转轮直径 $D_1 < D_2$ 的混流式水轮机，取 $h \geq 2.6D_1$；对转轮直径 $D_1 > D_2$ 的混流式水轮机，取 $h \geq 2.2D_1$；对转桨式水轮机，取 $h \geq 2.3D_1$。不同类型水轮机的 h/D_1 值不同，具体数值可参考《水轮机设计手册》。

（4）水平扩散段　水平扩散段一般为矩形断面，对转桨式水轮机，其断面宽度 $B = (2.3 \sim 2.7)D_1$；对混流式水轮机，$B = (2.7 \sim 3.3)D_1$，尾水管长度 $L = 4.5D_1$，水平扩散段顶板仰角 $\alpha = 10° \sim 13°$。

当 $B > 10\text{m}$ 时，允许在水平扩散段加支墩。加单支墩或双支墩由设计单位提出，既要保证水工建筑物的安全，又能保证水轮机的效率。

（5）弯肘形尾水管的标准化　根据实践经验和模型试验研究的结果，对反击式水轮机各类型的尾水管，给出了以 4 号肘管为主的标准系列，在《水轮机设计手册》中可查到。在设计时，一般以选用标准系列为宜。由于特殊的要求，修改标准系列尺寸或重新设计尾水管时，应进行模型试验。

2.5　反击式水轮机的主轴和导轴承

2.5.1　反击式水轮机的主轴

主轴与转轮连成一体，是水轮机的重要部件。主轴把水轮机产生的旋转力矩传给发电机轴，同时承受转轮的轴向水压力及转动部件的重力。主轴有单法兰、双法兰和无法兰三种结构形式。

1. 主轴的结构

主轴的上部与发电机轴连接，下部接水轮机转轮。根据目前设备制造和电站运行的实践，水轮机主轴与发电机轴的连接推荐采用图 2-76 的结构。在厂房布置和铸、锻造条件允许的情况下，可以把水轮机主轴和发电机轴做成整轴结构，由于没有中间连接法兰，减少了主轴的重量和加工工作量，方便了安装。

主轴的毛坯通常采用 35 钢、40 钢或 20Mn 钢整体锻造。根据生产条件和技术经济指标，主轴的毛坯可用整锻，也可采用环形电渣焊的焊接结构。焊接的主轴有以下三种形式：

1）轴身、法兰分别锻造。

2）轴身锻造，法兰铸造。

3）轴身用厚钢板卷成的圆筒焊成，法兰铸造。

中小型水轮机的主轴常为实心阶梯式，而大型水轮机的主轴都有中心孔，这不仅可以消除轴心部分材料组织疏松等材质缺陷，便于进行轴身质量检查，同时也是结构上的需要，例如混流式水轮机常常利用主轴中心孔向尾水管补气，以改善水轮机运行的稳定性能，而轴流转桨式水轮机在主轴的中心孔内布置有操作油管。

我国水轮机制造厂家对主轴尺寸已逐步标准化。目前设计中采用的两种标准系列：一种为轴身壁厚大于法兰厚度的厚壁轴标准，另一种是轴身厚度小于法兰厚度的薄壁轴标准。过去多采用厚壁轴结构。在新产品设计中，当主轴直径超过 600mm 时，建议采用薄壁轴标准；直径小于 600mm 的主轴则采用厚壁轴标准。

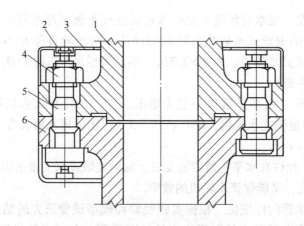

图 2-76　水轮机主轴与发电机轴的连接

1—发电机轴　2—圆柱头螺钉　3—护盖

4—联轴螺母　5—联轴螺钉　6—水轮机轴

2. 主轴与水轮机转轮的连接形式

（1）主轴与轴流式水轮机转轮的连接形式　主轴与轴流式水轮机转轮的连接形式有两种，如图 2-77 所示。图的左边是主轴法兰和转轮上盖分开的结构，主轴法兰用联轴螺钉 5 连接在转轮体的上盖上。图的右边的是转轮上盖与主轴法兰合一的结构，它是将主轴法兰扩大，作为转轮的上盖，再用螺钉 9 连接在转轮体壁上，这种结构加工量较少。

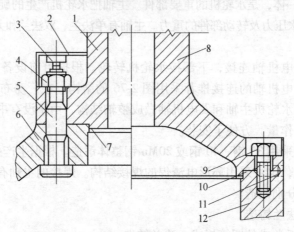

图 2-77　主轴与轴流式转轮的两种连接形式

1—主轴　2—护盖　3—圆柱头螺钉　4—联轴螺母

5—联轴螺钉　6—转轮上盖　7—密封条　8—主轴（转轮上盖与法兰合一）

9—螺钉　10—密封条　11—销　12—转轮体

（2）主轴与混流式水轮机转轮的连接形式　根据水轮机容量的大小和装置方式，混流式水轮机转轮与主轴的连接形式分为单法兰和双法兰两种。

1）单法兰主轴形式。中小型水轮机主轴一般采用单法兰主轴，如图 2-78 所示。无法兰的一端开有键槽，采用锥度配合，如图 2-79 所示，锥度用来定心，平键用来传递力矩，轴头部有螺纹配上螺母，把转轮的内圆锥与主轴的外圆锥面压紧，这种螺母外表面加工成圆锥形，兼起泄水锥的作用。

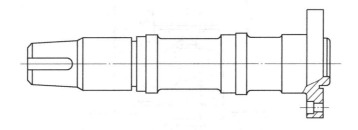

图 2-78　单法兰主轴

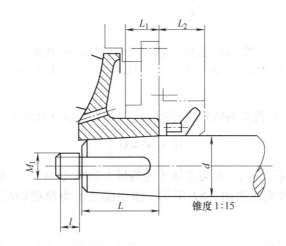

图 2-79　主轴与转轮锥度配合

在有法兰的一端有凸止口，便于安装时与发电机主轴对中心，在法兰周围布置有等距的螺栓孔，用螺栓与发电机主轴连接，由于减少了联轴螺钉的铰孔工序，制造上有一定的优点。卧式水轮机主轴连接用此种形式较多。对于大中型伞式机组，如果发电机和水轮机采用一整根主轴，也用这种单法兰主轴形式。

2）双法兰主轴形式。当水轮机主轴与转轮以及和发电机主轴均为螺栓连接时，则需要采用双法兰形式的主轴。双法兰主轴的结构如图 2-80 所示。图 2-81 是标准系列推荐采用的联轴螺钉的连接形式。使用此种连接形式，为了避免增加法兰根部的弯曲应力，同时减少锻压的困难，主轴两端的法兰在满足联轴螺钉布置的要求下，应尽可能小。在安装时，法兰两端止口的配合间隙为 0.02 ~ 0.06mm，止口与轴颈要同心，法兰端面与轴线要垂直，不允许有凸起，法兰端面的不平度不能大于 0.03mm。

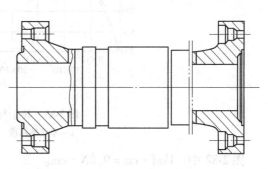

图 2-80　双法兰主轴

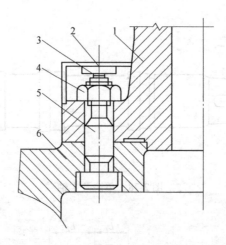

图 2-81　主轴与混流式转轮用联轴螺钉连接

1—主轴　2—护盖　3—圆柱头螺钉　4—联轴螺母　5—联轴螺钉　6—混流式转轮

3. 主轴尺寸的决定

主轴外径尺寸可根据机组的转矩进行粗选。主轴转矩的计算式为

$$M = 97400\frac{P}{n} \tag{2-19}$$

式中，M 为主轴转矩（N·m）；P 为主轴传递的最大功率（kW）；n 为机组转速（r/min）。

转矩与主轴外径的关系如图 2-82 所示，图中曲线 1 为厚壁轴标准；曲线 2 为薄壁轴标准。

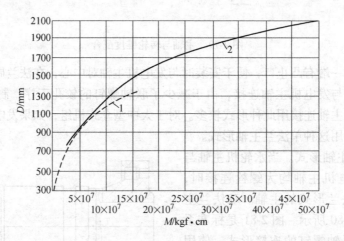

图 2-82　转矩与主轴外径关系

1—厚壁轴标准　2—薄壁轴标准

图 2-82 中，1kgf·cm = 9.8N·cm。

主轴内孔直径的计算为

$$d_0 = \sqrt[4]{D^4 - \frac{49613PD}{n\tau_{max}}} \tag{2-20}$$

式中，D 为主轴外径（cm）；P 为主轴传递最大功率（kW）；n 为机组转速（r/min）；τ_{max} 为主轴材料最大允许剪应力（kgf/cm²）。

按式（2-20）算出主轴内孔直径后，选取内孔系列的邻近尺寸，按照选定的尺寸和形状进行轴身及法兰的强度计算、轴的扭转及横向振动计算。计算公式可查阅有关的设计手册。

我国目前采用的内孔尺寸系列（单位：mm）为 400，430，450，480，500，530，560，600，630，670，710，750，800，850，900，950，1000，1050，1100，1150，1200，1250，1300，1350，1400，1450，1500，1550，1600。

2.5.2　反击式水轮机的导轴承

反击式水轮机导轴承主要承受由主轴传来的径向力和振动力，起着固定机组轴线位置的作用。径向力主要由转动部件的不平衡、水流经过转轮时的水力不平衡及尾水管的振动、发电机的电磁力不平衡所引起。一般来说，这种不平衡力是不可能完全消除的，但如果设计合理、制造精良、安装正确，又在合理的工况下运行，径向力一般是很小的。

从改善导轴承受力条件出发，导轴承位置应尽量接近转轮，使转轮对导轴承位置的悬臂长度为最短，这样可使水轮机工作更稳定，导轴承本身的工作条件更好。

水轮机导轴承的形式很多，根据摩擦类型的不同，可分为滚动轴承和滑动轴承，前者结构简单，摩擦力小，使用方便，互换性好，但是承载能力较小，因而只限于小型机组使用。滑动轴承承载能力大，运转平稳，在水轮发电机组中广泛采用。

按润滑介质的不同，水轮机导轴承可分为水润滑、稀油润滑和干油润滑三种。干油润滑问题多，对油质要求高，因此在我国未得到广泛的采用，只用在少数小型卧式机组中。

1. 水润滑橡胶导轴承

图 2-83 为橡胶导轴承的典型结构。主要部件有：由铸铁分两半制成的轴承体 1，它装在水轮机顶盖的轴承支架上；在其中心体内有橡胶轴瓦 3；轴承中心靠调整螺栓 8 调整并固定位置；润滑水箱 2 固定在轴承体的上部；润滑水箱上部设有密封装置 6、进水管 7；压力表 3 用来监视轴承上、下部的压力和真空值。

此种轴承把经过过滤处理的润滑水经进水管 7 引入水箱，润滑水经由橡胶轴瓦上的沟槽流出，当主轴旋转时将水带到轴承各部分形成一层水膜而起润滑作用，并把热量带走。在轴承体上镶有 6～12 块橡胶轴瓦，用螺钉把合，磨损后可以在背面加垫，重

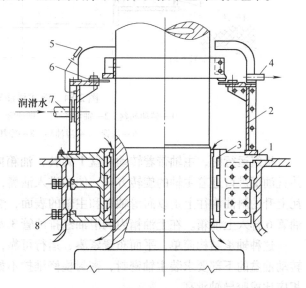

图 2-83　橡胶导轴承的典型结构

1—轴承体　2—润滑水箱　3—橡胶轴瓦　4—排水管
5—压力表　6—密封装置　7—进水管　8—调整螺栓

新进行调整，也可以单独更换。橡胶导轴承下部不需要布置密封装置，因此轴承可以尽量靠近水轮机转轮。另外橡胶有一定的吸振作用，这就提高了机组运行的稳定性。缺点是橡胶轴瓦的间隙容易受温度的影响，刚度较差，振摇的幅度变化较大。橡胶还会侵蚀

碳素钢轴。所以当采用橡胶导轴承时，在主轴轴颈上包焊有不锈钢衬套，但运行后观察，主轴轴颈上仍有不同程度的锈蚀。

此种轴承要求电站水质干净，含悬浮物质不超过 0.1g/L，所以它的使用受到了限制。

2. 稀油润滑导轴承

现在水轮发电机组上广泛使用的是自循环的筒式稀油导轴承和分块瓦式稀油导轴承。

(1) 筒式稀油导轴承 图 2-84 为筒式稀油导轴承，其下端是法兰 9，法兰 9 上有四个径向油孔，油孔的外部装有油嘴，油嘴的进口迎着主轴旋转方向，在轴承体 2 内圆面的轴瓦上，开有斜油沟。零件 1 是转动油盆，它固定于主轴上，靠键来传动。

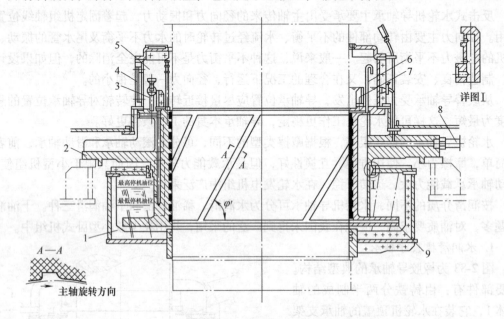

图 2-84 筒式稀油导轴承
1—转动油盆 2—轴承体 3—排油管 4—观察孔 5—上油箱
6—油管 7—溢油环 8—冷却水管 9—法兰

机组运行时，主轴带着转动油盆 1 旋转，油箱内的油也跟着旋转，由于离心力的作用，并且油嘴进口迎着主轴的旋转方向，使油进入油嘴，经过径向油孔流至轴承间隙，再沿着轴瓦上升的斜油沟往上走以润滑轴瓦和主轴的表面，然后油由轴承体上端法兰的径向油孔、经油管 6 排入上油箱。在上油箱内润滑油经排油管 3 及轴承体上的轴向油孔，又返回下油箱。

这种轴承结构简单，平面布置紧凑，运行可靠，刚性好。但转动油盆固定在主轴上，在转动油盆的下部要求装主轴密封，密封检修维护不如橡胶导轴承方便，轴承离转轮的位置也相应比橡胶导轴承高。

(2) 分块瓦式稀油导轴承 这种轴承的重要特点是主轴上需锻（或焊）有轴颈，轴瓦一般分为 8～12 块，围在主轴轴颈的外围。图 2-85 为分块瓦式稀油导轴承的结构，它的轴承下部浸入油内，当机组运行时，主轴轴颈旋转，在离心力的作用下，油经主轴轴颈下部径向孔升入轴瓦间隙，并向上流动，流经轴瓦和轴承体顶面。从轴承体过来的油是热的，热油经冷却器冷却后又回至轴颈下部，形成油的连续循环。

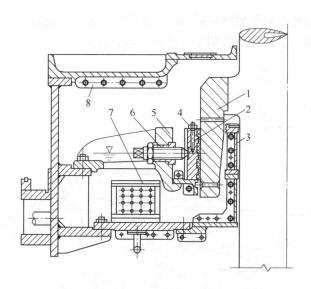

图 2-85　分块瓦式稀油导轴承
1—主轴轴颈　2—分块轴瓦　3—挡油箱　4—温度信号器
5—轴承体　6—调整螺钉　7—冷却器　8—轴承盖

2.6　水斗式水轮机的结构

　　冲击式水轮机适用于高水头。由于其结构的不同，又可分为水斗式、斜击式和双击式三种形式。斜击式和双击式水轮机适用于农村小电站，具有结构简单、运行可靠、维修方便及价格低廉等优点。我国已有一些中小水轮机制造厂生产单机容量小于 1000kW 的这两种形式的水轮机。

　　单机容量稍大一些的高水头水电站一般应用水斗式水轮机，它具有提高单位出力、提高平均运行效率及节省土建投资等优点。由于水头很高时，采用混流式水轮机常受强度、空化与空蚀等条件的限制，所以在一定范围内，水斗式水轮机使用广泛。同时，人们还在不断地对水斗式水轮机进行研究和完善，以降低机组本身的造价和扩大使用的范围。

　　水斗式水轮机的特点是工作时转轮露出水面，安装高程不受空蚀条件的限制，部分负荷时效率高，运行过程中的平均效率高。

2.6.1　水斗式水轮机的装置形式

　　水斗式水轮机的基本装置形式有两种。一种是立式，如图 1-28 所示，分别装有 2、3、4、6 个喷嘴。对于容量大、特别是具有两个以上喷嘴的水轮机装成立式通常是合理的。因为这种装置形式除能为支撑进水管道提供有利条件外，还能减小所需要的空间。

　　另一种装置形式是卧式，如图 1-24～图 1-27 所示。水斗式水轮机的这种布置形式用得更广泛。这种形式有单转轮的和双转轮的，每个转轮上又有单喷嘴和双喷嘴两种方式。

2.6.2　水斗式水轮机的主要部件

　　图 2-86 为水斗式水轮机结构，其主要部件有：引水管、喷嘴及其附件，供输水与射流

的调节和导向用；转轮，将从喷嘴中射出的水流的动能转换为旋转的机械能；机壳，用以保护转轮及喷嘴；调节机构，用以控制喷针位置，调节流量。

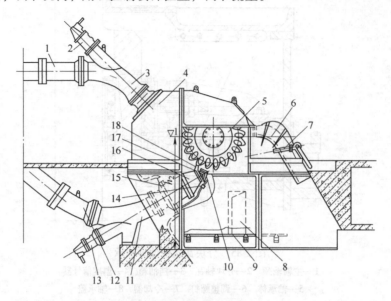

图2-86　水斗式水轮机结构

1—上引水管　2—上接力器　3—上弯管　4—机壳　5—转轮　6—导流板
7—射流制动器　8—人孔门　9—平水栅　10—折向器　11—下弯管　12—下引水管
13—下接力器　14—冷却喷管　15—下喷管　16—喷嘴头　17—喷针　18—挡水板

进水管与压力水管或供水支管相连。在具有两股射流的水轮机上，其喷嘴都弯成相应的形状，并装在分叉的进水管上。当采用4个或6个喷嘴时，喷嘴都从喷嘴多叉管上伸出。进水阀位于压力水管或供水支管末端上，或者可以直接装在喷嘴或分叉节之前。在喷嘴处的弯曲进水管必须具有足够大的半径，否则高速水流会造成很大的水头损失。因此，如果需要采用一个双射流的布置，则双转轮单射流的形式要比单转轮双射流的形式更为有利。

1. 转轮

水斗式水轮机的转轮由轮盘和水斗组成。常见的水斗式转轮结构有三种：组合式转轮、整铸转轮和铸焊转轮。

（1）组合式转轮　图2-87为组合式转轮。水斗可以是单个或几个铸造在一起，然后用螺栓把水斗拧紧在转轮轮辐上。为防止在机组运行中水斗产生松动，同时也为了使水斗根部受力均匀，水斗间用锥销或斜楔楔紧。这种结构的优点是铸造方便，质量容易保证，个别水斗损坏时换修方便。但金属加工量较大，且拧紧螺栓在射流的经常冲击下，受到较大的脉冲荷载，容易断裂而产生严重的事故，所以转轮的装配工作所需的技术水平较高。

（2）整铸转轮　整铸转轮如图2-88所示。这种结构形式使用最为普遍。其优点是水斗根部强度好，转轮运行安全可靠，安装方便。但是由于水斗排列密，铸造技术要求高，水斗表面的加工很困难，尤其是不锈钢转轮要求更高。另外，一个水斗损坏时，需要调换整个转轮。

（3）铸焊转轮　图2-89所示是铸焊转轮的几种焊缝形式。其优点与组合式转轮相同，且避免了根部强度削弱的缺点，但焊接技术要求高，焊接质量必须严格保证。

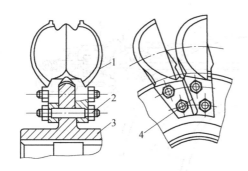

a) 单个铸造水斗　　　　　　　　　　　b) 两个一起铸造水斗

图 2-87　组合式转轮

1—水斗　2—螺栓　3—轮辐　4—斜楔

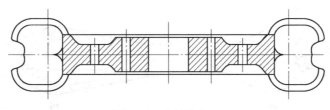

图 2-88　整铸转轮

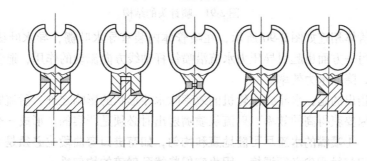

图 2-89　铸焊转轮的几种焊缝形式

水斗式转轮的材料主要由水头决定。一般情况下，$H<200\mathrm{m}$，采用一般碳素铸钢；$200\mathrm{m}<H<500\mathrm{m}$，采用碳素铸钢或低合金铸钢；$500\mathrm{m}<H<1000\mathrm{m}$，采用低合金钢或不锈钢；$H>1000\mathrm{m}$，采用不锈钢。

水斗的设计和加工要求较高，对水轮机的效率有显著的影响。

2. 喷管

图 2-90 为常见的一种喷管结构，主要由喷管体 4、导水叶栅 5、喷嘴口 1、喷嘴头 2、喷针 3、喷针杆 6 和平衡弹簧 7 等组成。喷嘴口、喷嘴头和喷针一起组成喷嘴。水流经过喷嘴逐渐加速到喷嘴口处，以最高速度喷出，形成密实的水柱，射向水斗。所以，喷嘴是一个将压能变为动能的部件。

图 2-91 为两种常见的喷针结构。近年来，采用图 2-91b 形式的较多，由于在喷嘴出口处流速很高，容易产生严重的空化与空蚀现象，因此，在喷针的尖端部分用不锈钢锻制，后部用低碳钢锻制，这样可以节省不锈钢材料。

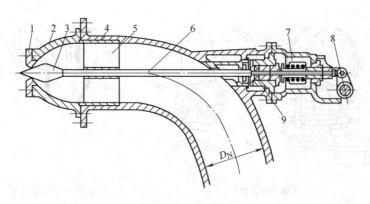

图 2-90　喷管结构

1—喷嘴口　2—喷嘴头　3—喷针　4—喷管体　5—导水叶栅
6—喷针杆　7—平衡弹簧　8—操作机构　9—密封装置

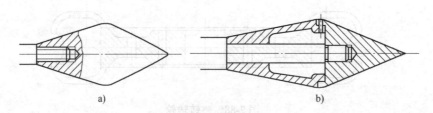

图 2-91　喷针头的结构

　　喷嘴和喷管体相连如图 2-90 所示，在喷管体内装有导水叶栅，导水叶栅一方面作为喷针杆的支座，另一方面也起引导压力水流沿喷针杆轴线方向流动的作用，避免因绕流而引起射流水柱发散，降低水力效率。

　　这里应该指出的是：水斗式水轮机的效率除水斗形状的影响之外，射流特性的影响也是很重要的。如果要获得高的效率，射流从喷嘴射出时必须是严实的。**形成一个合适的射流的主要先决条件：①喷嘴的水流尽可能地直和均匀，如有进口弯曲段也必须是平缓的；②磨损或损坏的喷嘴口和针阀尖必须调换，因为它们将扰乱射流的均匀性。**

　　对于多射流的水轮机，根据上述观点，正确地选择喷嘴的角度是极为重要的。对于双射流的转轮，这是一个特别需要重视的问题。

　　在高比转速的水斗式水轮机上，射流在离开水斗内表面后，由于水斗间距狭窄，会非常贴近下一个水斗，这就可能在后者的背面引起空蚀。改进的措施是采用几个喷嘴。因为当机组采用几个喷嘴后，每个喷嘴的流量减小了，即射流的直径减小了，同时水斗的尺寸减小，转轮直径也可以减小，但转轮直径减小受制造条件的限制，一般减小不多，这样水斗的间距变化不大，结果是水斗的间距与射流直径之比增加了。换句话说，就是水斗间的相对距离加大了，这样水斗背面的空蚀现象就减轻了。

　　3. 调节机构

　　在小型的水斗式水轮机中，流量的调节是靠手动控制喷针位置来实现的。喷针向外移动时，流量变小，当移动到极限位置时，流量为零；当向内移动时，流量增大。在大中型水斗式水轮机中，则由调速器进行自动控制。

　　图 2-90 为小型水斗式水轮机上采用的平衡弹簧式的调节机构，当开启喷针时，液压油

由配压阀进入活塞缸，使喷针向开的方向移动；当喷针向关的方向移动时，配压阀使缸内液压油排出，靠平衡弹簧的反力使喷针向前移动。平衡弹簧是用来抵消压力水对喷针向关闭侧运动时的轴向水推力的。由于平衡弹簧抵消了轴向水推力，因此操作喷针移动所需的力变小。

现在的大中型水轮机上，采用接力器油压控制的结构替代了平衡弹簧式的结构，如图2-92 所示。这种调节机构利用平衡活塞直径的差别，产生一个与轴向水推力方向相反的推力，以达到减小操作力的目的。

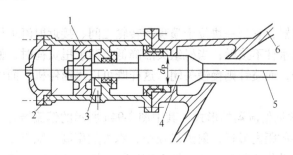

图 2-92　平衡活塞
1—接力器　2—开启油腔　3—关闭油腔
4—平衡活塞　5—喷针　6—喷管

上述的调节机构均放在喷针的尾端，因而在结构上使水流进入喷管之前要转弯，这样就容易引起水流的不均匀分布，可能使水柱发散，影响射流的质量。

现有制造厂生产的一种直流喷管如图 2-93 所示，这种结构的优点是喷管直接与引水钢管连接，使水流不转弯，它克服了弯形喷管的缺点，提高了水轮机的水力效率，又便于多喷嘴机组的结构布置。

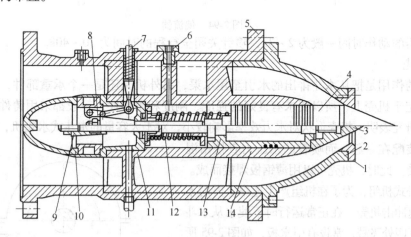

图 2-93　直流喷管
1—喷管口　2、5—喷管体　3—喷针　4—针杆　6—定位接头　7—回复杆　8—转臂
9—锥套　10—引水锥　11—缸盖　12—弹簧　13—活塞　14—接力器缸

图 2-93 为直流喷管结构，由喷管口 1、喷管体 2、喷针 3、针杆 4、喷管体 5、接力器缸 14、活塞 13、弹簧 12、缸盖 11、引水锥 10、定位接头 6、锥套 9、转臂 8 及回复杆 7 等组

成。由调速器通过配压阀自动操作喷针关闭时，液压油经定位接头 6 进入接力器缸 14 内，在油压与弹簧 12 的作用下，克服作用在喷针 3 上的水压后，使活塞 13 开始向右移动，活塞 13 带动与它固定在一起的针杆 4 和喷针 3 向右移动，关闭喷嘴。由调速器操作喷针开启时，调速器使接力器排油，作用在喷针 3 上的水压力克服弹簧力，使喷针 3 向左移动，打开喷嘴。

开启和关闭时，喷针 3 移动的多少，是通过锥套 9、转臂 8、回复杆 7 等作用于调速器配压阀来控制的。

4. 偏流器

偏流器也称折向器，它是一块位于喷嘴和转轮之间、接近射流水柱的挡板。机组正常运行时，偏流器与射流水柱不接触；当机组突然降低负荷或甩负荷时，偏流器迅速动作，将射向转轮的水柱偏斜开，而喷针则慢慢关闭，这样既可以迅速停机，而引水管内不会产生过大的水锤压力上升。

图 2-94 为三种常见偏流器的形式，其中图 2-94a 所示的偏流器是自下向上动作的，它可以使喷管与水斗安装的距离最近，射流风损小，水力效率高，缺点是偏流器必须走到最高点才能偏去全部射流，动作所需时间长。图 2-94b 所示的是自上向下动作偏流的，这种形式结构简单，使用可靠，便于调节，是目前广泛采用的一种形式。图 2-94c 所示的偏流器切入射流后，使射流分为两股，其中一股冲向水斗背面，起制动作用，对降低速率上升有利，但由于结构较复杂，调整也较麻烦，所以目前应用不多。

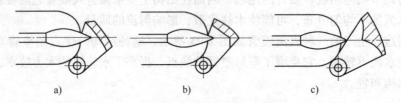

a)　　　　　　　　　b)　　　　　　　　　c)

图 2-94　偏流器

偏流器的动作时间一般为 2~3s，喷针关闭全行程的时间为 20~40s。

5. 机壳

机壳的作用是把从水斗排出的水引至尾水渠，另外机壳还是一个承重部件，喷管、轴承等部件固定于机壳上，所以要求有良好的强度、刚度和耐振性，一般都采用铸件。

近年研究表明，机壳形状对水力效率影响较小，对于大容量的水斗式水轮机，机壳往往和压力水管装配在一起，而喷管的水压力直接由混凝土来承受。此时，机壳可以用薄钢板焊接而成。

对于卧式机组，为了在机组产生速率上升时不使射流高速冲击机壳，在正常运行时不使水从水斗排出的水流四处飞溅，常设有引水板，如图 2-95 所示，引水板相比机壳有更好的强度和刚度。

机壳的下部装有平水栅，其作用是消除排出水的能量，防止所排出的水流冲刷尾水渠，也可以作为检修用的踏板。平水栅位置如图 2-95 所示。平水栅可用钢板条焊成条状或格状网栅，栅

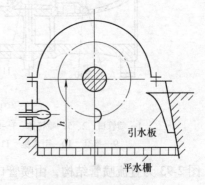

引水板

平水栅

图 2-95　平水栅位置

距为 40 ~ 60mm。

6. 轴承

卧式和立式的水斗式水轮机支承在轴承上，轴承布置原则和混流式水轮机相同。在理论上，水斗式水轮机不必考虑水的推力。但实际上，由于水斗的机械加工不正确所引起的不对称，这个推力必须加以计算。某小电站，因未计及这种推力，使得轴承温度偏高，结果使机组不能长时间满负荷连续运行。

复习与思考题

2-1　水轮机的主要过流部件有哪些?

2-2　混流式水轮机转轮由哪几部分组成? 各部分的作用是什么?

2-3　止漏装置的形式有哪几种? 各有何特点?

2-4　简述轴流式转轮叶片操作机构的工作过程。

2-5　水轮机导轴承的形式有哪几种? 各适用于什么场合?

2-6　反击式水轮机的导水部件的作用是什么?

2-7　反击式水轮机的引水部件的作用是什么?

2-8　接力器有什么作用?

2-9　冲击式水轮机有哪些类型? 它们的组成部件有哪些?

第 3 章
水电厂的辅助设备

 教学目标

1. 了解水轮机主阀的类型及作用。
2. 了解水轮机油系统、气系统和水系统的组成和用途。
3. 掌握水轮机主阀的结构及开关条件。
4. 掌握水轮机油系统、气系统和水系统的工作原理。

　　水电厂辅助设备属于机械设备，为机组正常运行提供技术服务，是保证主机正常运行必不可少的。水电厂辅助设备包括水轮机主阀、水电厂油系统、气系统和水系统。水电厂辅助设备种类较多，管路复杂，是日常运行维护的主要任务。卧式机组水电厂的水轮机和发电机在同一个厂房平面上，水电厂油、气、水系统的提供和保证比较容易实现，因此卧式机组水电厂的油、气、水系统比立式机组水电厂要简单得多。

3.1　水轮机主阀

　　位于压力钢管末端和蜗壳进口断面之间的阀门称为**水轮机主阀**。主阀直径与压力钢管的直径相同，因此主阀的体积大、价格贵。在中高水头水电厂中，几乎每台水轮机都设有主阀。

3.1.1　主阀的作用

　　1）当由一根压力钢管同时向两台或两台以上的机组供水时，每台水轮机进口必须设主阀，这样在一台机组检修时，关闭该机组的主阀，其他机组能照常工作。

　　2）导叶全关时的漏水是不可避免的，当较长时间停机时关闭主阀可减少导叶漏水量。有的水电厂，水轮机导叶漏水较大，每次停机都需要关闭主阀。

　　3）水电厂由于起停快，在电网中经常作为备用机组。当压力管道较长时，尽管是一根压力管道向一台机组供水，也设置主阀，这样可以保持压力管道始终充满压力水，机组处于热备用状态，可减少机组开机准备时间。

　　4）主阀可作为机组防飞逸的后备保护。当机组发生飞逸时，必须在动水条件下90s内关闭主阀，防止事故扩大。但是主阀直径大，机组飞逸时水流流速又比正常时快得多，因此动水关闭对主阀的撞击损伤是很大的。主阀动水关闭的次数很少，但每次动水关闭后都必须对主阀进行检查。

3.1.2　主阀的类型和结构

水电厂应用的主阀有蝴蝶阀、球阀和闸阀三种类型。

1. 蝴蝶阀

蝴蝶阀简称"蝶阀"，图 3-1 为蝶阀活门开关位置示意图，活门位于水流当中，可作 80°~90°全开或全关的操作。全开时活门平面与压力钢管轴线平行，由于活门仍处于水流中，所以全开时水流阻力大；全关时活门平面与压力钢管轴线垂直或接近垂直，靠橡胶或较软的金属与间隙处接触以止水密封，水头高时效果不好，所以全关时漏水大。但是，蝶阀结构简单，体积小，重量轻，启闭方便，适用于 200m 水头以下的水电站。

活门的转轴布置有立式和卧式两种。活门的结构也有两种形式，一种是铁饼形活门，适用水头较低的场合；另一种是双平板框架式活门，全开时两平板之间也能通水，减小活门对水流的阻力，全关时框架式结构能承受较高的水压。

图 3-2 为立式布置铁饼形活门蝶阀结构视图，无论什么形式的主阀，每次开阀前，必须先打开旁通阀（4），向活门下游侧充水，待活门两侧压力相近时才能打开活门。

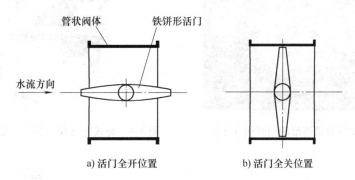

a) 活门全开位置　　　　　　　　b) 活门全关位置

图 3-1　蝶阀活门开关位置示意图

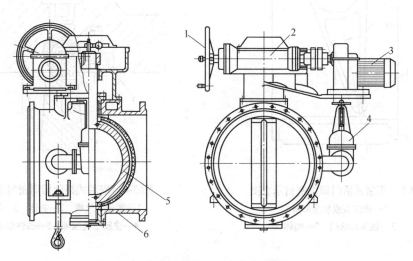

图 3-2　立式布置铁饼形活门蝶阀结构视图

1—手动操作手轮　2—蜗杆传动机构　3—电动操作电动机　4—旁通阀　5—铁饼形活门　6—阀体

图 3-3 为卧式布置铁饼形活门蝶阀立体图，图 3-4 为卧式布置双平板框架式活门蝶阀立体图。

活门全关时的圆周密封有三种形式。第一种是在活门外圆周边上装"O"形橡胶条。第二种是在活门外圆周边上装橡胶板或软金属板，压紧式活门圆周密封示意图如图 3-5 所示。这两种都属于压紧式活门圆周密封，活门全开与全关的转角为 80°~85°，靠活门关闭时橡胶条、橡胶板或软金属板对阀体内壁的压紧力来达到止水密封的目的。第三种是在与活门全关位置对应的阀体内壁圆周上埋入橡胶空气围带，围带式活门圆周密封示意图如图 3-6 所示，活门全开与全关的转角为 90°，当活门转到全关位置后，布置在阀体内壁中的空气围带正好对准活门外圆柱面，然后对空气围带充压缩空气，空气围带在压缩空气的作用下，"凸"形部分弹出阀体内壁表面，紧紧抱住活门外圆柱面，止水密封效果最好。

图 3-3　卧式布置铁饼形活门蝶阀立体图

图 3-4　卧式布置双平板框架式活门蝶阀立体图

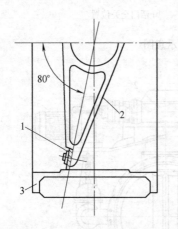

图 3-5　压紧式活门圆周密封示意图
1—橡皮板或软金属板
2—铁饼形活门　3—阀体

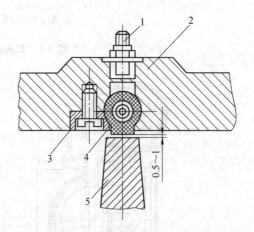

图 3-6　围带式活门圆周密封示意图
1—围带进气嘴　2—阀体　3—压板
4—橡胶空气围带　5—铁饼形活门

2. 球阀

图 3-7 为球阀活门开关位置示意图。与压力钢管直径相同的管状活门可进行 90° 全开或全关操作。全开时活门轴线与压力钢管轴线重合，水流畅通无阻地流过主阀，所以全开时水流阻力小；全关时活门轴线与压力钢管轴线垂直，球缺形止漏盖弹出，紧紧住住阀体管口处止水密封，水头越高效果越好，所以全关时漏水小。但是球阀结构复杂，体积大，重量重，启闭不方便，适用于水头 200m 以上的水电站。

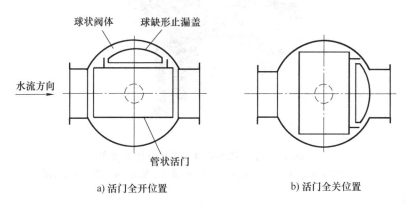

a) 活门全开位置　　　　　b) 活门全关位置

图 3-7　球阀活门开关位置示意图

图 3-8 为全关状态的球阀结构示意图。管状活门 2 在外部操作机构的操作下，能在球状阀体 1 内 90° 转动。当活门内孔的管轴线与压力钢管的管轴线垂直后，再关闭卸压阀，球缺形止漏盖 3 在水压差的作用下会自动弹出，紧紧压在阀体下游侧孔口的止漏密封环 4 上，达到封水效果，球阀处于关闭状态。在开阀前必须先打开卸压阀，球缺形止漏盖内的压力水经卸压阀排走，球缺形止漏盖在弹簧的作用下会自动缩回，退出压紧密封状态，再在外部操作机构的操作下，活门逆时针方向转 90°。图 3-9 为全关状态的球阀结构立体剖视图。

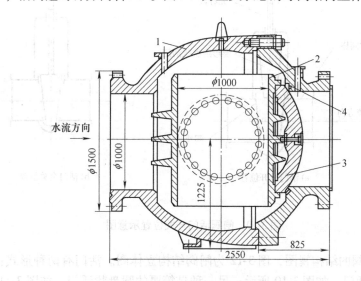

图 3-8　全关状态的球阀结构示意图

1—球形阀体　2—管状活门　3—球缺形止漏盖　4—止漏密封环

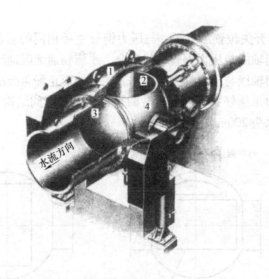

图 3-9　全关状态的球阀结构立体剖视图

1—球形阀体　2—管状活门内孔　3—球缺形止漏盖　4—管状活门外部

3. 闸阀

图 3-10 为闸阀活门开关位置示意图。楔形圆盘状活门可上下垂直移动进行全开或全关的操作。全开时活门向上提起，躲进阀体的上部空腔，水流畅通无阻地流过主阀，所以全开时水流阻力小；全关时活门落下，进入流道切断水流，活门平面紧紧压住阀体中的阀座止水密封，封水效果较好，所以全关时漏水小。但是，闸阀高度尺寸大，启闭时间长。管径较大时，活门升降所需的操作力很大，因此适用于管径 0.5m 以下的乡村小电站。

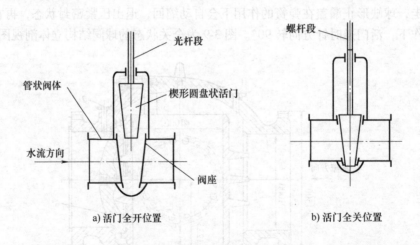

a) 活门全开位置　　　　　　　　　　　b) 活门全关位置

图 3-10　闸阀活门开关位置示意图

图 3-11 为闸阀的结构视图，图 3-12 为闸阀结构立体图。活门有两种形式：一种是不等厚的楔形圆盘状活门，如图 3-10 所示；另一种是等厚的圆盘状活门，如图 3-11 中的活门 6，前者全关时封水效果较好。

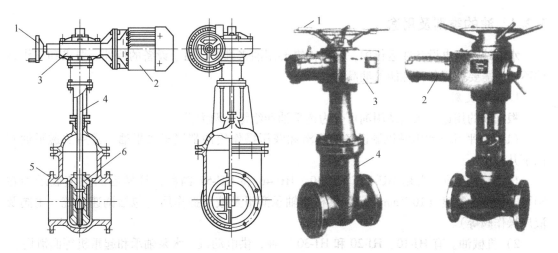

图 3-11　闸阀结构视图　　　　　　　图 3-12　闸阀结构立体图
1—操作手轮　2—电动机　3—蜗轮蜗杆减速箱　　　1—操作手轮　2—电动机　3—减速箱　4—阀体
4—螺杆　5—管状阀体　6—等厚圆盘状活门

3.1.3　主阀的开关条件

　　主阀只有两种工况，即全开或全关，不能部分开启用来调流量。主阀一般只允许在静水条件下打开或关闭，即开阀时，先开主阀后开导叶；关阀时，先关导叶后关主阀。只有在机组发生飞逸事故时才允许主阀在动水条件下关闭。机组检修后，蜗壳内为大气，或关阀时间较长时，由于导叶漏水蜗壳内也是大气，这时打开主阀前必须先打开旁通阀（旁通阀示意图见图 3-2 中 4），向蜗壳充水，待主阀前后压力一样时才能打开主阀。否则强行打开主阀，由于活门前后压差很大，有可能损坏主阀操作机构。

3.1.4　主阀的操作方法

　　主阀的操作方法有手动、电动和油压操作三种方法。对于闸阀，一般采用蜗轮蜗杆减速箱手动操作，操作力较大时采用电动机，如图 3-11 所示，经蜗轮蜗杆减速箱 3 减速后电动操作，但仍然要保留操作手轮 1。对于蝶阀，一般采用电动机，经减速箱减速后电动操作，也要保留手动操作手轮，操作力较大时可采用油压操作。对于球阀，由于转动体积较大的管状活门需要较大的操作力，因此一般采用油压操作。

3.2　水电厂油系统

　　水电站机组设备用油量的多少随设备的形式及容量的不同而不同。对于单机容量较小的小型水电站，由于用油量较小，不设完整的油系统，只设几个油桶，由人工加油。但对于容量稍大的中小型电站，需采用专用的油桶、管道及油泵输油。为了保证这些油经常处于良好状态，以完成各项任务，需有油的供应、处理及维护设备。由这些油的供应、处理及维护设备组成的系统称为**油系统**。

3.2.1 油的类别及用途

水电站的机电设备在运行中，几乎都需要用油来维护，由于设备的特性、要求和工作条件不同，需要使用各种性能的油品。

1. 油的类别

根据油的用途，水电站用油可分为透平油和绝缘油两大类。

（1）透平油 水电站机械设备的润滑和液压操作用油都属于透平油。常用的透平油有以下几种：

1）汽轮机油。常用 HU-22、HU-30、HU-46 和 HU-57 四种，符号后的数值表示油在50℃时的运动黏度（$10^{-2}mm^2/s$），供机组轴承润滑及液压操作用（包括调速系统、主阀及液压操作阀等）。

2）机械油。有 HJ-10、HJ-20 和 HJ-30 三种，供电动机、水泵轴承和起重机等润滑用。

3）压缩机油。有 HS-13 和 HS-19 两种，供空气压缩机润滑用。

4）润滑脂（俗称黄油）。有 ZG-1、ZH-3H 和 ZGH-2 等几种，供滑动轴承及小型机组导叶轴承用。

（2）绝缘油 绝缘油主要用于水电站电气设备中。常用的绝缘油有以下几种：

1）变压器油。有 DB-10 和 DB-25 两种，符号后的数值表示油的凝固点（℃，负值），供变压器及电流、电压互感器用，起绝缘、散热作用。

2）开关油。一般用 DU-45，符号后的数值表示油的凝固点（℃，负值），供油开关用，有绝缘、消弧作用。

3）电缆。有 DL-38、DL-66 和 DL-110 三种，符号后的数字表示以 kV 计的电压，供电缆线用。

电站用油量最大的为汽轮机油和变压器油。

2. 油的用途

（1）透平油的作用 透平油在设备中的作用主要是润滑、散热、传递能量。

1）润滑。运行中各轴承承受着机组的轴向和径向荷载，运行中润滑油在轴承间形成油膜，以轴承间油膜的内部摩擦代替轴承的固体摩擦，从而减轻设备的发热和磨损，保证设备的安全经济运行。

2）散热。设备转动部件因摩擦而产生热量，使油温上升，油温过高会缩短设备寿命，不能保证额定出力，同时还会使油劣化变质。润滑油在轴承和轴承油箱冷却器之间连续循环运动，不断地将轴承运转产生的热量带出，经轴承油箱冷却器冷却后使油和轴承的温度不致超过运行规定值。

3）传递能量。水轮机调节系统和主阀操作系统等需要可靠又具有较大操作能量的能源。储存在油压装置中的油就是操作能源，经油管的传递输送到操作系统的执行机构。

（2）绝缘油的作用 绝缘油在设备中的作用主要是绝缘、散热和消弧。

1）绝缘。由于绝缘油的绝缘强度比空气大得多，用油做绝缘介质可以大大提高电气设备的运行可靠性，缩小设备尺寸，同时对棉纱纤维的绝缘材料起一定的保护作用，提高它的绝缘性能使之不受空气和水分的侵蚀，而不致很快变质。

2）散热。变压器运行时绕组通过强大电流而产生大量的热，此热量若不散发出去，温

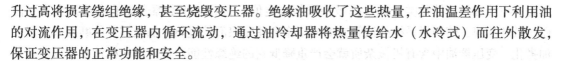

升过高将损害绕组绝缘，甚至烧毁变压器。绝缘油吸收了这些热量，在油温差作用下利用油的对流作用，在变压器内循环流动，通过油冷却器将热量传给水（水冷式）而往外散发，保证变压器的正常功能和安全。

3）消弧。油断路器切断电力负荷电流时，在触头之间发生电弧，电弧的温度很高，如不设法很快将热量传出，并使之冷却，弧道分子的高温电离就会迅速扩展，电弧将会不断持续，这样就可能烧坏设备；此外，电弧的继续存在还可使电力系统发生振荡，引起过电压，损坏设备。绝缘油在经受电弧作用时，发生分解，产生含70%氢元素的气体，氢是深度活泼的消弧气体，它在绝缘油分解过程中被从弧道大量带走，同时钻进弧栓地带，将弧道冷却，限制弧道分子的离子化，使电弧熄灭。

3.2.2　油的主要质量指标

为了使设备能良好运行，对油的性能和成分有严格要求，其主要质量指标如下：

1. 黏度

黏度描述液体质点受外力作用而相对移动时，使液体内产生阻力的特性。黏度反映液体黏稠的程度。

油的黏度不是一个常数，会随着温度和压力变化而变化，温度上升或所受的压力下降，黏度降低。在日常运行中，油的黏度还会随着使用时间的延长而降低。对汽轮机油来说，黏度大时，其有利的是容易附着在金属表面，形成油膜；不利的是黏度过大会增加摩擦阻力，流动性差，散热作用不良。因此，要选用黏度合适的汽轮机油。一般地说，在轴承面传递压力大和转速低的设备中使用黏度较大的油；反之使用黏度较小的油。为便于流动散热，绝缘油的黏度应尽可能小一些。

2. 闪点

闪点指在一定条件下加热油品，使油的温度逐渐增高，油的蒸气和空气混合后，遇火呈现蓝色火焰并瞬间自行熄灭（闪光现象）时的最低温度。

3. 酸值

酸值指中和质量为1g油中含有的有机酸所需氢化钾的数量。酸值是控制油品精制深度及衡量运行油品劣化程度的重要指标之一。有机酸对机械设备具有一定的腐蚀性，在有水分存在的条件下，其腐蚀性也增大。油品在使用过程中酸值是逐渐提高的。因此，酸值越低越好。

4. 凝固点

凝固点指油品刚刚失去流动性时的最高温度值。当油品达到凝固点，就不能在管道设备中流动，还使润滑油膜受到破坏。对于绝缘油，还会大大减弱散热和灭弧作用。故在寒冷条件下使用的油品，要求有较低的凝固点。

5. 水分

对于新的绝缘油和汽轮机油，不允许含有水分，但在运行中，水分可能由外界混入或由油氧化生成。汽轮机油中混入水分时，会形成乳化，同时加速油的劣化，造成油的酸值增大、油泥沉淀增多和对金属的腐蚀加大。绝缘油中含有水分会使绝缘强度降低。

6. 机械杂质

机械杂质指在油中以悬浮状态及沉淀状态而存在的各种固体物质，如灰尘、金属屑、纤维物、泥沙和结晶性盐类。如果机械杂质超过定值，润滑油在摩擦表面的流动便会遭受阻碍，破坏油膜，使润滑系统的油管或滤网堵塞和使摩擦部件过热，加大零件的磨损率，促使油劣化。变压器油中含有机械杂质就会严重降低它的绝缘性能。规定汽轮机油及变压器油均不应含机械杂质。

7. 透明度

透明度用于判定新油及运行中油的清洁程度。要求油呈橙黄色，透明。若油中含有水分和机械杂质等或油已劣化，则油的颜色会变暗，并出现浑浊现象。

8. 灰分

灰分指油品在燃烧后所剩下的无机矿物质占原来油重的百分比。汽轮机油中含过多的灰分会使油膜不均匀，影响轴承的润滑作用，因此灰分也作为油质性能的一项检测指标。

9. 抗氧化稳定性

抗氧化稳定性指油在较高温度下，抵抗与氧发生化学反应的性能。油在使用中变质的主要原因是氧化，油品氧化后产生沉淀物可能堵塞油路和过滤器，使酸值提高，油质劣化，引起腐蚀和润滑性能变坏，影响设备正常运行。要求油品抗氧化稳定性高。

10. 抗乳化度

抗乳化度指油与水形成的乳油液达到完全分层所需的时间。润滑油乳化后，黏度增高，产生泡沫，使机械杂质不易沉淀，析出的水分还能破坏油膜，影响润滑效果，加速部件磨损，加速油的氧化。所以要求汽轮机油具有良好的抗乳化能力。由于黏度小的油抗乳化能力好，因而在允许范围内，采用黏度小的透平油。

11. 水溶性酸或碱

水溶性酸或碱指溶于水中的无机酸或碱。油中若含有水溶性酸或碱，会对金属部件产生强烈腐蚀，并加快油的劣化。因此，水电站要求使用的油为中性油，不含水溶性酸或碱。

12. 绝缘强度

绝缘强度指在规定条件下，绝缘油能承受击穿电压的能力。绝缘油的绝缘强度是电站电气设备选择绝缘油品的一个参数，也是保障电气设备安全运行的一项重要指标。油劣化后其绝缘强度会明显下降，甚至造成电气设备击穿的重大事故。所以对电气设备使用的绝缘油，其绝缘强度一定要满足设备要求。

13. 润滑脂

脂的代号 Z，常用的有钙基（ZG）、钠基（ZN）和钙钠基（ZGN）三种组别。合成的加尾注"H"，石墨加尾注"S"。如 ZN-3H 表示 3 号合成钠基润滑脂。

钙基有 1~5 共 5 个牌号，主要用于各种工业机具、机床、冶金设备、汽车、拖拉机、电动机、水泵等。

钠基有 2~4 共 3 个牌号，该润滑脂耐高温不耐水，不能用于水或存在湿气的地方。

钙钠基有 1~2 两个牌号，用于小电动机或发电机及其他高温轴承等耐热、耐水、工作温度为 80~100℃ 的环境，不适于低温环境。

目前，水电站在安装、检修时，常用二硫化钼润滑脂。它是一种银灰色或浅黑色粉末，有滑腻感，具有良好润滑性，不溶于水、油、脂、醇，不但适用于高温、高速、高负荷机械，也适用于高温、低速、高负荷机械。

3.2.3　油系统的任务

电站主要使用透平油的设备是机组轴承、主阀、调速器及转桨式水轮机叶片转动机构；主要使用绝缘油的设备是变压器和油断路器。电站采用专用的储油桶储油，采用管路和油泵输油。所谓油系统，也就是这些用管路和油泵将用油设备、储油设备及油处理设备连接起来组成的系统。油系统按使用类型的不同分为绝缘油系统与透平油系统。

为了保证设备的安全运行，必须做好油的监测与维护工作，油系统必须完成下列任务：

1）接受新油。用油槽车或储油桶将新油运来，视电站储油罐位置高度以自流或油泵压送方式将新油送入储油桶。

2）储备净油。油库随时储存合格的、足够的备用油以便万一发生事故时全部换用净油或补充设备正常运行的损耗。

3）给设备充油。新装机组、设备大修或设备中排出劣化油后，进行充油。

4）向运行设备添油。油在运行中，由于各种原因油量会产生损耗而需要添油。

5）从设备中排出污油。设备检修时应将设备中的污油通过排油管以自流或油泵压送方式送至污油桶。

6）污油的净化处理。对储存在污油桶中的污油进行净化处理。

7）油的监测与维护。对新油分析鉴定，判断其是否符合国家规定标准；对运行油进行定期取样化验，判断运行设备安全与否；对油泵系统进行检查、修理和清洗。

8）废油的收集及保存。废油按牌号分别收集，储存于专用油桶，送有关部门再生处理。

3.2.4　油的劣化及油的净化处理

1. 油的劣化

油在运行、储存及运输过程中，因种种原因发生了物理、化学变化，以致不能保证设备的安全、经济运行，这种变化称为**油的劣化**。油劣化的原因很多，根本原因是油被氧化，此外还有以下几个影响因素：

（1）水分　水分混入油中后，造成油乳化，促进油的氧化，从而增加酸值和腐蚀性。水可能以以下几种方式进入油中：

1）干燥的油吸收空气中的水分。

2）潮湿的空气和油表面接触时，空气中的水分可大量进入油中。

3）设备中的水管和冷却器水管破裂，使水流入油中。

4）油系统操作时混入水分。

5）被劣化的油有时会分解出水分。

防治方法：设备密封，尽可能与空气隔绝，防止水管渗漏。

（2）温度　当油的温度过高时，会造成油的蒸发、分解、碳化、加快氧化。一般油温在30℃时很少氧化，在50～60℃时氧化加快，60℃以上时每增加10℃氧化速度增加一倍，所以透平油工作温度一般以不超过50℃为宜。

油温升高是设备运行不良造成的，如过负荷、冷却水中断、油面过低及油膜破坏等。

（3）空气　空气中含有氧和水汽会引起油的氧化，空气中沙粒和灰尘会增加油中机械杂质。

油和空气除了直接接触外还可以以泡沫形式接触，这样接触面扩大，氧化速度更快。泡沫产生的原因：

1）运行人员补油的速度太快，因冲击带入空气，产生泡沫。

2）泵吸管没有完全插入油中或油位过低而混入空气。

3）在轴承和离心泵中搅动也会产生泡沫。

4）管路设计不合理，油流速度太快，产生泡沫。

运行中应尽量防止油产生泡沫。

（4）混油　任意将两种及以上不同牌号、性质的油混合使用，会使油劣化，因此必须严格防止不同牌号的油混合。如要混合使用也必须在取样化验证明无影响后才能混合使用。

（5）天然光线　含有紫外线的光线对油的氧化起触媒作用，使油混浊、质量降低。经天然光线照射后的油，再转到无照射之处，劣化还会继续进行。

（6）轴电流　穿过油内部的电流会使油分解劣化，颜色变深，生成油泥沉淀物。

（7）其他因素　如金属的氧化作用，检修后的清洗不良，油容器用的油漆不当等。

2. 油的净化处理

根据油被污染程度不同，可分为污油和废油。

污油指轻度劣化或被水和机械杂质污染了的油，污油经过简单的净化方法处理后仍可使用。

废油指深度劣化的油，废油不能用简单的机械净化方法恢复其原有性质，只有采用化学处理方法才能恢复原有的物理、化学性质，此法称为**油的再生**。

下面仅介绍一般水电站常用的机械净化方法。

（1）沉清　油长期处于静止状态，密度较大的机械杂质和水分便沉到底部。沉降速度与悬浮颗粒的密度和形状有关，与润滑油的黏度也有关，悬浮颗粒的密度和形状越大沉降速度越快，反之，则沉降速度越慢。

沉清过程中，使用设备简便，对油无伤害，但所需时间长，不能彻底去除水分和机械杂质，但因为方法简单还是被广泛采用。

（2）压力过滤　压力过滤是使油加压通过滤纸，利用滤纸毛细管的吸附及阻挡作用使水分、机械杂质与油分开，达到净化油的目的。

压力过滤的设备是压力滤油机，其工作原理如图3-13所示。

油从进油口吸入，经过初滤器，去除较大的杂质，再进入油泵，油泵对油产生挤压作用，迫使油流经滤油器，渗透过滤纸，将油中的水分和杂质滤净，然后油从油槽的出油口流出。

滤油器是压力滤油机的主要工作部件，它由许多可移动的铸铁滤板和滤框组成。在滤板和滤框之间放有特殊的滤纸，且用螺旋夹将三者压紧。滤油器结构示意图如图3-14所示。

滤油时油泵将污油加压从右上角送入滤油器，通过滤油框孔流入两层滤纸间的空腔中，再透过滤纸从滤板上的沟道网汇集到滤油器下方的管孔流出。滤纸可吸收油中的水分，同时还阻挡了机械杂质通过。当滤纸的纤维吸饱水分或表面布满杂质时，应更换。含水但干净的

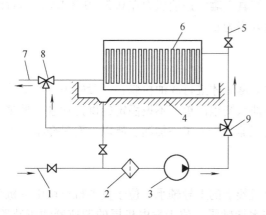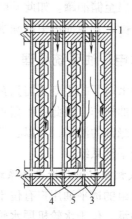

图 3-13　压力滤油机工作原理图　　　　　图 3-14　滤油器结构示意图

1—进油口　2—初滤器　3—油泵　4—油槽　　　　1—进油口　2—净油出口　3—滤纸

5—油样口　6—滤油器　7—出油口　8、9—三通阀　　4—滤板　5—滤框

滤纸经过烘干后可继续使用，因此压力滤油机还需配制烘箱使用。

压力过滤的质量较高，但生产率较低，且滤纸损耗大。

（3）真空分离　真空分离是一种快速除水的好办法。它是利用油和水沸点不同，在真空罐内水分形成气体减压蒸发，将油中的水分及气体分离出来，达到除水脱气的目的。

真空滤油机的工作原理如图 3-15 所示。将污油加热到 50～70℃，用油泵压向真空罐内并经过喷嘴扩散成雾状，由于油和水的沸点不同，而沸点又与压力有关，在一定温度和真空条件下，沸点将降低而使油中的水分变成气体，形成减压蒸发，油和水及气体得到分离，再利用真空泵经油气分离挡板，将水蒸气及气体抽吸出来。

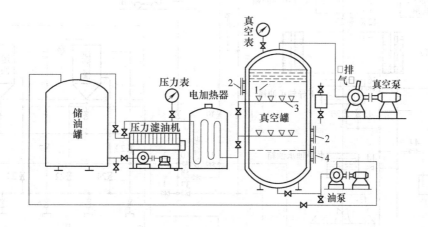

图 3-15　真空滤油机的工作原理

1—油气分离挡板　2—观察孔　3—喷嘴　4—油位计

操作程序是：先用压力滤油机初步过滤除掉油中杂质，再将油送入电加热器并压向真空罐内，经喷嘴喷成雾状，当真空罐上油位计达到1/2油位时，用另一台压力滤油机或油泵将

罐内的油抽出至储油罐。如此不断循环，并控制真空罐的进油压力在 0.2 ~ 0.3MPa，不时调节出油量平衡，直至油污中的除水、脱水达到合格为止。

3.2.5 水电厂油系统原理

中小型水电厂的主变压器只在几年一次的大修时才进行放油检修，一般的小修和维护不需要进行放油操作。因此中小型水电厂的绝缘油系统很简单，不设固定的供排油管，最多设一只存放绝缘油的油桶，可以在停机时对主变压器进行人工添加油。所以下面只介绍中小型水电厂的透平油系统。

1. 立式机组水电厂透平油系统

立式机组的透平油用户有位于发电机层上机架上的上导轴承、位于发电机机坑中下机架上的下导轴承、位于水轮机层水轮机顶盖上的水导轴承、位于发电机层的调速器油压装置、位于水轮机层的主阀油压装置和位于厂房顶部的添加油箱（又称重力加油箱）。用户较多，范围较广，用油量一般为几吨到十几吨，检修时的排油和供油工作量较大，所以用固定的连接管路将用油用户与供油设备连接起来构成油系统，只要切换相应的阀门和操作油泵、滤油机，就能方便地进行排油、供油和油的净化处理等操作，大大减轻劳动强度。

图 3-16 为某立式机组水电厂透平油系统原理图，阀 40、42、43 和 44 为常开阀，其余为常闭阀。该水电厂的主阀采用电动操作，因此不设主阀油压装置。油库和油处理室位于同一水轮机层的两个相邻的工作间，万一油库发生火灾，可关闭油库的防火铁门进行喷水灭火，防止事故蔓延。透平油系统的各项操作流程如下：

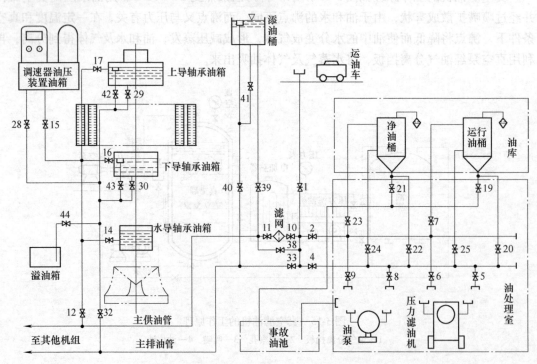

图 3-16 某立式机组水电厂透平油系统原理图

1）新油注入净油桶。运油车开进发电机层，将运油车的出油管与厂房地面上的活接头连接再开阀 1、4，将压力滤油机与阀 5、9 的两个活接头连接再开阀 5、9、23，打开运油车出油管的阀门，起动压力滤油机将运油车的新油经过过滤后送入净油桶。

如果新油不需要过滤，只需将阀 5、9 的两个活接头直接连接，开阀 1、4、5、9、23，由于运油车的位置比净油桶的位置高，新油可自流进入净油桶。

2）净油桶的油注入用油用户。开阀 24，将油泵与阀 8、9 的两个活接头连接再开阀 8、9、2、10，经过滤网，开阀 11，起动油泵，开阀 39 将油送入添油桶，开阀 12，开阀 14 将油送入水导轴承油箱、开阀 15 将油送入调速器油压装置油箱、开阀 16 将油送入下导轴承油箱、开阀 17 将油送入上导轴承油箱。

3）运行油桶的油注入用油用户。开阀 25，将压力滤油机与阀 5、6 的两个活接头连接再开阀 5、6、2、10，经过滤网，开阀 11，起动压力滤油机，开阀 39 将油送入添油桶，开阀 12，开阀 14 将油送入水导轴承油箱、开阀 15 将油送入调速器油压装置油箱、开阀 16 将油送入下导轴承油箱、开阀 17 将油送入上导轴承油箱。

4）运行油桶的油经过滤后注入净油桶。开阀 20，将压力滤油机与阀 5、6 的两个活接头连接再开阀 5、6、23，起动压力滤油机将运行油桶中的油过滤后送入净油桶。

5）运行油桶的油自循环过滤。开阀 20，将压力滤油机与阀 5、6 的两个活接头连接再开阀 5、6、7，起动压力滤油机将运行油桶下部的油放出，经过滤后重新送回到运行油桶上部，进行循环过滤。

6）机组检修时的排油。开阀 7，将油泵与阀 6、5 的两个活接头连接再开阀 6、5、4、33、32，起动油泵开阀 28 将调速器油压装置油箱的油抽回到运行油桶、开阀 29 将上导轴承油箱的油抽回到运行油桶、开阀 30 将下导轴承油箱的油抽回到运行油桶、开阀 41 将添油桶的油抽回到运行油桶。

由于上导轴承油箱、下导轴承油箱、调速器油压装置油箱和添油桶的位置都比运行油桶的位置高，所以不使用油泵靠自流也能排油，但是排油速度太慢将延长机组检修时间。水导轴承由于位置较低，用油量较少，检修时靠人工用手提小油桶手工排油。

7）无法再使用的污油排出厂外。运行油桶，开阀 20，将油泵与阀 8、9 的两个活接头连接再开阀 8、9、2、1，起动油泵将运行油桶中无法再使用的污油排出，用运油车拉走。

8）添油桶向用油用户添加油。在正常运行中，由于油的渗漏、蒸发会使用油用户中的油位下降，当油位下降到一定值时，必须向用油用户添加油。步骤如下：

开阀 39、12，开阀 14 靠自重向水导轴承添加油、开阀 15 靠自重向调速器油压装置油箱添加油、开阀 16 靠自重向下导轴承油箱添加油、开阀 17 靠自重向上导轴承油箱添加油。

9）事故排油。当油库发生火灾时，一方面关闭油库防火铁门，使油库与空气隔离，喷水灭火；另一方面迅速打开位于油库隔壁的油处理室中的阀 19、21，将油桶中的油自流排入事故油池。

10）溢油箱排油。上导轴承油箱、下导轴承油箱和添油桶中都有一个溢油口，对应的三只溢油阀 42、43 和 40 在正常运行时为常开阀。当油箱中的油位偏高时，油经溢油口自流流入到厂房最低位置的溢油箱中。当溢油箱中的油位达到上限时，需要进行溢油箱排油。步骤为：开阀 7，将油泵与阀 6、5 的两个活接头连接再开阀 6、5、4、33、32，起动油泵将溢油箱中的油抽回到运行油桶。

2. 卧式机组水电厂透平油系统

卧式机组水电厂的装机容量一般不大，所以透平油用油量不大。卧式机组水电厂的用油用户有机组轴承、调速器油压装置和主阀油压装置,所有用油用户都在同一厂房平面上,运行检修方便,一般不设固定的油系统管路,只设一只净油桶、一只运行油桶、一台移动式油泵和一台移动式压力滤油机,油系统的大部分操作由人工完成。

3.2.6 油系统中的自动化元件

轴承油箱中一般都有触点式液位信号器,当油位偏高或偏低时,表明机组运行不正常,触点式液位信号器向计算机监控系统发送开关量信号,计算机监控系统会发出语音报警信号。添油桶中有一只触点式液位信号器,当油位偏低时,触点式液位信号器向计算机监控系统发送开关量信号,计算机监控系统会发出语音信号提醒运行人员向添油桶加油。溢油箱中有一只触点式液位信号器,当油位达到上限时,触点式液位信号器向计算机监控系统发送开关量信号,计算机监控系统会发出语音信号提醒运行人员进行溢油箱排油操作。

现代水电厂机组轴承一般都有测量轴瓦温度的数显式温度信号器(数字量显示,模拟量发信),当轴瓦温度高于60℃时,数显式温度信号器向计算机监控系统发送开关量信号,计算机监控系统会发出语音报警信号;当轴瓦温度高于70℃时,数显式温度信号器向计算机监控系统发送开关量信号,计算机监控系统会控制机组进行事故停机。数显式温度信号器不但可数字化显示温度,还向计算机监控系统发送供上位机显示温度用的 0~5V 或 4~20mA 的标准电模拟量信号,该模拟量信号在计算机输入端需要进行 A-D 转换。有的数显式温度信号器只有一路标准电模拟量信号输出,没有开关量信号输出,这时只需在计算机操作程序中设置响应的动作温度定值,同样可以起到开关量信号的作用。

3.3 水电厂气系统

3.3.1 水电厂气系统的组成和用途

水电厂气系统的主要组成设备有气泵(空气压缩机)、气水分离器、储气桶、用气用户、连接管路、控制阀门、电磁空气阀和压力信号器等。正常运行中,气系统的气泵起停比较频繁,压力容器的危险性较大,因此气系统的自动化程度一般较高。

气系统又分低压气系统和高压气系统两大部分。低压气系统的最高气压为 0.7MPa,高压气系统的最高气压目前用得最多的为 2.5MPa。

1. 低压气系统的用途

中小型水电厂低压气系统的用户主要有制动用气、调相压水用气、空气围带用气和风动工具用气等,其中空气围带用气和风动工具用气量较少,不设专门储气罐,只在低压供气管路上用管接头连接即可。水电站厂内低压气系统如图 3-17 所示。

(1) 制动用气 机组停机、导叶关闭后,由于转动系统的惯性使得机组转速在较长时间内缓慢下降,过低的转速将使轴瓦摩擦面的油膜遭到破坏成为干摩擦,造成烧瓦事故。因此在机组停机过程中,当转速下降到额定转速的 25%~35% 时,必须投入制动,使机组转速很快下降到零。现代水电厂机组有机械制动、电气制动(将三相定子绕组短路)和机电混合制动三种制动方法,中小型水电厂普遍采用压缩空气的风闸机械制动。

悬吊式发电机的机组制动器装于发电机下机架上,一般有四个制动器并联工作;卧式机组制动器在飞轮两侧，一般为两个并联工作。

机组正常运行时，由转速继电器控制电磁空气阀进行自动制动。当自动装置失灵时，采用手动制动。

机组自动制动情况如下：机组正常运行时，阀 13、14、15、16、19 为打开状态，三通阀 24 处于制动位置，阀 17、18、20、21、25 处于关闭状态。当机组停机时，机组与系统解列，导叶关闭，转速开始下降，下降至额定转速的 30% ~ 35% 时，转速继电器控制电磁空气阀 A 动作，压缩空气进入制动器，机组制动。转速到零后，电磁空气阀 A 自动复归，制动完毕。制动闸内气体经 A 排出，电触点压力表 I 压力下降至零，电磁阀 B 动作，压缩空气进入制动器上腔，制动器复位，复位后气体经 B 排出，关闭进气管，压力表 II 压力降至零。

机组手动制动过程如下：

手动制动：关闭阀 15、16，打开阀 14、17、21 压缩空气进入制动器制动，制动完毕后关闭阀 17、21。制动复位：关闭阀 13、19、21，打开阀 18、20 压缩空气进入制动器上腔，制动器复位，复位后关闭阀 18、20。

立式机组制动器除用于制动外，还用于顶转子，其制动阀有通入压缩空气制动和通入液压油顶转子两种工作状态。

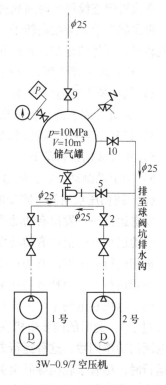

图 3-17　水电站厂内低压气系统

其供气、供油系统如图 3-18 所示，三通阀 24 起切换作用，平时与压缩空气管道连通，顶转子时切换为油路。因为顶转子是用 10MPa 的液压油，所以三通阀 24 应是高压阀门。

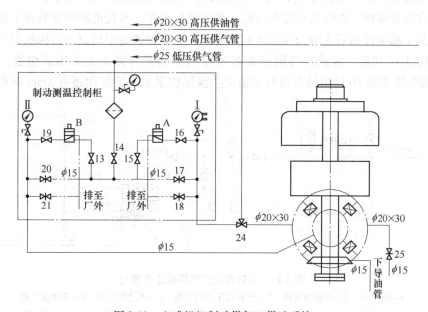

图 3-18　立式机组制动供气、供油系统

立式机组连续停机时间超过规定值（一般为72h）时，推力轴承的油膜可能被静压力破坏，再次起动前必须抬高转子，让油流入镜板与推力瓦之间重新建立油膜。开机前需顶起发电机转子，再排油复归，其操作过程为：

1）检查调速器位置，应在全关，锁定投入。

2）制动架上三通阀24换至"顶转子"位置，即高压油口接通制动闸。

3）电动（或手动）操作高压油泵至额定压力，顶起转子4～6mm，保持2～3min。

4）打开制动闸的排油阀25排油，转子落下。

5）检查风闸是否落下，三通阀24切回"制动"位置。

6）用手动制动方式，通过压缩空气吹扫制动闸管路，清除积油，关闭排油阀25。

（2）调相压水用气　同步电机是可逆的，其运行工况为：

发电运行——发出有功功率、发出无功功率。

电动运行——消耗有功功率、吸收无功功率。

进相运行——发出有功功率、吸收无功功率（欠励）。

调相运行——消耗有功功率、发出无功功率（过励）。

同步电机在电网中作为同步电动机运行时，如果再将转子励磁电流调到大于正常励磁电流（过励），此时的同步电机在电网中消耗少量的有功功率，发出大量的无功功率，可以提高电网的功率因数，这种运行方式称调相运行。根据电网要求，水电厂有时需调相运行。调相运行时，尽管水轮机导叶全关，但是转轮仍泡在水中，转轮在同步电机的带动下旋转的阻力较大，消耗的有功功率较大，因此有必要用压缩空气从顶盖上向转轮室充气压水，使转轮脱离水面在空气中旋转，从而减小机组转动系统的阻力，减小有功功率的消耗（下降达90%）。

（3）空气围带用气　蝶阀采用橡胶空气围带止水密封时，在蝶阀全关后需向空气围带充气，减小蝶阀关闭后的漏水量，当然在蝶阀打开前，还需先将空气围带中的压缩空气放掉，才允许打开蝶阀。在吸出高度负值较大的立式机组中，水轮机转轮安装在下游水位以下较深处。为了减少停机后主轴与顶盖之间的漏水，在主轴密封中增设一道橡胶空气围带止水密封，如图3-19所示，橡胶空气围带8被密封座7和密封盖6上下压紧包围，只有橡胶"凸"形部分沿主轴10的半径方向与主轴法兰盘保护罩9外圆柱面还有1mm间隙。当机组

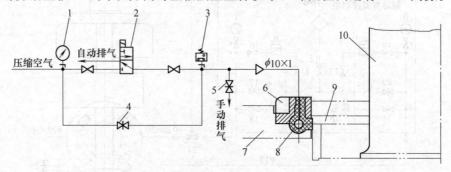

图3-19　主轴橡胶空气围带止水密封

1—压力表　2—电磁空气阀　3—触点式压力信号器　4—手动供气阀　5—手动放气阀

6—密封盖　7—密封座　8—橡胶空气围带　9—主轴法兰盘保护罩　10—水轮机主轴

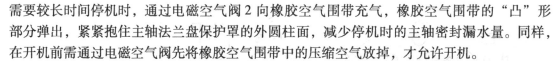

需要较长时间停机时，通过电磁空气阀 2 向橡胶空气围带充气，橡胶空气围带的"凸"形部分弹出，紧紧抱住主轴法兰盘保护罩的外圆柱面，减少停机时的主轴密封漏水量。同样，在开机前需通过电磁空气阀先将橡胶空气围带中的压缩空气放掉，才允许开机。

（4）风动工具用气　水电厂常采用以压缩空气作为动力的风动砂轮、风铲等风动工具，使用安全方便。以压缩空气作为气源的吹扫头可以吹灰尘和反冲技术供水取水口的堵塞物。

2. 高压气系统的用途

水电厂高压气系统的用户有主阀油压装置的液压油箱和大中型调速器油压装置的液压油箱。为了保证机组安全可靠运行，液压油箱必须保持 1/3 容积的油、2/3 容积的气。

如果液压油箱内全部是油没有气，由于油的压缩性极小，液压泵在将液压油箱的压力打到压力上限停泵后，液压设备一用油，液压油箱的压力立刻从压力上限下降到压力下限，造成液压泵不得不连续工作，此时液压油箱失去存在的意义，变成液压泵直接向液压设备供液压油。液压泵直接向液压设备供液压油的可靠性是极差的，因为液压泵及电动机一旦出现故障，液压系统就立即瘫痪，这对机组运行的安全性极为不利，特别是对水轮机调节系统来讲，液压油作为调节控制水轮机运行的动力源，它不可靠将引起机组运行的不可靠，所以液压油箱必须保持合适的油气比例。

在液压设备用油时，随着液压油箱内的油位下降，空气膨胀，保持液压油箱的压力下降比较平稳，液压泵可以间隔工作。如果液压泵及电动机发生故障，液压油箱的压力下降到设定的事故低油压时，机组的保护装置会自动作用于紧急停机，液压油箱中剩余的压力和油量还能保证机组停机操作的需要，从而保证了机组安全可靠运行。从操作能源的角度看，在同样的压力下，压缩空气所储存的压缩能要比液压油所储存的压缩能大得多。

由于液压油箱中的空气会不断溶解到油中，随液压油带出液压油箱，使得液压油箱内的空气不断减少，因此在运行中，经常要根据液压油箱的实际油气比例，及时对液压油箱进行补气。

小型调速器自带自动补气阀，能自动对液压油箱进行补气，保持合适的油气比例，不需要设置高压气系统。

现代大中型水电厂的液压油箱采用充氮气的储能橡胶气囊产生压缩空气的弹性作用，氮气与油不直接接触，从而取消了高压气系统。这类液压油箱的压力高达 16MPa。

3.3.2　水电厂气系统原理

1. 立式机组水电厂气系统

图 3-20 为某立式机组水电厂的气系统原理图。该水电厂有 5 台混流式水轮发电机组，工作水头较低，采用混凝土蜗壳引水室，所以不设主阀，水轮机检修时关闭上游进口闸门。位于水轮机层的空压机室内有两台高压空压机 1、两台低压空压机 13 和 5 只储气罐。

两台高压空压机互为备用向高压储气罐 1QG 供气，高压气系统的用气用户为调速器液压油箱的首次充气和运行中的补气，由于该调速器为大中型调速器，所以液压油箱的补气采用高压储气罐供气。

两台低压空压机互为备用向三只并联的低压储气罐 2QG、3QG、4QG 供气，低压气系统的用气用户有机组制动用气、机组调相运行压水用气和水轮机层、发电机层的吹扫头用气，其中储气罐 2QG 为制动专用储气罐。

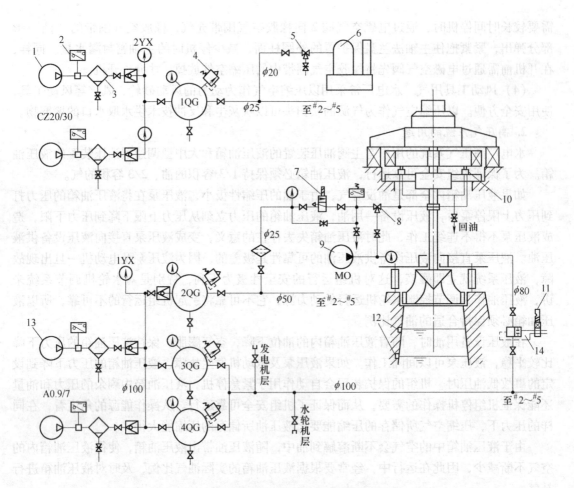

图 3-20　立式机组水电厂气系统原理图

1—高压空压机　2—触点式温度信号器　3—气水分离器　4—安全阀　5—三通补气阀
6—调速器液压油箱　7—制动电磁空气阀　8—三通阀　9—手摇或电动液压泵　10—制动风闸
11—调相压水电磁配压阀　12—水位信号器　13—低压空压机　14—液动空气阀

立式机组停机时间较长时，在机组起动前必须顶转子，否则对于长时间静止负重的机组，推力轴承的推力瓦瓦面润滑油已被挤干，直接起动机组的话，推力瓦由于短时间的干摩擦容易烧瓦。顶转子时，将三通阀 8 顺时针方向转 90°，利用气系统的气管和制动风闸 10 及手摇或电动液压泵 9，将液压油注入风闸活塞的下腔（制动时通压缩空气），在液压油的作用下 4 个制动风闸一起上移顶起整个机组转动系统，使推力瓦面充分接触润滑油，保持 2min 后放油，风闸复归，再将三通阀向逆时针方向回转 90°。

2. 卧式机组水电厂气系统

卧式机组水电厂的单机容量一般比较小，采用有自动补气阀的中小型调速器，因此不需要设置高压气系统。卧式机组一般不要求调相运行。如果要求调相运行，由于转轮位于下游水位以上，所以不需要压水充气。由于转轮位于下游水位以上，所以不需设置主轴空气围带密封，因此卧式机组的水电厂只有很简单的低压气系统，即两台低压空压机和一只低压储气罐。用气用户最多只有三个：机组制动用气、蝶阀空气围带用气和吹扫头用气。

3.3.3　气系统中的自动化元件

立式机组水电厂气系统原理图如图 3-20 所示，水电厂的空压机运行全是自动控制运行，现代水电厂高压储气罐和低压储气罐上一般各有一只数显式压力信号器 YX。当储气罐压力下降到压力下限时，数显式压力信号器向计算机监控系统发送开关量信号，计算机监控系统再向工作空压机送出开关量信号，工作空压机起动；如果储气罐压力继续下降到故障低气压，数显式压力信号器向计算机监控系统再发送开关量信号，则计算机监控系统向备用空压机送出开关量信号，备用空压机投入，同时语音报警。当储气罐压力上升到压力上限时，数显式压力信号器向计算机监控系统发送开关量信号，计算机监控系统向工作空压机送出开关量信号，工作空压机停止。如果工作空压机该停不停造成储气罐压力过高时，数显式压力信号器向计算机监控系统发送开关量信号，计算机监控系统语音报警。由于储气罐属于易爆的危险压力容器，所以在每一只储气罐上还装有安全阀 4 作为最后一道机械后备保护，当储气罐压力高于整定值时，安全阀会自动打开放气。数显式压力信号器不但可数字显示压力，还向计算机监控系统发送供上位机显示储气罐压力用的 0～5V 或 4～20mA 的标准电模拟量信号，该模拟量信号在计算机输入端需要进行 A－D 转换。有的数显式压力信号器只有一路标准电模拟量信号输出，没有开关量信号输出，这时只需在计算机操作程序中设置响应的动作压力定值，同样可以起到开关量信号的作用。

每一台空压机的出口设有监测空压机汽缸温度的触点式温度信号器 2，当空压机汽缸温度过高时，向计算机监控系统发送开关量信号，计算机监控系统进行语音报警。

由高压储气罐向调速器液压油箱 6 供气的三通补气阀 5，在中小型水电厂中一般都由运行人员在巡检时手动补气。当调速器液压油箱的空气太多时，将三通阀沿顺时针方向转 90°可以放气。

停机过程中，当机组转速下降到额定转速的 30% 左右时，机组的数显式转速信号器向计算机监控系统发送开关量信号，计算机监控系统再向制动电磁空气阀 7 发送开关量信号，制动电磁空气阀动作使风闸下腔接通压缩空气，操作制动风闸 10 投入制动，5min 后制动电磁空气阀复归，风闸下腔重新接通排气，制动风闸下落复归。风闸位置行程触点向计算机监控系统发送反映风闸位置的开关量信号。有些气系统还设有强迫风闸复归的电磁空气阀，接风闸的上腔。

机组的数显式频率信号器不但可数字化显示机组频率，还可向计算机监控系统发送供显示机组频率用的标准模拟量信号以及 95% 额定转速投入励磁的开关量信号、115% 额定转速机组过速事故停机的开关量信号和 140% 额定转速机组紧急停机的开关量信号。机组还设有与发电机主轴同轴转动的触点式机械转速信号器，作为机组防飞逸的最后一道后备保护，当机组转速过速到 150% 额定转速时，机械转速信号器向计算机监控系统发送开关量信号，计算机监控系统操作机组紧急停机。

机组调相运行时，尾水管壁面上的两只水位信号器 12 向计算机监控系统发送反映水位的开关量信号，然后计算机监控系统再向调相压水电磁配压阀 11 发送开关量信号，调相压水电磁配压阀切换液压油和排油的回路，操作液动空气阀 14 动作，开始充气压水或停止充气压水，保证转轮在空气中旋转。

图 3-21 为蝶阀橡胶空气围带供气原理图。在采用橡胶空气围带密封的蝶阀打开和关闭

操作中，计算机监控系统根据蝶阀打开或关闭的操作程序向电磁空气阀 3 发送开关量信号，作用于电磁空气阀充气投入密封或放气退出密封。图中触点式压力信号器 2 用来监视空气围带是否完成放气退出密封，如果空气围带仍有气压，表明没有完成放气，则触点式压力信号器向计算机监控系统发送开关量信号，要求不允许开蝶阀。

在图 3-19 所示的主轴橡胶空气围带密封及供气示意图中，采用橡胶空气围带密封作为水轮机主轴检修密封的机组停机后，计算机监控系统向电磁空气阀 2 发送开关量信号，作用于电磁空气阀向橡胶空气围带 8 充气，开机前，计算机监控系统向电磁空气阀发送开关量信号，作用于电磁空气阀将橡胶空气

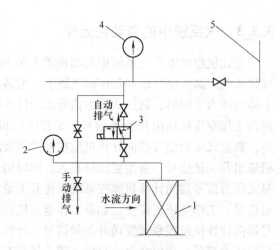

图 3-21　蝶阀橡胶空气围带供气原理图
1—蝶阀　2—触点式压力信号器　3—电磁空气阀
4—压力表　5—低压供气干管

围带内的压缩空气排入大气。如果空气围带仍有气压，表明没有完成放气，则触点式压力信号器 3 向计算机监控系统发送开关量信号，要求不允许开机。

3.4　水电厂水系统

3.4.1　水电厂水系统的组成和用途

水电厂水系统的主要组成设备有水泵、滤水器、用水用户、连接管路、控制阀门、电磁液压阀、压力信号器和示流信号器等。水系统分为供水系统和排水系统。供水系统又分为技术供水、消防供水和生活供水三部分，但供水系统的主要任务是技术供水。排水系统又分为渗漏排水和检修排水两部分。

1. 技术供水的用户

机组一旦起动，在正常运行中，技术供水的操作比较少，但是只要机组没有停止转动，就不允许中断供水，因此对技术供水的水压、水流监测比较重要。

中小型水电厂的技术供水系统的用户主要有机组轴承油冷却器用水、发电机空气冷却器用水、水冷式空压机用水和橡胶轴承冷却润滑用水。

1）机组轴承油冷却器用水。机组在运行中，润滑油一面润滑轴承摩擦面，一面冷却轴承摩擦面将摩擦产生的热量带走，因此油温不断上升，造成润滑油对轴承摩擦面的冷却效果下降，严重时会发生烧瓦事故，所以在运行中有必要对润滑油进行冷却。最常用的冷却方法是将许多并列的铜管（管排）泡在轴承的油箱中，铜管内通冷却水，水冷却铜管，铜管冷却润滑油，润滑油再冷却轴承摩擦面。进入并列铜管管内的是冷水，流出并列铜管的是热水。对于有些功率较大的机组，冷却水通入轴瓦体内，冷却水直接冷却轴瓦，冷却效果更好。

2）发电机空气冷却器用水。发电机在运行中，由于线圈导线电阻产生的铜损和定子铁

心在交变磁场中产生的铁损全都转换成热量，如果这些热量得不到及时排除，将造成发电机线圈温度上升，绝缘强度下降，严重时可能导致线圈绝缘击穿。有的发电机由于线圈温度过高，不得不限制机组出力，所以有必要对运行中的发电机进行冷却。

现代发电机的冷却方法有密闭循环空气冷却、双水内冷冷却（定子、转子线圈空心导线内通冷却水）和氟利昂蒸发冷却三种。在中小型发电机中，对容量较小的发电机采用开敞式自然空气冷却；对容量较大的发电机采用最普遍的是密闭循环空气冷却，即将发电机密闭在一个特定的空间中（例如立式发电机密闭在发电机层的机坑内），发电机转子上装有风叶，当转子转动时，风叶的电扇效应强迫空气在密闭空间内沿特定路径循环流动，并穿过发电机定子铁心中的风沟，在空气循环流动的必经之路上布置若干个（卧式发电机 2 个、立式发电机 4~6 个）空气冷却器。空气冷却器由许多并列的铜管（管排）组成，铜管内通冷却水，冷却水冷却铜管，铜管冷却空气，空气再冷却发电机线圈和铁心。进入并列铜管内的是冷水，流出并列铜管的是热水。

3）水冷式空压机用水。空压机在运行中由于空气的压缩和汽缸活塞的摩擦将产生上百摄氏度的温度，如果对汽缸不采取冷却措施将造成汽缸与活塞卡死事故。空压机的冷却方法有风冷和水冷两种，水电厂由于取水方便，常采用水冷式空压机，冷却水通入缸体内浇铸时形成的流道中，冷却水直接冷却缸体，冷却效果较好。

4）橡胶轴承冷却润滑用水。立式轴流式水轮机的水导轴承位置比较低，如果水轮机主轴密封性能不好的话，水导轴承很容易进水，采用以水作为润滑剂和冷却剂的橡胶轴承能解决水导轴承怕进水的问题。水润滑的橡胶轴承对供水的水质要求很高，如果使用含泥沙和油污的水，会使主轴表面划伤和橡胶老化。其对供水的可靠性要求相当高，在机组没有停止转动之前，绝对不允许断水，否则橡胶会立即过热烧瓦。因此，必须设置两个相互独立的供水水源。与油润滑的金属瓦轴承比较，橡胶轴承存在受供水的外界因素影响较大和运行可靠性较差的缺点，随着现代水轮机制造技术的提高，采用橡胶轴承的机组越来越少。

所有技术供水用过的热水全都靠自流排入尾水或下游。

2. 渗漏排水的排水对象

渗漏排水的排水对象主要有机组主轴密封渗漏水，导叶轴渗漏水，主阀转轴渗漏水，厂房水下部分渗漏水，厂房内生活、生产污水等靠自流无法流到下游的低能水，全都自流汇入厂房最低处的集水井中，由两台渗漏排水泵轮流工作将集水井中的水排入下游。渗漏排水泵由计算机监控系统全自动控制。

3. 检修排水的对象

一般立式水轮机的流道有一部分淹没在下游水位以下，甚至主阀和部分压力钢管也位于下游水位以下。机组检修时，这部分靠自流无法排走的积水，需用检修排水泵排入下游。排水步骤为先关上游闸门，打开下游闸门、导叶和主阀，将能靠自流排走的水先自流排走。再关闭下游闸门，用检修排水泵将水轮机流道内靠自流无法排走的积水排入下游。检修排水的工作机会较少，因此检修排水泵一般由人工手动操作。

3.4.2　技术供水的水源和供水方式

1. 技术供水的水源

水电站技术供水的水源通常为电站所在的河流或水库，从上游或下游取水，只有在河水不能满足用水设备的要求时，才考虑其他水源。

（1）上游取水　上游取水通常有两种方式。

1）坝前取水。因坝前水库水量丰富，取水设备简单且可靠，即使机组的进水阀门关闭或某一取水口堵塞，供水也不会中断。特别是库大水深的电站，除洪水季节外，水中含沙量及悬浮物都较少，易于满足用水设备对水质的要求。同时在一定水深下，水温低、温度变化小，可以提高冷却效果。坝前取水口设置除考虑水温、水深外，还要考虑水中泥沙含量，一般在不同高程和不同平面位置

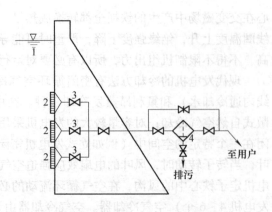

图 3-22　坝前取水示意图
1—上游水库　2—取水口　3—取水口选择阀门
4—滤水器

上布置几个取水口，夏季水温较高时可取深层水，有助于提高冷却效果，在洪水期可取表层水，有助于减少水中含沙量。坝前取水示意图如图 3-22 所示。

2）压力钢管或蜗壳取水。取水口设置在压力钢管或蜗壳的侧壁上，每台机组一个。为了防止取水口被悬浮物堵塞和泥沙沉积，取水口应布置在两侧 45°方向，如图 3-23 所示。

如将取水口布置在管道顶部，运行时有可能被水中悬浮物堵塞；而布置在管道底部，又可能沉积泥沙。

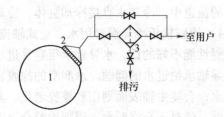

图 3-23　压力钢管或蜗壳取水示意图
1—压力钢管　2—取水口　3—滤水器

此种取水方式的优点是引水管道短，投资较为节省，管道阀门可集中布置，便于操作。缺点是当压力钢管或蜗壳检修时无水源。

（2）下游取水　当上游水库形成的水头过高或过低时，可用下游尾水作水源，通过水泵将水送至各用水部位。

低水头时，从上游取水不能满足水压要求；水头很高时，用上游高压水不经济且容易使设备受载过大。此时可采用下游取水方式，用水泵抽水供给各种设备，如图 3-24 所示。

自下游尾水取水时，要注意取水口不要设置在机组冷却水排水口附近，以免水温过高，影响机组冷却效果。同时，要注意机组

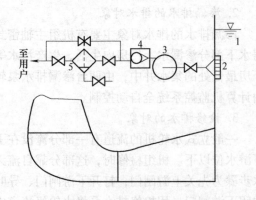

图 3-24　下游取水示意图
1—下游尾水　2—取水口　3—供水泵
4—止回阀　5—滤水器

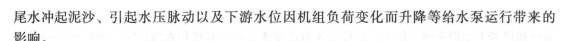

尾水冲起泥沙、引起水压脉动以及下游水位因机组负荷变化而升降等给水泵运行带来的影响。

从下游尾水取水还应考虑在电站安装或检修后，首次投入运行时，供机组起动用水。

（3）地下水源　电站附近有可利用的支流或地下水源时，在水量和水质能满足要求的条件下，可用来作为技术供水水源，特别是用于水轮机导轴承的润滑用水。

采用地下水源时，一般必须由水泵抽取，因而投资和运行费用较高。有些电站附近的地下水具有一定压力，可以自流，具有较高经济实用性。

2. 技术供水的供水方式

水电站技术供水方式因电站水头范围不同而不同，常用的供水方式有三种。

（1）自流供水　自流供水系统的水压是由电站自然水头来保证的，水头为 20～80m 的水电站，当水质、水温均符合要求或者水质能经过简单净化达到要求时，一般都采用从上游取水的自流供水方式。

当电站水头高于 80m 时，为保证用水设备安全，必须有可靠的减压措施。可以在取水口后面装设减压阀降低供水压力，在降压不够时，也可以采用截止阀调节供水压力。无论哪一种方法降压，都应当在减压阀的前后设置压力表，以监视水压下降情况。

水头低于 20m 时，自流供水水压不足；水头高于 80m 时，自流供水会遇到减压阀工作不稳定问题，从而大大浪费水能。这两种均不适宜采用自流供水。

（2）水泵供水　一般来说，水头高于 120m 或低于 20m 时，要采用水泵供水方式。高水头电站一般从下游抽水；低水头电站根据实际情况，可以从下游抽水，也可以从上游抽水。水压、水量均由水泵保证。

采用地下水源时，若水压不足，亦用水泵供水。

水泵供水布置上较灵活，但设备投资大，运行费用高，供水可靠性差，失去电源时不能供水。

（3）混合供水　水电站最大水头大于 20m，而最低水头又不能满足自流供水水压要求时，或电站最低水头低于 80m，而最高水头采用减压供水又不经济时，采用自流和水泵混合供水。

3.4.3　水电厂技术供水系统原理

1. 立式机组水电厂技术供水系统

图 3-25 为某立式机组水电厂技术供水系统原理图。该水电厂有 4 台混流式水轮发电机组，技术供水的用户中没有发电机空气冷却器用水和橡胶轴承冷却润滑用水。技术供水的水源取自其中两台水轮机的压力钢管，两个钢管取水口 1 互为备用保证供水的可靠性。从压力钢管流出的水经滤水器 3 过滤后送到全厂技术供水干管，从技术供水干管经每台机组的技术供水液动阀 4 向本机组提供技术供水。

技术供水液动阀的打开或关闭受电磁配压阀 5 输出的油压操作，经技术供水液动阀出来的技术供水一路送上导轴承油冷却器 9，冷却轴承后自流排入下游；另一路送水导轴承油冷却器 10，冷却轴承后自流排入下游。从技术供水干管上还取水送空压机室，供水冷式空压机的冷却用水，冷却空压机汽缸后的水自流排入下游。

该水电厂的消防供水专设了一台消防供水泵 15，再从技术供水干管上取水作为消防供水的后备水源，保证消防供水的供水可靠性。消防供水的用户有发电机消火环管 11 用水和发电机层若干个消火栓 7 用水。活接头 8 是需要灭火时用来接用水用户的。消防供水的操作全部为手动操作。

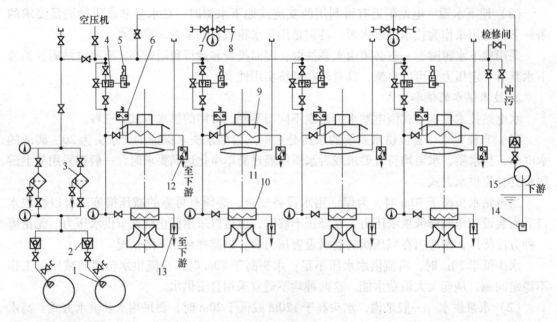

图 3-25 某立式机组水电厂技术供水系统原理图

1—钢管取水口 2—逆止阀 3—滤水器 4—技术供水液动阀 5—电磁配压阀 6—触点式压力信号器
7—消火栓 8—活接头 9—上导轴承油冷却器 10—水导轴承油冷却器 11—发电机消火环管
12—触点式示流信号器 13—示流器 14—水泵吸水底阀 15—消防供水泵

2. 卧式机组水电厂技术供水系统

卧式机组水电厂的所有机电设备全在同一厂房平面上。因为厂房地面上布有若干个消火栓，所以卧式机组的发电机灭火不设消火环。取自蜗壳进口处的技术供水取水口与用水用户和排水口三者相距很近，使得技术供水系统管路又短又简单。

3.4.4 水系统中的自动化元件

如图 3-25 所示，机组开机前，计算机监控系统向技术供水电磁配压阀 5 发送开关量信号，电磁配压阀切换液压油和排油的回路，操作技术供水液动阀 4 打开，技术供水投入；机组停机后，计算机监控系统向电磁配压阀发送开关量信号，电磁配压阀切换液压油和排油的回路，操作技术供水液动阀关闭，技术供水退出。

一般每一只轴承油冷却器和发电机空气冷却器的进水口都设有触点式压力信号器 6，出水口设有触点式示流信号器 12，当供水水压消失或水流中断时，向计算机监控系统发送开关量信号，计算机监控系统进行语音报警。每一只空气冷却器的进风口和出风口设有数显式温度信号器，数显式温度信号器表面数字化显示空气冷却器的进出口风温，监视发电机冷却空气的温度。在相隔 120° 的发电机定子嵌线槽底部埋有三只铂金电阻式传感器，通过相应的数显式温度信号器监视发电机铁心温度；在相隔 120° 的定子线圈绕组层间埋有三只铂金电阻式传感器，通过相应的数显式温度信号器监视发电机定子线圈温度。当供水水压消失或水流中断时，是否事故停机由轴承温度信号器或发电机温度信号器的整定值决定。

　　集水井中设有触点式水位信号器，当集水井水位上升到上限水位时，向计算机监控系统发送开关量信号，计算机监控系统再向工作排水泵发出开关量信号，工作排水泵起动将集水井中的水排入下游；若工作排水泵起动后集水井水位继续上升，则触点式水位信号器再向计算机监控系统发送开关量信号，计算机监控系统向备用排水泵发送开关量信号，备用排水泵起动排水，同时计算机监控系统发语音报警。当集水井水位下降到下限水位时，触点式水位信号器向计算机监控系统发送开关量信号，计算机监控系统向排水泵发出开关量信号，排水泵停止工作。现代水电厂集水井的水位信号器多采用压容传感数显式水位信号器，不但可数字化显示集水井水位，还可向计算机监控系统发送供上位机显示集水井水位用的 0～5V 或 4～20mA 的标准电模拟量信号，该模拟量信号在计算机输入端需要进行 A-D 转换。有的数显式水位信号器只有一路标准电模拟量信号输出，没有开关量信号输出，这时只需在计算机操作程序中设置响应的动作水位定值，同样可以起到开关量信号的作用。

复习与思考题

3-1　水轮机主阀的类型和作用是什么？

3-2　水轮机主阀的开关条件是什么？

3-3　油系统由哪几部分组成？油系统的任务是什么？

3-4　油的主要质量指标有哪些？

3-5　油劣化的主要影响因素有哪些？油劣化后对运行有何影响？

3-6　水电厂气系统的用途是什么？它由哪几部分组成？

3-7　水系统的分类有哪些？技术供水的对象是哪些？

3-8　水电站的排水系统如何划分？各有何特点？

3-9　技术供水常见的取水方式有哪些？有何优缺点？

第 **4** 章

水轮机调节和水轮发电机组运行

教学目标

---
1. 掌握水轮机调节任务和原理。
2. 了解水轮机调速器的分类和结构组成。
3. 了解调速器的基本工作原理。
4. 了解水轮发电机组的操作步骤。
5. 了解水电厂计算机监控。

4.1 水轮机调节概述

水轮发电机组是将水能转化为机械能，再由机械能转化为电能的设备。水电站的产品是电，用户在用电的过程中会对产品的质量提出要求，要求供电安全可靠、电能的频率和电压保持一定范围内的稳定。

发电机组的运行有单机运行和并网运行两种形式，无论以什么形式运行，都会出现在负荷减小时，机组转速上升；在负荷增加时，机组转速下降。机组转速的变化将引起发电机输出交流电的频率变化，较大的频率波动将对用户产生不利影响，因此国家对正常运行的发电机频率波动有严格的规定。水轮发电机的频率是由水轮机的转速决定的，因此在运行中必须对水轮机转速进行调节。

4.1.1 水轮机调节任务

电能作为发电厂的一种产品，它的两项质量指标为**频率**和**电压**。国家对发电机供电频率有严格的要求，规定大电网的频率波动：$f = 50\text{Hz} \pm 0.2\text{Hz}$；小电网的频率波动：$f = 50\text{ Hz} \pm 0.5\text{Hz}$。而发电机输出交流电的频率（Hz）为

$$f = \frac{np}{60} \tag{4-1}$$

式中，p 为磁极对数；n 为机组转速（r/min）。

已投入运行的发电机磁极对数 p 为定值，因此只要保证机组转速 n 不变，也就保证了发

电机输出交流电的频率 f 不变。

　　水轮机调节的任务是根据机组所带的负荷及时调节进入水轮机的水流量,使输入水轮机的水流功率与发电机的输出电功率保持一致,保证机组的转速不变或在规定的范围内变化。

4.1.2　水轮机调节原理

　　图 4-1 为水轮机调节系统的原理框图。水库通过压力管道将水头为 H、流量为 Q 的水提供给水轮机,使水轮机产生水动力矩 M_t,作用于机组转动系统,带动发电机转子磁场以转速 n 旋转,切割定子线圈产生感应电动势。发电机定子以电压 u、电流 i 的形式向用户提供电能,用户在接受电能的同时,反过来负载电流 i 又在发电机定子中产生与转子磁场同步的定子旋转磁场,以电磁阻力矩 M_g 的形式作用于机组转动系统,电磁阻力矩 M_g 的大小正比于负载电流 i。从能量守恒的角度来看,水轮机为维持机组转速 n 不变,保持发电机输出频率 f 恒定,水动力矩 M_t 必须克服电磁阻力矩 M_g 做功,从而将水能转换成电能。

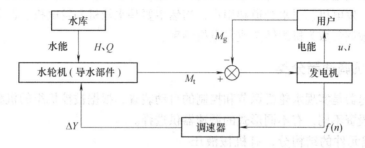

图 4-1　水轮机调节系统的原理框图

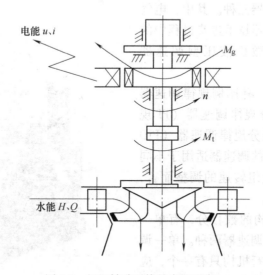

图 4-2　机组转动系统的力矩平衡

　　机组转动系统的力矩平衡如图 4-2 所示,电磁阻力矩 M_g 的大小随负载电流 i 的变化而随时变化,水动力矩 M_t 的大小正比于水流流量 Q,在忽略机组转动系统的摩擦阻力矩的条件下,机组转动系统的运动方程为

$$J \frac{\mathrm{d}\omega}{\mathrm{d}t} = M_t - M_g \tag{4-2}$$

式中，J 为机组转动系统的转动惯量（kg·m^2）；ω 为机组转动系统的旋转机械角速度（rad/s），$\omega = n\pi/30$，n 为机组转速（r/min）。

$M_t > M_g$ 时，$\dfrac{\mathrm{d}\omega}{\mathrm{d}t} > 0$，机组转速上升，发电机输出的交流电的频率上升。

$M_t < M_g$ 时，$\dfrac{\mathrm{d}\omega}{\mathrm{d}t} < 0$，机组转速下降，发电机输出的交流电的频率下降。

$M_t = M_g$ 时，$\dfrac{\mathrm{d}\omega}{\mathrm{d}t} = 0$，机组转速不变，发电机输出的交流电的频率不变。

水轮机调节的方法是调速器根据机组转速 n 或发电机频率 f 的变化，输出机械位移 ΔY 作用于水轮机导水机构，及时调节进入水轮机的水流量 Q，使水动力矩 M_t 随电磁阻力矩 M_g 的变化而变化，从而使机组转速不变或在规定的范围内变化。水轮机调节系统主要由水轮机、发电机和调速器组成。但是，压力管道的长度和管内水流的速度，发电机所带负荷的性质是电阻性的还是电感性的，都对水轮机的调节过程有影响。因此，水轮机调节系统的调节对象为水轮机、发电机、引水管道和用户，当然主要是水轮机和发电机。调节系统的调节装置为调速器，被调参数为机组转速或发电机频率。

4.1.3　水轮机调速器分类

水轮机调速器是实现水轮机调节和控制的自动装置，根据被控机组的机型不同、技术要求不同和电站投资不同，有不同形式的调速器供选择。

1）按构成元件的结构分，有机械液压型调速器（如图 4-3 所示）、电气液压型调速器和微机液压型调速器三种。其中，电气液压型调速器作为调速器技术进步过程中的中间性产品，很快被微机液压型调速器取代。

2）按调节规律分，有比例规律调速器（P 规律）、比例 - 积分规律调速器（PI 规律）和比例 - 积分 - 微分规律调速器（PID 规律）三种。三种规律的调速器适用于不同调节要求的场合，对机组转速的调整而言，PID 规律是最好的一种。

3）按输出执行机构的数目分，有单一调节调速器和双重调节调速器两种。单一调节调速器最后输出的执行机构只有一个，应用在混流式水轮机、轴流定桨式水轮机和贯流定桨式水轮机中；双重调节调速器最后输出的执行机构有两个，应用在轴流转桨式水轮机、贯流转桨式水轮机和斜流式水轮机中。

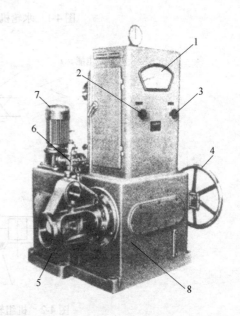

图 4-3　机械液压型调速器
1—指针式显示屏　2—开度限制调整旋钮
3—转速或出力调整旋钮　4—操作手轮　5—十字头滑块
6—自动补气阀　7—液压泵电动机　8—回油箱

4.1.4　水轮机调速器的结构组成

无论是机械液压型调速器、电气液压型调速器还是微机液压型调速器，最后的机械功率放大都是由油压操作的液压放大器担任。水轮机调速器结构原理框图如图 4-4 所示，由自动调节部分、操作部分和油压装置三部分组成。

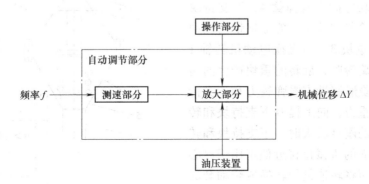

图 4-4　水轮机调速器结构原理框图

1. 自动调节部分

自动调节部分主要由测速部分和放大部分组成，完成对机组转速或发电机频率的测量和自动调节。放大部分的最后部分一般都采用放大倍数大、运行可靠平稳的液压放大器。

2. 操作部分

操作部分是人机对话的窗口，运行人员通过这些窗口对机组运行进行干涉。操作部分主要包括单机运行调转速的调整元件、并网运行调出力的调整元件和开停机操作元件，这是调速器必须具备的。

3. 油压装置

油压装置给液压放大器提供压力平稳、油量充足的液压油。主要由液压泵、液压油箱、补气阀和回油箱组成。要求液压油箱保持容积的 1/3 为油、2/3 为气，保证机组在全厂失电、液压泵故障等最不利条件下，仍能完成机组的停机操作，防止事故扩大。

4.2　水轮机调速器的工作原理

在机械液压型调速器中，转速的测量、调节和信号的反馈都采用机械的方法进行，对水轮机导水部件操作力的放大采用液压放大器。YT 型调速器是中小型水电厂应用最广泛的一种机械液压型调速器，本节以 YT 型调速器为例，介绍机械液压型调速器的工作原理。

4.2.1　离心摆

1. 离心摆的作用和原理

离心摆是机械液压型调速器用来测量转速的元件，其作用是将转速偏差信号转换成下支持块（转动套）的机械位移信号。

离心摆由安装在其顶上的交流电动机拖动，而交流电动机由与水轮发电机同轴转动的永磁发电机供电,因此离心摆的转速与水轮发电机组的转速成正比。当机组转速变化时,离心摆的转速也随之按比例发生变化,所以,离心摆的输入信号就是水轮发电机组的转速(频率)信号。

图4-5为离心摆结构原理图。柔性的菱形钢带7将上支持块2和下支持块5连为一体,上下支持块之间设有弹簧4,下支持块下方吊装了一个转动套6,菱形钢带两侧中部各装有一块重块3。当飞摆电动机转轴1带动上支持块旋转时,旋转的重块产生的离心力 F,通过菱形钢带克服弹簧力和下支持块、转动套的重力,向上提升下支持块和转动套;当弹簧的刚度较大时,下支持块和转动套在垂直方向的机械位移近似正比于离心摆的转速,从而将转速信号转换成转动套的机械位移。

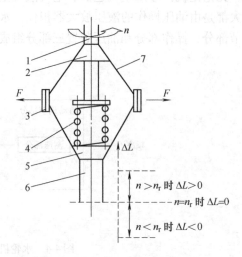

图4-5 离心摆结构原理图
1—飞摆电动机转轴 2—上支持块 3—重块
4—弹簧 5—下支持块 6—转动套 7—菱形钢带

由于我们需要测量的是转速偏差信号 Δn,所以令转速等于额定转速 n_r 时的转动套机械位移 $\Delta L = 0$,则转速大于额定转速 n_r 时,转动套上移,$\Delta L > 0$;转速 n 小于额定转速 n_r 时,转动套下移,$\Delta L < 0$。当弹簧的刚度较大时,离心摆的运动方程近似可表示为

$$\Delta L = K_f x \tag{4-3}$$

$$x = \frac{\Delta n}{n_0} \times 100\%$$

式中,ΔL 为转动套的位移量(mm);Δn 为转速的变化量(r/min);n_0 为机组额定转速(r/min);x 为转速变化量的相对值(%);K_f 为离心摆放大系数(mm/%)。

图4-6为离心摆静态特性曲线。输出机械位移 ΔL 的大小反映了输入转速偏差 Δn 的大小,输出机械位移 ΔL 的方向反映了输入转速偏差 Δn 的方向,从而成功地将转速偏差信号转换成机械位移信号。输出信号 ΔL 正比于输入信号 Δn,因此离心摆属于比例特性元件。

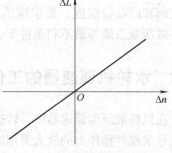

图4-6 离心摆静态特性曲线

2. YT 型调速器离心摆的主要参数

额定转速 $n_0 = 1450\text{r/min}$ 时,$\Delta L = 0$。

最高转速 $n_{max} = 1810\text{r/min}$ 时,$\Delta L = +7.5\text{mm}$。

最低转速 $n_{min} = 1090\text{r/min}$ 时,$\Delta L = -7.5\text{mm}$。

转动套最大位移 $\Delta L = \pm 7.5\text{mm}$。

离心摆放大系数 $K_f = 0.3\text{mm}/\%$ 。

离心摆输出机械位移 ΔL 的力很小，大概只有零点几牛，最大行程只有 15mm。**力与行程的乘积为功**，可见输出机械位移 ΔL 的功太小，不能用来直接操作水轮机导水部件，所以需对机械位移 ΔL 的力和行程进行放大。

4.2.2　液压放大器

液压放大器是一种由机械和液压装置组成的功率放大器，具有功率放大倍数大、运行平稳及无噪声和振动等优点。因为设有储能的液压油箱（或储能罐），在失电等最不利条件下还能将被控设备关闭停止运行，防止事故扩大。因此，在大功率的重要设备控制中，较多地采用液压放大器。

液压放大器的作用是对力和行程（功）进行放大，液压放大器的输入为机械位移信号，输出也是机械位移信号，所以又称**液压随动装置**。液压放大器由配压阀、接力器和反馈杠杆三部分组成。

1. 配压阀

它的作用是将机械位移信号转换成油压信号。配压阀有引导阀和主配压阀两种类型。

（1）引导阀　图 4-7 为引导阀工作原理图。由（转动）套和针塞组成，根据图示工作原理分析，套工作时只作上下移动，但是在 YT 型调速器中，由于套与离心摆的下支持块是连接在一起的，所以套在工作时，一边旋转一边上下移动，因此称为转动套。引导阀的结构特点是一根液压油管、一根信号油管和一根排油管。

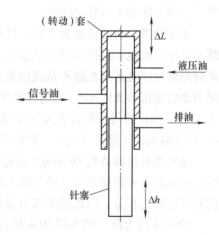

图 4-7　引导阀工作原理图

工作原理：转动套位移为 ΔL，针塞位移为 Δh，只有两者相对位移为零时，即 $\Delta L = \Delta h$ 时，信号油管才既不接液压油管也不接排油管，此时信号油管内的油压小于液压油管油压，大于排油管油压，定义此时的引导阀输出信号为零。转动套与针塞两者相对位移为零时，称转动套与针塞在相对中间位置。为分析方便，设针塞不动，$\Delta h = 0$，当输入机械位移 $\Delta L > 0$（上移）时，引导阀输出信号为排油信号；当输入机械位移 $\Delta L < 0$（下移）时，引导阀输出信号为液压油信号；当输入机械位移 $\Delta L = 0$ 时，引导阀输出信号为零。

输出油压信号的强弱（大小）反映了输入机械位移 ΔL 的大小，输出油压信号的极性（液压油或排油）反映了输入机械位移 ΔL 的方向，从而成功地将机械位移信号转换成油压信号，输出信号正比于输入信号，因此引导阀属于比例特性元件。

（2）主配压阀　图 4-8 为主配压阀工作原理图。主配压阀由活塞缸和活塞组成，活塞在缸内作上下移动。主配压阀的结构特点是一根液压油管、两根信号油管和两根排油管。

工作原理：活塞位移为 ΔS，只有活塞位移 ΔS 为零时，左右两根信号油管才同时既不接液压油管也不接排油管，此时信号油管内的油压小于液压油管油压，大于排油管油压，定义此时的主配压阀输出信号为零。活塞位移为零时，称主配压阀活塞在中间位置。当输入机械

位移 $\Delta S > 0$（上移）时，主配压阀输出信号为左信号
油管接液压油管，右信号油管接排油管；当输入机械
位移 $\Delta S < 0$（下移）时，主配压阀输出信号为左信号
油管接排油管，右信号油管接液压油管；当输入机械
位移 $\Delta S = 0$ 时，主配压阀输出信号为零。

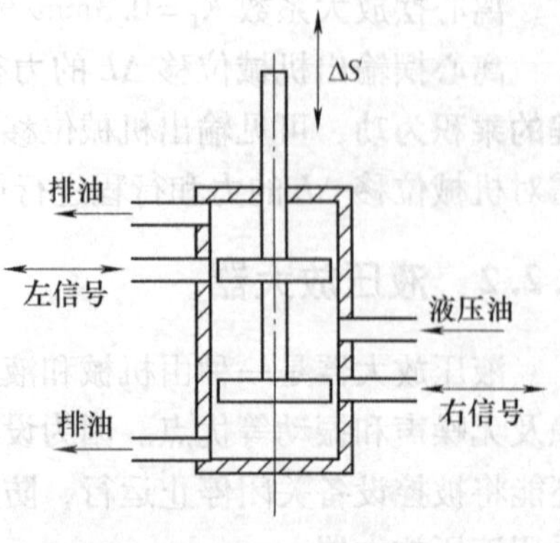

　　输出油压信号的强弱（大小）反映了输入机械位
移 ΔS 的大小，输出油压信号的极性（液压油或排油）
反映了输入机械位移 ΔS 的方向，从而成功地将机械
位移信号转换成油压信号。输出信号正比于输入信
号，因此主配压阀属于比例特性元件。

图 4-8　主配压阀工作原理图

　　2. 接力器

　　接力器的作用是将油压信号转换成机械位移。
接力器有辅助接力器（单向作用接力器）和主接力器（双向作用接力器）两种类型。

　　（1）辅助接力器　图 4-9 为辅助接力器工作原理图。辅助接力器由活塞缸和活塞组成，
活塞在缸内作上下移动，活塞下腔作用一个向上的恒力 F。辅助接力器的结构特点是有一根
信号油管，活塞单向作用油压。

　　工作原理：活塞位移为 ΔY_B，只有信号油管送来的油压信号为零时，即信号油管送来的
既不是液压油也不是排油时，活塞才会停止不动，否则活塞不是上升到顶就是下降到底。设
某时刻信号油管送来的既不是液压油也不是排油，活塞在某位置停止不动，定义此时的辅助
接力器活塞位移 $\Delta Y_B = 0$。当信号油管输入信号为排油信号时，辅助接力器输出活塞位移向
上，$\Delta Y_B > 0$；当信号油管输入信号为液压油信号时，辅助接力器输出活塞位移向下，$\Delta Y_B <
0$。只要输入油压信号不消失，辅助接力器活塞就会一直移动。

　　输出机械位移 ΔY_B 的方向反映输入油压信号的极性，输出机械位移 ΔY_B 的大小不但与
输入油压信号的强弱有关，还与输入油压信号作用的时间 t 成正比，即输出信号正比于输入
信号对时间的积分，因此辅助接力器属于积分特性元件。

　　（2）主接力器　图 4-10 为主接力器结构原理图。主接力器由活塞缸和活塞组成，活塞
在缸内作左右移动，主接力器的结构特点是两根信号油管，活塞双向作用油压。

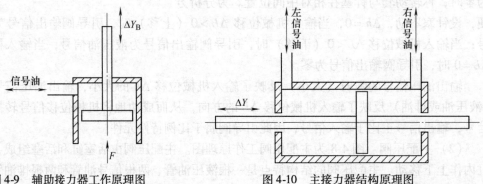

图 4-9　辅助接力器工作原理图　　　　图 4-10　主接力器结构原理图

　　工作原理：活塞位移为 ΔY，只有信号油管送来的油压信号为零时，即两根信号油管同
时送来的既不是液压油也不是排油时，活塞才会停止不动，否则活塞不是左移到底就是右移

到底。设某时刻两根信号油管同时送来的既不是液压油也不是排油，活塞在某位置停止不动，定义此时的主接力器活塞位移 $\Delta Y=0$。当左信号油管输入信号为排油信号，右信号油管输入信号为液压油信号时，主接力器输出活塞位移向左，$\Delta Y>0$；当左信号油管输入信号为液压油信号，右信号油管输入信号为排油信号时，主接力器输出活塞位移向右，$\Delta Y<0$。只要输入油压信号不消失，主接力器活塞就会一直移动。

输出机械位移 ΔY 的方向反映输入油压信号的极性，输出机械位移 ΔY 的大小不但与输入油压信号的强弱（大小）有关，还与输入油压信号作用的时间 t 成正比，即输出信号正比于输入信号对时间的积分，因此主接力器属于积分特性元件。

3. 负反馈

调速器中单有放大元件是无法稳定的，为了使调速器获得所需的调节规律并保持稳定，还需要反馈机构。发电机组使用的反馈类型是负反馈，其作用是将输出信号的一部分送回到输入端，抵消或削弱输入信号，使输出信号与输入信号之间具有一一对应的关系。

图 4-11 为利用杠杆产生负反馈的原理图。假设在液压放大器输入端给引导阀输入一个调节信号 ΔL，其结果是使得输出端的主接力器位移 ΔY 发生了位移，反馈杠杆的作用是将输出机械位移 ΔY 的一部分 Δh 送回到输入端引导阀的针塞，削弱并抵消输入调节信号 ΔL 所产生的影响，相当于将刚才送来的调节信号执行情况反馈到输入端。随着调节时间的进行，反馈信号 Δh 随输出信号 ΔY 的增大而增大，直到反馈信号 Δh 等于调节信号 ΔL，反馈信号完全抵消调节信号，主接力器活塞在新的位置重新稳定下来不再运动。由于 Δh 正比于 ΔY，所以 ΔY 正比于 ΔL，从而使得输出信号与输入信号之间具有一一对应的关系。调节信号从输入端传递到输出端，反馈信号从输出端传递到输入端。

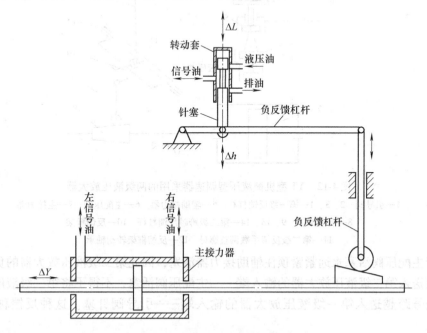

图 4-11　利用杠杆产生负反馈的原理图

用反馈输出量 Δh 与输入量 ΔY 的比值表示负反馈系数 α，则

$$\alpha = \frac{\Delta h}{\Delta Y} \qquad (4\text{-}4)$$

式中，α 为负反馈系数；ΔY 为反馈系统的输入量，即图中主接力器活塞的位移量（mm）；Δh 为反馈系统的输出量，即图中从主接力器引回到针塞的负反馈位移量（mm）。

4. YT 型机械液压型调速器采用的两级液压放大器

由于一级液压放大的功不够大，因此可采用两级液压放大。图 4-12 为一个两级串联的液压放大器，第一级由引导阀 1、辅助接力器 5 和反馈杠杆 2、3、4 组成，第 2 级由主配压阀 6、主接力器 7 和反馈杠杆 9、13、14 组成。主配压阀 6 采用上活塞盘直径大、下活塞盘直径小的差动活塞，工作时两活塞盘之间接液压油，液压油对上活塞作用一个向上的总油压，对下活塞作用一个向下的总油压，由于上活塞盘面积比下活塞盘面积大，因此作用两活塞盘的总油压方向向上，使主配压阀活塞杆产生恒力 F（如图 4-9 所示），紧紧顶住辅助接力器 5 活塞盘的下平面，始终有

$$\Delta S = \Delta Y_{B} \qquad (4\text{-}5)$$

式中，ΔS 为主配压阀活塞位移量（mm）；ΔY_{B} 为辅助接力器活塞位移量（mm）。

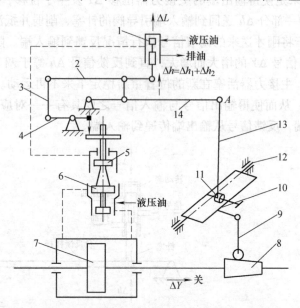

图 4-12　YT 型机械液压型调速器采用的两级液压放大器

1—引导阀　2、3、4—第一级反馈杠杆　5—辅助接力器　6—主配压阀　7—主接力器

8—反馈锥体　9、13、14—第二级跨越反馈杠杆　10—反馈框架

11—第二级反馈系数调整螺母　12—反馈框架转动轴承

由于主配压阀活塞永远紧紧顶住辅助接力器活塞，因此第二级液压放大器的负反馈信号无法直接送入第二级液压放大器的输入端——主配压阀活塞，不得不将第二级液压放大器的负反馈信号跨越送入第一级液压放大器的输入端——引导阀针塞。这种反馈称为**跨越负反馈**。

由式（4-4）可得，第一级液压放大的负反馈系数 α_{λ} 为

$$\alpha_{\lambda} = \Delta h_{1}/\Delta Y_{B} \qquad (4\text{-}6)$$

式中，α_{λ} 为第一级液压放大的负反馈系数；Δh_{1} 为从辅助接力器引回到针塞的第一级液压

放大的负反馈位移量（mm）；ΔY_B 为辅助接力器活塞位移量（mm）。第二级液压放大的跨越负反馈系数 α_p 为

$$\alpha_\text{p} = \Delta h_2/\Delta Y \tag{4-7}$$

式中，α_p 为第二级液压放大的跨越负反馈系数；Δh_2 为从主接力器引回到针塞的第二级液压放大的跨越负反馈位移量（mm）；ΔY 为主接力器活塞位移量（mm）。

主接力器重新稳定的必备条件是 $\Delta S =0$，则 $\Delta Y_\text{B} = \Delta S =0$，$\Delta h_1 =0$；辅助接力器重新稳定的必备条件是 $\Delta h = \Delta L$，则 $\Delta h = \Delta h_1 + \Delta h_2 = 0 + \Delta h_2 = \Delta h_2 = \Delta L$，得两级液压放大器的运动方程为

$$\Delta Y = \frac{1}{\alpha_\text{p}}\Delta h_2 = \frac{1}{\alpha_\text{p}}\Delta L = K_\text{p}\Delta L \tag{4-8}$$

式中，K_p 为两级液压放大器的行程放大倍数，数值上与跨越负反馈系数 α_p 成反比。

力的放大与反馈杠杆毫无关系，仅与接力器活塞面积的大小及作用油压的高低成正比。输出 ΔY 对输入 ΔL 的响应为一阶滞后响应，但滞后时间很小。

从两级液压放大最后输出机械位移 ΔY 的表达式可以看出，ΔY 的大小与第一级液压放大无关，说明第一级液压放大只在调节过程中起作用，每次调节结束后，它的输出机械位移 ΔY_B 都等于零。

4.2.3　负反馈的调节规律

在 YT 型调速器中，负反馈通常包括局部反馈、硬反馈和软反馈，并有对应的机构元件。YT 型机械液压型调速器采用的两级液压放大器原理图如图 4-13 所示。

1. 局部反馈

（1）局部反馈的原理　局部反馈设置在引导阀与辅助接力器之间，即图 4-13 中 4、5、6 组成的第一级反馈杠杆。当离心摆转速上升时，引导阀转动套上移，$\Delta L >0$，引导阀信号油管与排油管接通，引导阀输出排油信号，辅助接力器活塞上移，在局部反馈杠杆作用下，针塞上移，针塞上移量 Δh_1 从零变为正值，当 $\Delta h_1 = \Delta L$ 时，引导阀信号油管与排油管油路被切断，使引导阀处于新的平衡位置，此时辅助接力器活塞在上部位置（$\Delta Y_\text{B} >0$）停下不动。当离心摆转速下降时，其动作过程相反。

可见，局部反馈机构的输入信号是辅助接力器活塞的位移，输出信号是引导阀针塞的位移。局部反馈机构的作用就是接受辅助接力器的位移信号，并不断地保持引导阀的平衡。

（2）局部反馈系数 α_λ　局部反馈系数就是第一级液压放大的负反馈系数 α_λ，即 $\alpha_\lambda = \Delta h_1/\Delta Y_\text{B}$，$\alpha_\lambda$ 值的改变可通过改变图 4-13 中杠杆 6 的中间支点来实现。α_λ 值越大，局部反馈量越大，对同样大小的引导阀转动套位移量 ΔL，辅助接力器只需较小的位移 ΔY_B，就能堵住转动套油孔，使辅助接力器稳定下来。而 ΔY_B 值越小，辅助接力器移动速度就越慢。所以，增大局部反馈系数 α_λ，对稳定性有利，而速动性变差；减小 α_λ，情况则相反。因此，一般选用设计中间值。

2. 硬反馈

如图 4-13 所示，每次调节结束后，主接力器都在新的位置，从主接力器引回的第二级液压放大的跨越负反馈 Δh_2 不消失，这种反馈类型称为硬反馈。

（1）硬反馈工作原理　当离心摆转速上升，由上文所述，辅助接力器活塞在上部位置（$\Delta Y_\text{B} >0$)停下不动，此时主配压阀活塞跟着辅助接力器活塞上移，在上部位置（$\Delta S = \Delta Y_\text{B} >0$）

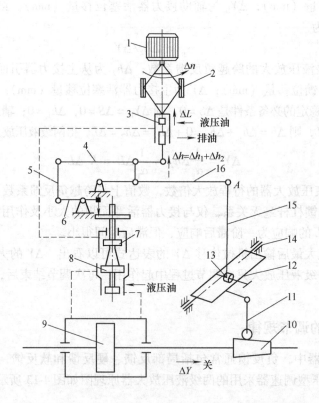

图 4-13　YT 型机械液压型调速器采用的两级液压放大器原理图

1—飞摆电动机　2—离心摆　3—引导阀　4、5、6—第一级反馈杠杆　7—辅助接力器
8—主配压阀　9—主接力器　10—反馈锥体　11、15、16—第二级跨越反馈杠杆
12—反馈框架　13—第二级反馈系数调整螺母　14—反馈框架转轴

停下不动，主配压阀左信号油管输出液压油信号、右信号油管输出排油信号，主接力器活塞右移，往关的方向运动（$\Delta Y < 0$）；与此同时，第二级反馈即硬反馈作用针塞再次上移，Δh_2 从零变为正值，使引导阀信号油管反而接通液压油管，引导阀输出液压油信号，辅助接力器活塞下移，ΔY_B 正值减小，Δh_1 正值减小，主配压阀活塞下移，慢慢向零位靠近，$\Delta S = \Delta Y_B$ 正值减小，但是只要 $\Delta S = \Delta Y_B$ 没有回到零，主接力器就会一直右移关小，所以 Δh_2 正值也一直在增大，直到 $\Delta S = 0$，$\Delta h_1 = 0$，$\Delta h = \Delta h_1 + \Delta h_2 = \Delta h_2 = \Delta L$，主接力器活塞在新的位置重新稳定下来，辅助接力器活塞和主配压阀活塞回到原来位置，调节结束。当离心摆转速下降时，动作过程相反。

可见，硬反馈机构的输入信号是主接力器的位移，输出信号是引导阀针塞的位移。当外部负荷减小、机组转速上升时的调节结束后，硬反馈机构使引导阀针塞相对调节前升高了一定位移量，转动套也比调节前升高了与针塞相同的位移量，即转速比调节前要高。因此，硬反馈机构又称为**调差机构**或**永态转差机构**，由于硬反馈量很小，故硬反馈机构的作用主要是实现机组有差调节，以保证并列运行的机组合理地分配负荷。

（2）硬反馈系数 α_p 和永态转差系数 b_p　硬反馈系数就是第二级液压放大的跨越负反馈系数 α_p，即 $\alpha_p = \Delta h_2 / \Delta Y$。由图 4-13 可见，$\alpha_p$ 值可通过调整第二级反馈系数调整螺母 13

偏离反馈框架转轴 14 中心的距离来改变。

由式（4-3）得，离心摆 $\Delta L = K_f x$；由式（4-8）得，两级液压放大器 $\Delta Y = \dfrac{1}{\alpha_p}\Delta L$，可得

$$\Delta Y = \frac{K_f}{\alpha_p}x \tag{4-9}$$

式中，α_p 为硬反馈系数；ΔY 为主接力器活塞的位移量（mm）；K_f 为离心摆放大系数（mm/%）；x 为转速变化量的相对值（%）。这也是**调速器运动方程**。

令主接力器位移相对值 y 为

$$y = \frac{\Delta Y}{Y_M} \tag{4-10}$$

式中，Y_M 为主接力器最大行程（mm）；ΔY 为主接力器活塞的位移量（mm）。

代入调速器运动方程，经整理后得

$$y = \frac{K_f}{\alpha_p Y_M}x \tag{4-11}$$

式中，y 为主接力器位移相对值（%）；K_f 为离心摆放大系数（mm/%）；α_p 为硬反馈系数；Y_M 为主接力器最大行程（mm）；x 为转速变化量的相对值（%）。

令 $b_p = \dfrac{\alpha_p}{K_f/Y_M}$，则

$$\frac{K_f}{\alpha_p Y_M} = \frac{1}{b_p} \tag{4-12}$$

运动方程的相对值表达式为

$$y = -\frac{1}{b_p}x \tag{4-13}$$

式（4-13）中的负号为人为加入，表示调节方向，即转速上升（$x>0$），主接力器关小（$y<0$）。

当电力系统频率给定值不变并处于平衡状态下时，转速相对值 x 与主接力器位移相对值 y 之间的关系曲线称为**调速系统的静态特性**，也称为**调速器的静特性**，如图 4-14 所示（定性分析时的习惯作图）。可见，b_p 是调速器静特性曲线上某一运行点斜率的相反数。

每次主接力器在新的位置重新稳定后，离心摆转速不为原来值，即存在稳态（静态）转速偏差，如图 4-15 所示，由式（4-13）得

$$x_1 - x_2 = -b_p(y_1 - y_2) \tag{4-14}$$

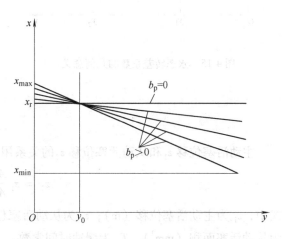

图 4-14　不同 b_p 值的调速器静特性

静态转速偏差 $x_1 - x_2$ 的大小与 b_p 成正比。

由于 b_p（硬反馈）产生的静态转速偏差在调节结束后不消失，所以 b_p 称为**永态转差系数**，也称为**调速器的调差率**。

当 $b_p = 0$ 时，静特性曲线为一水平线，不同的稳定状态下转速一致，此时称为**调速器的无差静特性**。当 $b_p > 0$ 时，称为调速器的**有差静特性**，特性曲线为一斜线，b_p 值越大则特性曲线越陡，表明主接力器行程相对转速变化越大。静特性曲线表明，如果用这种调速器来调节机组，则随着机组所带的负荷增加，机组的稳态转速越来越低。

运行中的调速器 K_f 和 Y_M 为常数，所以称 b_p 为**硬反馈系数相对值**，调节 α_p 也就改变了 b_p。根据 GB/T 9652.1—2007《水轮机控制系统技术条件》的要求，永态转差系数应能在自零至最大值范围内整定，最大值不小于 8%，对小型机械液压调速器，零刻度实测值不应为负，且其值不大于 0.1%。

3. 软反馈

（1）缓冲器　缓冲器是 YT 型调速器的负反馈元件，结构示意图如图 4-16 所示。由于节流孔 3 部分开启，对上下通过节流孔的油流产生阻尼，当主动活塞 4 向下运动时，活塞下腔油压上升，从动活塞 2 首先上移，回复弹簧 1 受压，只要主动活塞 4 不动，在回复弹簧的作用下，活塞下腔的油经节流孔由下向上流动，从动活塞按指数规律回到原来的零位；当主动活塞向上运动时，活塞下腔油压下降，从动活塞首先下移，回复弹簧受拉，只要主动活塞不动，在回复弹簧的作用下，活塞上腔的油经节流孔由上向下流动，从动活塞按指数规律回到原来的零位。

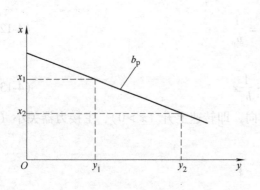

图 4-15　永态转差系数的几何意义

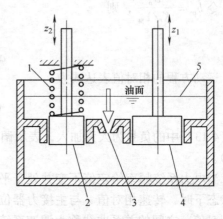

图 4-16　缓冲器结构示意图
1—回复弹簧　2—从动活塞　3—节流孔
4—主动活塞　5—油面线

主动活塞位移 z_1 和从动活塞位移 z_2 的关系用缓冲器的运动方程表示为

$$z_2 = z_1 \frac{A_1}{A_2} e^{\frac{t}{T_d}} \tag{4-15}$$

式中，z_1 为主动活塞位移（m）；z_2 为从动活塞位移（m）；A_1 为主动活塞面积（mm^2）；A_2 为从动活塞面积（mm^2），T_d 为缓冲时间常数。

每次调节结束后，无论主动活塞在什么位置，只要其不动，从动活塞 z_2 反馈的结果都按指数规律回到零。所以从动活塞位移 z_2 只反映主动活塞位移 z_1 的变化，不反映主动活塞位移 z_1 的大小（具体位置）。

缓冲时间常数 T_d 与从动活塞回复时间有关，缓冲时间常数 T_d 大，从动活塞回复时间长，调速器的速动性较差；缓冲时间常数 T_d 小，从动活塞回复时间短，速动性较好。

（2）软反馈工作原理　如图 4-17 所示，由缓冲器构成第二级液压放大机构的负反馈系统。调节结束后，无论主接力器活塞在什么位置，缓冲器主动活塞的位移 z_1 都与 ΔY 成正比，且只要主接力器活塞不动，缓冲器的主动活塞也不动，反映第二级跨越负反馈信号的从动活塞的位移 z_2 按指数规律消失为零，与从动活塞通过杠杆相连的针塞的位移 $\Delta h'_2$ 正比于 z_2，同样按指数规律消失为零。也就是说针塞的位移 $\Delta h'_2$ 反映主接力器活塞位移 ΔY 的变化，不反映主接力器活塞位移 ΔY 的大小（位置），这种反馈属于软反馈，即第二级液压放大采用的跨越负反馈是软反馈。

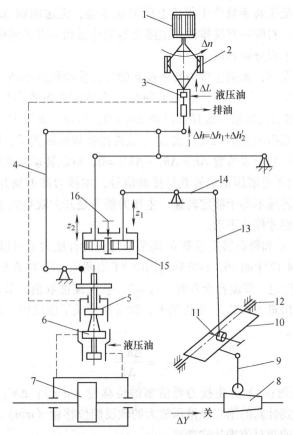

图 4-17　采用软反馈的 YT 型调速器自动调节部分原理图

1—飞摆电动机　2—离心摆　3—引导阀　4—第一级局部反馈杠杆　5—辅助接力器
6—主配压阀　7—主接力器　8—反馈锥体　9、13、14—第二级软反馈杠杆　10—反馈框架
11—第二级反馈系数调整螺母　12—反馈框架转轴　15—缓冲器　16—缓冲时间常数调整针塞

图 4-17 为采用软反馈的 YT 型调速器自动调节部分原理图。当离心摆转速上升时，引导阀转动套上移，$\Delta L > 0$，引导阀信号油管与排油管接通，引导阀输出排油信号，辅助接力器活塞上移，第一级局部反馈作用针塞上移，Δh_1 从零变为正值，当 $\Delta h_1 = \Delta L$ 时，信号油管与排油管油路被切断，辅助接力器活塞在上部位置（$\Delta Y_B > 0$）停下不动。主配压阀活塞跟

着辅助接力器活塞上移，在上部位置（$\Delta S = \Delta Y_{\text{B}} < 0$）停下不动，主配压阀左信号油管输出液压油信号、右信号油管输出排油信号，主接力器活塞右移，往关的方向运动（$\Delta Y < 0$）。与此同时，在第二级软反馈作用下针塞再次上移，$\Delta h'_2$ 从零变为正值，使引导阀信号油管反而接通液压油管，引导阀输出液压油信号，辅助接力器活塞下移，ΔY_{B} 正值减小，Δh_1 正值减小，主配压阀活塞下移向零位靠近，ΔS 正值减小，主接力器右移运动速度减慢。只要主接力器右移运动速度减慢，缓冲器从动活塞 z_2 就开始按指数规律向零位回复，软反馈信号 $\Delta h'_2$ 也按指数规律减小。$\Delta h'_2$ 的减小使引导阀信号油管接通液压油管的程度减小，Δh_1 的减小使引导阀信号油管接通排油管的程度增大，当两者作用的程度达到动态平衡时，转动套与针塞在零位以上的位置恢复相对中间位置，引导阀信号油管既不接液压油也不接排油，辅助接力器活塞和主配压阀活塞位于零位上面停住不动，无法回到 $\Delta S = 0$ 处，主接力器活塞左腔一直接液压油，右腔一直接排油，主接力器匀速运动一直关到底。如果飞摆电动机转速下降，动作过程与上面分析相反。

反过来分析可以发现，如果主接力器要在新的位置重新稳定不动，就要求主配压阀活塞必须回到原来位置 $\Delta S = 0$（零位），那么辅助接力器活塞也跟着回到原来位置，即 $\Delta Y_{\text{B}} = \Delta S = 0$，从辅助接力器引回的第一级局部反馈 $\Delta h_1 = 0$。另外，如果主接力器在新的位置重新稳定不动，从主接力器引回的第二级反馈 $\Delta h'_2$ 就按指数规律回到零，即 $\Delta h'_2 = 0$。因此每次调节结束后，针塞都回到原来位置 $\Delta h = \Delta h_1 + \Delta h'_2 = 0$，所以转动套必须回到原来位置 $\Delta L = 0$。否则，引导阀输出不是液压油信号就是排油信号，主接力器不是开到底就是关到底。也就是说，只要离心摆转速不等于额定转速，主接力器不是开大就是关小，直到离心摆转速等于额定转速，主接力器才停止不动。

（3）软反馈系数 α_{t} 和暂态转差系数 b_{t} 调节节流孔的开度大小可以调整缓冲时间常数 T_{d} 的大小，具体调整图 4-17 中的 16，在实际应用中 YT 型调速器的 T_{d} 在 0～20s 范围内可调，实际应用时由整机调试确定。节流孔全开时，$T_{\text{d}} = 0$，软反馈被取消；节流孔全关时，$T_{\text{d}} = \infty$，此时的软反馈信号输出量为 $\Delta h'_{2\text{t}}$，不再消失，软反馈变成了硬反馈，$\Delta h'_{2\text{t}}$ 与输入量 ΔY 的比值称为**软反馈系数** α_{t}。

$$\alpha_{\text{t}} = \frac{\Delta h'_{2\text{t}}}{\Delta Y} \tag{4-16}$$

式中，α_{t} 为软反馈系数；ΔY 为主接力器活塞的位移量（mm）；$\Delta h'_{2\text{t}}$ 为缓冲器节流孔全关时，从主接力器引回到针塞的第二级液压放大的软反馈位移量（mm）。

此时，运动方程的相对值表达式变成

$$y = -\frac{1}{b_{\text{t}}}x \tag{4-17}$$

式中，y 为主接力器位移相对值（%）；x 为转速变化量的相对值（%）。

与永态转差系数 b_{p} 相似，即

$$b_{\text{t}} = \frac{\alpha_{\text{t}}}{K_{\text{t}}/Y_{\text{M}}} \tag{4-18}$$

由 b_{t} 产生的转速偏差是暂时存在的，随着软反馈信号的消失，转速偏差也消失，所以 b_{t} 又称**暂态转差系数**。调节 α_{t} 也就改变了 b_{t}，b_{t} 在 0～100% 范围内可调，调整图 4-17 中螺母 11 即可调节。

运动方程表明，采用软反馈的调速器输出y与输入x不再是一一对应关系，当输入$x \neq x_0$，输出y一直在变；当输入$x = x_0$，输出y不变。根据运动方程所表示的意思，静特性曲线是一条水平线，如图4-18所示。静特性曲线表明，如果用这种调速器来调节机组，则在机组的出力范围内，无论机组带多少负荷，机组重新稳定后的稳态转速始终不变。这种静态特性称为**无差特性**。

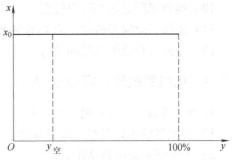

图 4-18 采用软反馈的调速器静特性曲线

4.3 水轮发电机组的操作步骤

4.3.1 机组正常开机操作步骤

1）如果主阀处于关闭状态，则首先应打开旁通阀向蜗壳充水，当主阀两侧压力相近时，开启主阀。

2）检查风闸是否在退出位置。

3）检查气压是否正常（以防开机不成功，可以立即转为停机操作）。

4）投入机组技术供水。

5）检查调速器液压油的压力是否正常并打开调速器液压油箱的总油阀。

6）拔出接力器锁锭。

7）手动或自动将导叶打开到比空载开度稍大一点的开度，机组升速。

8）转速上升到95%额定转速时灭磁开关合闸，发电机励磁升压。

9）手动或自动调机组频率与电网频率一致，调发电机电压与电网电压一致。

10）手动准同期或自动准同期合断路器，将机组并入电网。

11）手动或自动将开度限制调到所要限制的开度。

12）手动或自动开导叶，带上有功功率，升励磁带上无功功率。

13）全面检查机组及辅助设备的运行情况。

4.3.2 机组正常停机操作步骤

1）检查气压是否正常。

2）手动或自动关导叶将有功功率减到零，减励磁将无功功率减到零。

3）手动或自动断开断路器将机组退出电网。

4）灭磁开关跳闸，发电机降压到零。

5）手动或自动将导叶从空载开度关到零。

6）当转速下降到额定转速的30%左右时，手动或自动投入风闸制动。

7）落下接力器锁锭。

8）关闭调速器液压油箱的总油阀。

9）关闭机组技术供水。

10）检查风闸是否在退出位置。

11）需较长时间停机时，应关闭主阀。

12）全面检查机组及辅助设备。

4.3.3 机组事故停机操作步骤

1. 作为事故停机处理的三个条件

1）机组各轴承只要有一只的温度超过70℃。

2）电气保护继电器动作。

3）发电机励磁消失。

2. 事故停机的操作流程

1）事故停机继电器动作。

2）发电机断路器甩负荷跳闸，机组退出电网。

3）灭磁开关跳闸，发电机降压到零。

4）调速器作用导叶紧急关闭到空载开度。

5）等候运行人员的命令，重新并网运行或停机检查事故原因。

4.3.4 机组紧急停机操作步骤

1. 紧急停机处理的四个条件

1）机组过速达140%，转速信号器动作。

2）在事故停机过程中，导叶剪断销剪断。

3）调速器油压消失或导叶拒动。

4）运行人员发布的认为必须进行紧急停机处理的命令。

2. 紧急停机的操作流程

1）紧急停机继电器动作。

2）发电机的断路器甩负荷跳闸，机组退出电网。

3）灭磁开关跳闸，发电机降压到零。

4）调速器作用导叶紧急关闭到全关位置（导叶拒动时此项无效）。

5）主阀动水条件下紧急关闭。

6）当转速下降到额定转速的30%左右时，手动或自动投入风闸制动。

4.4 水电厂计算机监控系统

4.4.1 计算机监控功能

1. 计算机监测功能

计算机监测功能就是将机组的运行状态实时并准确地反映出来，得出运行正常、出现故障或事故征兆的信息，为控制功能提供实时准确的控制条件。监测的项目包括模拟量监测和开关量监测两大类。

模拟量监测又有电模拟量监测和非电模拟量监测两种。电模拟量监测有电气设备各部的电流、电压、有功功率、无功功率、电能、功率因数、频率、励磁电压和励磁电流等，所有电模拟量信号经过各种变送器转换成 0～5V 或 4～20mA 的标准电模拟量。非电模拟量监测有温度类：机组设备的轴承瓦温和油温、发电机定子铁心和线圈温度、空气冷却器进出口空气温度及主变压器油温等；油位类：机组轴承油位、液压油箱油位、回油箱油位及漏油箱油位等；压力类：冷却水进口压力、主轴和蝶阀橡胶空气围带密封供气压力、主阀前后水压力、蜗壳进口水压力、尾水管真空压力、液压油箱压力、储气罐压力、制动气压力及消防水压力等。所有的非电模拟量经过各种传感器和变送器转换成 0～5V 或 4～20mA 的标准电模拟量。

开关量监测有各断路器和隔离开关的位置触点，各操作器位置触点（例如排水泵在自动还是手动位置，空压机在自动还是手动位置），各保护装置的动作触点，各电磁阀、闸阀和液压阀的位置触点，风闸、导叶的位置触点，压力信号器、浮子信号器、温度信号器、示流信号器及剪断销信号器中的信号触点等。

所有的标准电模拟量信号作为 CPU 的模拟量输入时，都必须经 A-D 转换器转换成数字量信号；所有的开关量信号作为 CPU 的开关量输入时，都必须经过光耦合器进行防抖动处理，转换成"1"或"0"两种逻辑信号。

计算机监控系统对采集到的被控对象的状态信息进行分析、比较、判断，提供出异常报警信息、操作控制信息和记录、报表。

2. 计算机控制功能

计算机控制功能分为基本控制功能和高级控制功能两个级别。计算机控制方式分为操作控制、调节控制和最优控制三种方式。**操作控制**是最简单的控制，是一种开关式控制，对应的 CPU 输出称为**开关量输出**；**调节控制**要求在外界干扰作用下保持被调参数不变或在规定的范围内变化，调节控制的动态过程有严格的规定，因此是难度最大的一种控制；**最优控制**则是在人为设定的"最优"定义后进行的控制，不同的时期、不同的场合有不同的"最优"定义，因此其难易程度介于上两者之间。

水电厂计算机控制大多数是一种逻辑顺序的操作控制，计算机控制的最主要任务是对机组运行进行操作控制和调节控制，其次才是实现最优控制。虽然位于上位机下面一层的微机调速器和微机励磁调节器也可受上位机控制，但是微机调速器进行的主要是对发电机频率的调节控制，微机励磁调节器进行的主要是对发电机电压的调节控制。调节控制存在调节规律、动态特性、过渡过程等较高技术要求，而计算机的操作控制只要求判断正确、操作无误即可，因此，从技术上讲，水电厂计算机控制系统的上位机的工作比微机调速器和微机励磁调节器更容易实现。

基本控制功能的主要任务是进行操作控制，按运行人员的输入或上级调度发来的命令，根据信息采集后经分析、比较、判断得到的操作控制信息，作为 CPU 的开关量输出，发出机组工况转换命令并完成工况的自动转换，即时进行断路器的断、合，主阀的开、闭，技术供水阀的开、闭，集水井排水泵的起动、停止，空压机的起动、停止等操作。这些操作在程序预先设定的操作流程的控制下自动进行。CPU 所有开关量输出的高电平"1"和低电平"0"通过相应的输出晶体管和中间继电器去操作和控制被控对象。通过便捷的人机联系，用增、减命令或改变给定值的方式，经微机调速器调节机组出力。基本控制功能的任务还涵盖能够自动根据值班人员的命令，通过屏幕显示器实时显示全厂机电设备的运行状态、操作流程、事故和故障报警及有关参数和画面；能够自动或按运行人员要求显示并打印统计报表和生产报表。

高级控制功能的主要任务是进行最优控制。根据负荷曲线或预设的调节准则或上级调度实时发来的有功功率给定值，以节水多发为目标，考虑最低旋转备用，躲开汽蚀振动区域等条件的约束，确定最优开机、停机机组组合及最优负荷分配，即通过微机调速器实现自动发电控制（AGC）。高级控制功能还涵盖能够根据预定的全厂无功功率或本厂高压母线的电压给定值，进行每台机组无功功率的自动分配，即通过励磁调节器实现自动电压控制（AVC）；此外，与上级调度自动化系统间远动，传递与管理有关的（如 Mis 网）统计数据，以及故障自诊断和恢复。

4.4.2　水电厂计算机监控系统的结构

应用在水电厂的计算机监控系统的结构形式有多种，中小型水电厂应用最多的是分布式结构。分布式结构按所实现的功能和任务不同可划分为主控级（主站）和现地控制单元级（LCU），主站与现地单元控制级通过网络协议交换数据，完成监控功能。主站完成高级功能，例如自动发电控制（AGC）、自动电压控制（AVC）、实时和历史数据库管理、智能分析及安全生产事务管理，自动协调各现地控制单元的实时运行。主站旁边的以太网上都挂有作为人机接口的运行操作人员工作站、编程调试人员用的工程师工作站和通信用的通信工作站。

图 4-19 为某装机为 $2 \times 5000kW$ 的立式混流式机组水电厂的计算机监控系统结构图。现地控制单元级有 #1 机组 LCU、#2 机组 LCU 和公用 LCU 三个。主站有一个作为人机接口的操作人员工作站、一个编程调试人员用的工程师工作站和一个与电网调度和厂长室终端通信用的通信工作站。#1 机组 LCU 和 #2 机组 LCU 分别有 6 个模拟量输入信号、109 个开关量输入信号和 44 个开关量输出信号，公用 LCU 有 16 个模拟量输入信号、152 个开关量输入信号和 42 个开关量输出信号。主站与现地单元控制级之间通过光纤以太网连接交换数据，每一个 LCU 下面又挂了不同的微机调节或控制装置。全球定位系统（GPS）的时钟作为计算机监控系统的标准时钟。

4.4.3　计算机监控机组的操作流程

机组的所有操作都是受该机组 LCU 中的可编程序控制器（PLC）控制的，包括该机组的发电机微机保护装置、微机励磁调节器和微机调速器三个独立的微机控制装置。从该机组采集到的所有模拟量信号、开关量信号全送入该机组的 LCU，从该机组 LCU 发出的所有开关量输出信号只操作控制本机组。水电厂油气水系统、厂用电系统、主变和线路等公用部分受公用 LCU 中的可编程序控制器（PLC）控制，从公用部分采集到的所有模拟量信号、开关量信号全送入公用 LCU，从公用 LCU 发出的所有开关量输出信号只操作人控制公用部分。主站通过以太网在操作人员工作站上可以直接进入各现地控制单元进行操作。

1. 机组正常开机操作流程

机组正常开机的操作流程如图 4-20 所示。从发布开机令到发电机并入电网（未带负荷），整个过程最长不超过 338s（5min38s），实际只需 2~3min。

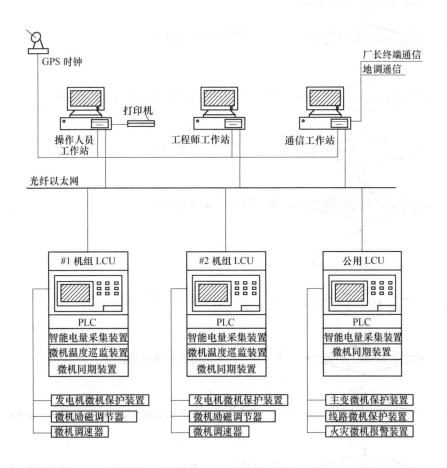

图 4-19　某水电厂的计算机监控系统结构图

2. 机组正常停机操作流程

机组正常停机操作的流程如图 4-21 所示。从发布停机令到发电机停止转动，整个过程最长不超过 867s（14min27s），实际只需 4～5min。

3. 机组事故停机操作流程

操作控制信号来自本机组的 LCU。事故停机应该是无条件停机，所以不存在"Yes""No"的逻辑判断。具体操作流程如图 4-22 所示。

4. 机组紧急停机操作流程

操作控制信号来自本机组的 LCU。紧急停机应该是无条件停机，所以不存在"Yes""No"的逻辑判断。具体操作流程如图 4-23 所示。

5. 主阀开启操作流程

操作控制信号来自本机组的 LCU，具体的操作流程如图 4-24 所示。

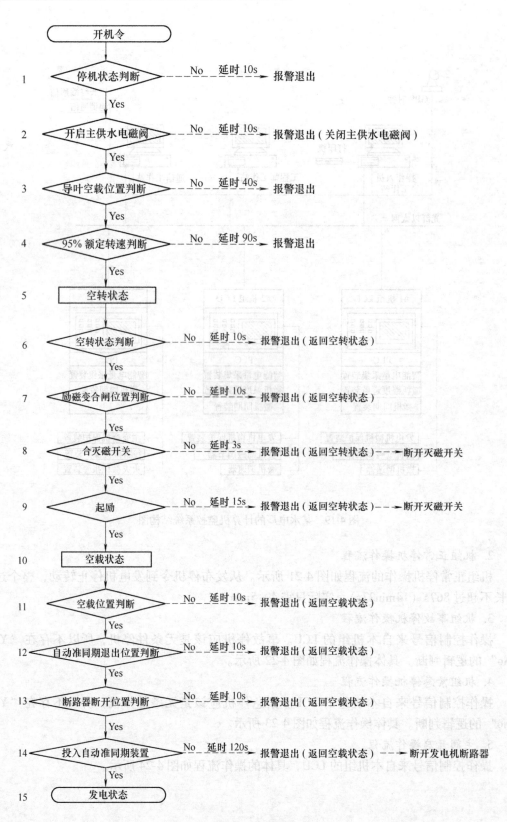

图 4-20　机组正常开机操作流程

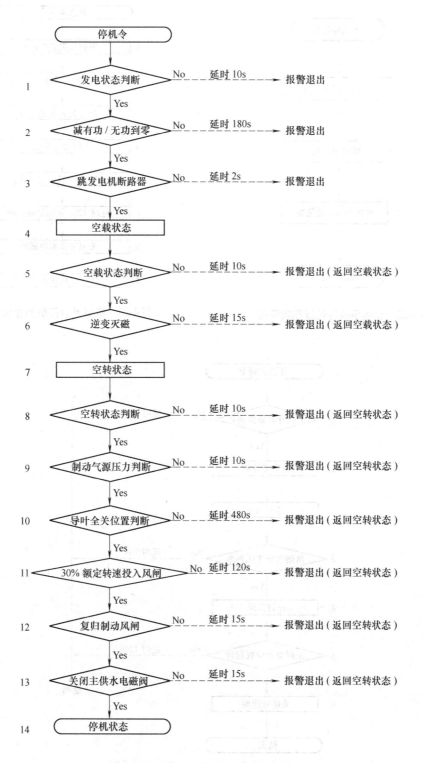

图 4-21　机组正常停机操作流程图

图 4-22 机组事故停机操作流程图

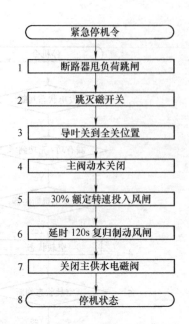

图 4-23 机组紧急停机操作流程图

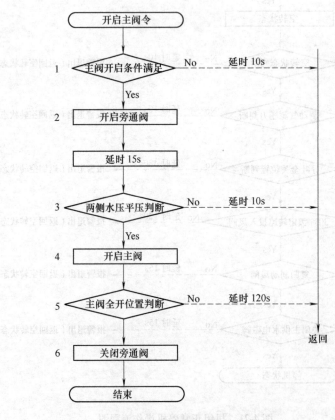

图 4-24 主阀开启操作流程

6. 主阀正常关闭操作流程

操作控制信号来自本机组的 LCU，具体的操作流程如图 4-25 所示。

在主阀正常开启或关闭的操作过程中，有几点说明：

1）如果活门圆周密封采用橡胶空气围带密封，开阀前还需进行围带放气操作，关阀后还需进行围带充气操作。

2）很多水电厂的主阀液压操作系统在开阀结束后有一个关闭旁通阀的动作（第 6 步），此动作其实是多余的。如果机组发生飞逸事故，主阀在动水条件下紧急关闭，旁通阀不关闭可以减小压力钢管的最大水击压力。

3）现在的主阀油压操作系统中，用来控制

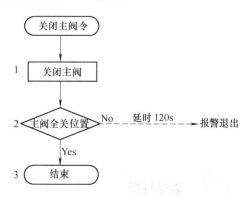

图 4-25　主阀正常关闭操作流程

接力器的电磁阀一般采用三位四通阀，即有"开启"位、"关闭"位和"保持"位。正常运行时，主阀活门的锁锭不必落下。只有较长时间停机时才将活门锁住，因此中小型水电厂的主阀活门锁锭多采用手动投入或拔出。

复习与思考题

4-1　简述水轮机调节的任务。

4-2　调速器可分为哪些类型？

4-3　调速器由哪些部分组成？各部分的作用是什么？

4-4　简述采用硬反馈的 YT 型调速器的工作原理。

4-5　简述机组事故停机操作步骤。

4-6　绘制机组紧急停机操作流程。

第 **5** 章

火力发电的原理基础

 教学目标

- 1. 了解热力学的基本概念。
- 2. 了解热力系统的能量平衡。
- 3. 掌握水蒸气的定压形成过程。
- 4. 掌握水蒸气动力循环。

　　火力发电厂是一种将燃料的化学能通过燃烧转换成热能，并最终转换成电能的工厂，以下简称火电厂。火电厂的三大主要设备为锅炉、汽轮机和发电机，当然还配备有一些维持生产过程所必需的辅助设备。本章仅介绍火电厂中的动力装置部分。

　　燃料具有化学能，通过燃烧的形式能够将化学能转换成热能，热能根据热力学原理能够转换成机械能。热力学是研究热现象规律的学科，它主要研究热能与机械能之间相互转换时量与质的关系，着重研究热能转换成机械能的基本规律，寻求进行这种转换的最有利条件。火力发电的任务是以合理的热力学过程，高效安全地将燃料的化学能转换成电能。

5.1 热力学基本概念

5.1.1 热力学的常用术语

1. 工质

工质指在热能和机械能转换过程中必须借助的携带热能的工作介质。水或水蒸气是携带热能最好的工质之一。

2. 状态

状态是在指定瞬间工质所呈现的全部宏观性质的总称。

3. 过程

过程指工质从一种平衡状态到达另一种新的平衡状态所经历的变化过程，也称热力过程。

4. 热力学系统

热力学系统指热力学研究中作为分析对象所选取的特定范围内的物质或空间。与外界既有物质交换，也有能量交换的热力学系统称为开口系。

5. 恒定流

恒定流指空间某点的工质流动速度随时间变化而保持不变的流动。实际中的工质流动大部分是非恒定流，但是在一个较短的时段内可以近似认为是恒定流。

5.1.2　工质的状态参数

工质的状态可以用六个状态参数来描述，其中三个是基本状态参数：比体积 v、温度 t（T）和压力 p；三个是导出状态参数：比热力学能 u、比焓 h 和比熵 s。基本状态参数能直接进行测量，导出状态参数需根据基本状态参数导出或进行专门的实验测得。在工程设计中，给出工质的温度 t（T）和压力 p，可根据状态参数表（见附表 I～附表 III）或图线方便地查出比体积 v、比焓 h 和比熵 s。

1. 比体积 v

单位质量物质所占有的体积称为比体积，计算公式为

$$v = \frac{V}{m} \tag{5-1}$$

式中，m 为工质的质量（kg）；V 为工质的体积（m^3）。

2. 温度 t（T）

温度是表示物体冷热程度的参数。温度的高低与分子平均动能的大小有关。温度有两种计量表示方法，因此有两种温度单位：摄氏温度 t，单位为"℃"（摄氏度），温度标尺以水的结冰点作为 0℃；热力学温度 T，单位为"K"（开尔文），温度标尺以水的结冰点作为 273.15K。

热力学温度比摄氏温度在数值上大 273.15，即

$$T = t + 273.15 \tag{5-2}$$

即水结冰时的摄氏温度 $t = 0$℃，热力学温度 $T = 273.15$K。工程中为计算方便，常取热力学温度比摄氏温度在数值上大 273。

3. 压力 p

固体产生的压力方向总是垂直向下的，其大小为固体的重量除以受压面积。由于气体具有总想膨胀占据尽可能大的空间的特性，因此气体产生的压力与固体不同，其压力的方向为四面八方垂直作用在容器的壁面，大小为气体分子对容器壁面频繁撞击的平均结果。在实际工程中，一般气体重量产生的向下压力远远小于气体膨胀产生的压力，因此在密闭容器中，气体重量产生的向下压力常忽略不计，认为气体对容器壁面四面八方作用的压力大小处处相等。

绝对压力等于表压力加上当地的大气压力，当地的大气压力随海拔及气候的变化而变化，可用气压计测定。因此，在一定的绝对压力下，当地的大气压力不同，表压力也不同，显然只有绝对压力才能真正反映工质的热力状态。所以热力学计算中所用的压力必须是绝对压力，若被测工质压力较高时，通常把当地大气压力近似取为 0.1MPa。

【例 5-1】锅炉蒸汽表压力读数 $p_e = 13.2$MPa，当地大气压力 $p_{amb} = 0.09$MPa，试计算锅

炉中蒸汽的绝对压力 p_a。

解：

锅炉中蒸汽的绝对压力 $p_a = p_e + p_{amb} = 13.2MPa + 0.09MPa = 13.29MPa$

4. 比热力学能 u

单位工质内部所具有的分子内动能（微观动能）与内位能（与分子之间距离有关的微观位能）之和常称为**比热力学能**，单位为 J/kg 或 kJ/kg。

5. 比焓 h

比焓指单位工质的比热力学能与压力位能之和，单位为 J/kg 或 kJ/kg，即

$$h = u + pv \tag{5-3}$$

6. 比熵 s

单位工质与外界发生微小的热交换时，热交换量 dq 与工质的绝对温度 T 的比值等于比熵的微增量 ds，单位为 J/（kg·K）或 kJ/（kg·K），即

$$ds = \frac{dq}{T} \tag{5-4}$$

比熵的概念非常抽象，但在热力学的热量计算中是非常有用的工具。

国际上规定以水的三相点（即273.15K）作为基准点，其液相水的比热力学能和比熵值均为零，其他任何状态下的比热力学能和比熵值均是相对于基准点的数值而言。

5.1.3 工质的状态描述

在火电厂的动力设备中，工质的状态经历周而复始的变化，在热力学的分析时，需对工质状态进行描述。工质状态的描述有定量描述和定性描述两种。定量描述较多地用在需要进行热力学计算的场合，定性描述较多地用在对热力设备的热力过程进行分析的场合。

1. 定量描述

常用的描述工质状态的参数有六个，只要其中任何两个状态参数确定后，其他四个状态参数也为一定值。实际生产中比较容易得到的状态参数是工质的压力 p 和温度 t，所以根据工质的压力 p 和温度 t，在水蒸气状态参数表或水蒸气的焓熵图中能够方便地查出工质的比体积 v、比焓 h 和比熵 s，而比热力学能 u 可通过计算得到（$u = h - pv$）。

水蒸气的焓熵图就是根据水蒸气状态参数表中的数据绘制而成的平面曲线图。由于其简单直观，数据查取方便，因此是热力学计算的重要工具。图5-1所示为水蒸气的焓熵简图，实际的焓熵图曲线要更多，焓熵图的纵坐标为比焓 h，横坐标为比熵 s，坐标平面上任何一个点表示工质的一个状态。坐标平面有：

等压力线 $P = f(h, s)$

等温度线 $t = f(h, s)$

等干度线 $z = f(h, s)$

等比体积线 $v = f(h, s)$

根据工质的比焓 h 和比熵 s，能方便地查出工质的压力 p、温度 t 和干度 z 等。也可以根据工质的压力 p、温度 t，查出该状态点工质的比焓 h 和比熵 s。

2. 定性描述

以工质的任意两个状态参数作为平面坐标的纵坐标和横坐标，坐标平面上任何一个点表

示工质的一个状态，两个点之间的连线表示工质状态变化的过程。坐标平面图能够比较形象地表示工质状态变化的过程。

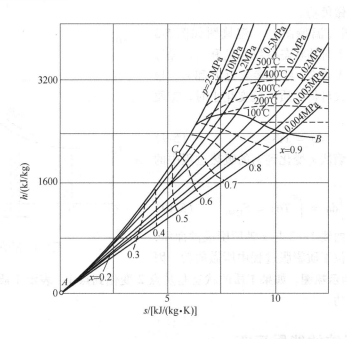

图 5-1　水蒸气的焓熵简图

（1）p—v 图（压容图）　设在一个没有机械摩擦阻力的活塞式气缸中有 1kg 蒸汽，压容图如图 5-2 所示，活塞行程在 l_1 处时工质的状态参数为 p_1 和 v_1，对应在 p—v 图上为状态点 1，由外界给蒸汽加热，蒸汽膨胀做功使活塞移动到行程 l_2 处时工质的状态参数为 p_2 和 v_2，对应在 p—v 图上为状态点 2。曲线 1—2 为蒸汽膨胀做功的过程曲线。

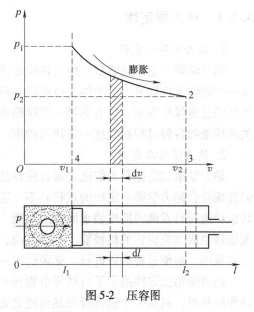

图 5-2　压容图

在面积为 A 的活塞上蒸汽作用的总推力为

$$P = pA \tag{5-5}$$

活塞移动距离为 $\mathrm{d}l$ 时，蒸汽所做的微功为

$$\mathrm{d}\omega = P\mathrm{d}l = pA\mathrm{d}l \tag{5-6}$$

则活塞从 l_1 走到 l_2 蒸汽所做的总功为

$$\omega = \int \mathrm{d}\omega = \int_{l_1}^{l_2} pA\mathrm{d}l \tag{5-7}$$

因为活塞移动 $\mathrm{d}l$ 时，蒸汽的比体积变化 $\mathrm{d}v = A\mathrm{d}l$，所以

$$\omega = \int_{v_1}^{v_2} p\mathrm{d}v = S_{12341} \tag{5-8}$$

式中，S_{12341} 为压容图中从 1 点变化到 2 点的过程曲线与 v 轴的 3、4 点所围成的面积。

S_{12341}（即过程曲线 1—2 与 v 轴围成的面积）可定性地表示单位工质膨胀过程中所做的功，因此 p—v 图又称为**示功图**。如果工质的状态是从点 2 变化到点 1，表示工质在外力作用下被压缩，工质做负功。

（2）T—s 图（温熵图）　温熵图如图 5-3 所示，工质在点 1 时的状态参数为 T_1 和 s_1，经过吸热过程对应状态点 2，状态参数为 T_2 和 s_2。根据比熵的定义公式可得工质比熵变化小时，工质的微小吸热量为

$$\mathrm{d}q = T\mathrm{d}s \tag{5-9}$$

则工质在比熵从 s_1 变化到 s_2 的吸热过程中的总吸热量为

$$q = \int \mathrm{d}q = \int_{s_1}^{s_2} T\mathrm{d}s = S_{12341} \tag{5-10}$$

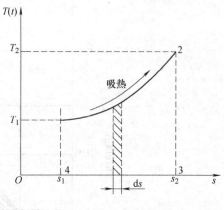

图 5-3　温熵图

S_{12341} 即过程曲线 1—2 与 s 轴所围成的面积，可定性地表示单位工质膨胀过程中所做的功，因此 T—s 图又称为**示热图**。如果工质的状态是从点 2 变化到点 1，表示工质在外力作用下被压缩，工质做负功。

5.2　热力系统的能量平衡

5.2.1　热力学定律

1. 热力学第一定律

热力学第一定律是能量守恒与转换定律在热力学中的具体运用，具体表述为：热量可以从一个物体传递到另一个物体，也可以与机械能或其他能量相互转换，但是在转换过程中，能量的总值保持不变。热力学第一定律确立了热量和机械能相互转换的数量关系，自然界有关热现象的各种过程都受这一定律的约束。

2. 热力学第二定律

热力学第二定律是人们通过对自然界热现象变化规律的观察得到的结论。通过观察，人们发现符合热力学第一定律的过程并不一定都能够实现。例如，一个失去动力的飞轮，其旋转机械能能自发地转换成轴承摩擦的热能，直到飞轮停止转动；而对飞轮加热，热能不会自发地转换成飞轮旋转的机械能。也就是说，功向热的转化可以是自发的，而热向功的转化是非自发的，要使过程得以进行，必须付出一定的代价。

热力学第二定律揭示了自然界事物变化的不可逆性，具体表述为：不可能制成一种循环动作的热机，只从一个热源吸取热量使之完全变为有用的功，而其他物体不发生变化。

5.2.2　热量传递的基本方法

1. 导热

导热是指单一固体内部或两接触物体之间在温度差的作用下进行的热量从高温向低温传

递的现象。图 5-4a 中单层平面的一侧温度高（t_1），另一侧温度低（t_2），在温度差的作用下热量从温度高的一侧传递到温度低的一侧；图 5-4b 中左侧一层平面的温度高，右侧一层平面的温度低，在温度差的作用下热量从温度高的一层传递到温度低的一层。导热的特点是两传热物体之间有接触，无相对运动。

2. 对流

对流是指流动着的流体和固体表面接触时，在温差作用下进行的热量从高温向低温传递的现象。图 5-5 为过热器的热交换图，管外的高温烟气流与管外壁面 1 发生相对运动，对流换热将高温烟气流的热量传递给管外壁面，管外壁面通过导热将热量传递到管内壁面，管内的低温蒸汽流（过热蒸汽）与管内壁面 2 发生相对运动，对流换热将管内壁面的热量传递给管内蒸汽流。在热量传递过程中，经历两次对流换热和一次导热。它的特点是两传热物体之间有接触，有相对运动。

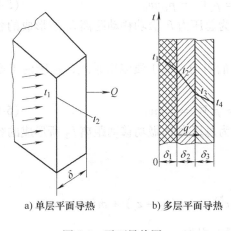

a) 单层平面导热　　b) 多层平面导热

图 5-4　平面导热图

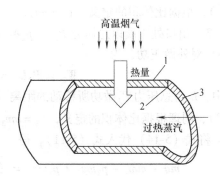

图 5-5　过热器的热交换图
1—外壁面　2—内壁面　3—管壁

3. 辐射

辐射是指物体通过发射电磁波向外传递热量的现象。任何物体只要温度高于绝对零度，物体内部的带电粒子热运动都会激发出电磁波，不断地将热能转变成辐射能向外发射。自然界的物体都具有发射和吸收辐射的能力，不同的是，高温物体散发的热量多于吸收的热量使其温度降低；低温物体吸收的热量多于散发的热量使其温度上升，直到高温物体与低温物体的温度趋向一致，当两物体温度相同时，辐射换热仍在进行，但换热量为零，处于热动平衡状态。锅炉炉膛中央的高温火焰对四周的水冷壁管的传热主要是辐射换热。它的特点是两传热物体之间无接触，无相对运动。

实际的传热过程往往是三种换热方式同时存在，单一的换热方式是极少见的。

5.2.3　开口系恒定流热力学系统的能量方程

图 5-6 为一开口系恒定流热力学系统能量平衡模型图，假设系统与外界的物质交换为工质流量 m，与外界的热交换的热量为 Q，对外界做功为 W，在进口断面单位工质的参数为压力 p_1、比体积 v_1、比热力学能 u_1、宏观速度 c_1、宏观位置 z_1、比焓 h_1、温度 t_1 和断面面积 A_1，在出口断面单位工质的参数为压力 p_2、比体积 v_2、比热力学能 u_2、宏观速度 c_2、宏观位

置 z_2、比焓 h_2、温度 t_2 和断面面积 A_2。根据能量守恒定律可得

$$Q - W = \frac{1}{2}m(c_2^2 - c_1^2) + mg(z_2 - z_1) + (U_2 - U_1) \tag{5-11}$$

式中，Q 为工质 m（kg）与外界热交换的热量（J），$Q = mq$；q 为单位质量工质与外界热交换的热量（J）；W 为工质 m（kg）在系统内对外所做的功（J），$W = mw_s$，w_s 为单位质量工质在系统内对外做的功；U 为工质 m（kg）的热力学能（J），$U = mu$。

工质 m（kg）在系统内对外所做的功由三部分组成：

1）工质 m（kg）对外所做的机械功（正功）为 W_s，即

$$W_s = mw_s \tag{5-12}$$

2）进口处工质以总压力 $P_1 = p_1A_1$ 克服前面的阻力，推动工质进入系统，如图 5-7 所示，系统内的工质 m（kg）对外做负功，为

$$W_1 = P_1L_1 = p_1A_1L_1 = p_1V_1 = p_1mv_1 \tag{5-13}$$

式中，L_1 为总压力 P_1 做功所移动的距离（m）；V_1 为总压力 P_1 做功移动距离 L_1 所形成的容积（m³），根据比体积的定义，$V_1 = mv_1$。

3）出口处工质以总压力 $P_2 = p_2A_2$ 克服后面的阻力，使工质流出系统，系统内工质 m（kg）对外做正功，为

$$W_2 = P_2L_2 = p_2A_2L_2 = p_2V_2 = p_2mv_2 \tag{5-14}$$

式中，L_2 为总压力 P_2 做功所移动的距离（m）；V_2 为总压力 P_2 做功移动距离 L_2 所形成的容积（m³），同理根据比体积的定义，$V_2 = mv_2$。

将式（5-14）代入式（5-11），得

$$mq - mw_s - p_2mv_2 + p_1mv_1 = \frac{1}{2}m(c_2^2 - c_1^2) + mg(z_2 - z_1) + m(u_2 - u_1)$$

最后得到开口系恒定流热力学系统单位工质的能量方程为

$$q - w_s = \frac{1}{2}(c_2^2 - c_1^2) + g(z_2 - z_1) + (h_2 - h_1) \tag{5-15}$$

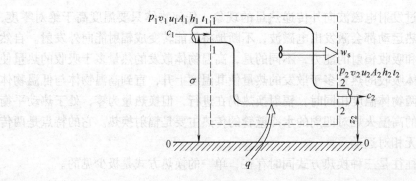

图 5-6　开口系恒定流热力学系统能量平衡模型图

对于汽轮机，由于汽缸的绝热性能较好，可认为与外界没有热量交换，即 $q \approx 0$，进出汽轮机工质的宏观动能变化和宏观位能变化较小，相对比焓的变化可以忽略不计，即 $\frac{1}{2}(c_2^2 - c_1^2) \approx 0$，$g(z_2 - z_1) \approx 0$，则开口系恒定流热力学系统能量方程在汽轮机中的表达式为

$$\omega_s = h_1 - h_2 \qquad (5\text{-}16)$$

即水蒸气在绝热条件下流经汽轮机时，是通过水蒸气的焓降（$h_1 - h_2$）来转变成机械功的。

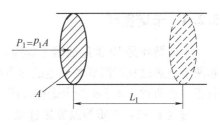

图 5-7　压力做功示意图

对于回热加热器，由于对外界没有做功，即 $\omega_s = 0$，进出回热加热器工质的宏观动能变化和宏观位能变化较小，相对比焓的变化可以忽略不计，即 $\frac{1}{2}(c_2^2 - c_1^2) \approx 0$，$g(z_2 - z_1) \approx 0$，则开口系恒定流热力学系统能量方程在回热加热器中的表达式为

$$q = h_2 - h_1 \qquad (5\text{-}17)$$

即锅炉给水在回热加热器中的吸热量等于水自身的比焓上升值（$h_2 - h_1$）。

对于喷嘴，由于与外界既没有热量交换，$q \approx 0$，也没有做功，叫 $\omega_s \approx 0$，进出喷嘴工质的宏观位能较小，变化相对比焓的变化可以忽略不计，$g(z_2 - z_1) \approx 0$，则开口系恒定流热力学系统能量方程在喷嘴中的表达式为

$$\frac{1}{2}(c_2^2 - c_1^2) = h_1 - h_2 \qquad (5\text{-}18)$$

即水蒸气在绝热条件下流经喷嘴时，是通过水蒸气的焓降 $h_1 - h_2$ 来转变成水蒸气的动能增加值的。

在给定工质的压力 p 和温度 t 条件下，通过查状态参数曲线或状态参数表，能够方便地查出工质的比焓 h，所以能量方程是热力学计算中一个重要的公式。

【例 5-2】已知喷嘴进口蒸汽参数 $p_1 = 1.2\text{MPa}$，$t_1 = 400℃$，喷嘴出口蒸汽参数 $p_2 = 0.7\text{MPa}$，喷嘴出口面积 $A_2 = 30\text{cm}^2$。蒸汽在喷嘴中可以认为是绝热膨胀（$d_s = 0$），请计算喷嘴出口的蒸汽流速 c_2 和通过喷嘴的蒸汽流量 D。

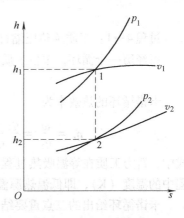

图 5-8　例 5-2 焓熵图

解：在图 5-8 中找到压力为 p_1 的等压力线和温度为 t_1 的等温度线（焓熵图中湿蒸汽区等压线就是等温线），得两线的交点 1，点 1 的纵坐标就是喷嘴进口蒸汽的比焓 h_1，查得 $h_1 = 3260\text{kJ/kg}$。

因为是绝热膨胀，$d_s = 0$，所以过点 1 作垂线与压力为 p_2 的等压力线相交，得交点 2，点 2 的纵坐标就是喷嘴出口蒸汽的比焓 h_2。并查得 $h_2 = 3108\text{kJ/kg}$，$v_2 = 0.41\text{m}^3/\text{kg}$。

一般喷嘴进口蒸汽流速远远小于喷嘴出口蒸汽流速，可认为进口蒸汽流速 $c_1 \approx 0$，则根据式（5-18）可得喷嘴出口的蒸汽流速为

$$c_2 = 1.414\sqrt{h_1 - h_2} = 1.414\sqrt{(3260 - 3108) \times 10^3}\,\text{m/s} = 551.3\text{m/s}$$

通过喷嘴的蒸汽流量为

$$D = \frac{A_2 c_2}{v_2} = \frac{30 \times 10^{-4} \times 551.3}{0.41}\,\text{kg/s} = 4.03\text{kg/s}$$

5.2.4 卡诺循环

卡诺循环是 19 世纪法国工程师 S·卡诺提出的，因而得名。卡诺循环由两个等温过程和两个绝热过程所组成的可逆的热力循环，是一个不计散热和摩擦等损耗的理想热力循环，分正、逆两种。图 5-9 为卡诺循环图。

过程 1→2：工质等温吸热过程，工质的温度不变，比熵从 s_1 增大到 s_2，吸热量为

$$q_1 = S_{12561} = T_1(s_2 - s_1) \tag{5-19}$$

式中，S_{12561} 为过程曲线 1→2 与 s 轴所围成的面积。

过程 2→3：工质绝热膨胀过程，工质的比熵不变，温度从 T_1 下降到 T_2。

过程 3→4：工质等温放热过程，工质的温度不变，比熵从 s_2 减小到 s_1，放热量为

$$q_2 = S_{43564} = T_2(s_2 - s_1) \tag{5-20}$$

式中，S_{43564} 为过程曲线 3→4 与 s 轴所围成的面积。

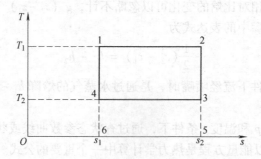

图 5-9　卡诺循环图

过程 4→1：工质绝热压缩过程，工质的比熵不变，温度从 T_2 上升到 T_1。

每经历一个循环，单位工质所做的功为

$$\omega = q_1 - q_2 \tag{5-21}$$

卡诺循环的热效率为

$$\eta_t = \frac{\omega}{q_1} = \frac{q_1 - q_2}{q_1} = 1 - \frac{q_2}{q_1} = 1 - \frac{T_2(s_2 - s_1)}{T_1(s_2 - s_1)} = 1 - \frac{T_2}{T_1} \tag{5-22}$$

式中，T_1 为工质在等温吸热过程中的温度（K），即高温热源温度；T_2 为工质在等温放热过程中的温度（K），即低温热源温度。

卡诺循环给出的三点重要结论：

1）循环热效率取决于高、低温热源的温度 T_1、T_2，与工质的性质无关。提高 T_1 或降低 T_2 都可以提高循环热效率。

2）循环热效率只能小于 1，因为 $T_1 = \infty$ 或 $T_2 = 0$ 都是不可能的。这说明在热机中不可能将从热源得到的热量全部转变为机械能，必然有一部分冷源损失。这遵循热力学第二定律。

3）当 $T_1 = T_2$ 时，$\eta_t = 0$，这说明只有单一热源的热动力机是不存在的，要利用热能产生动力，就一定要有温差。

根据热力学第二定律，在相同的高、低温热源温度 T_1 与 T_2 之间工作的一切循环中，以卡诺循环的热效率为最高，称为**卡诺定理**。卡诺循环具有极为重要的理论和实际意义。虽然

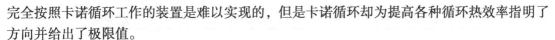

完全按照卡诺循环工作的装置是难以实现的，但是卡诺循环却为提高各种循环热效率指明了方向并给出了极限值。

在实际火电厂热动力机的热力循环中，工质的上限温度 T_1 是由金属材料可以长期工作的许用温度决定的，根据目前的技术水平，T_1 很少高于 600℃。工质的下限温度 T_2 是由环境温度决定的，一般水电厂周围的环境温度 T_2 为 20℃ 左右。假如实际火电厂的热力循环能按卡诺循环运行，则最高的卡诺循环热效率应为

$$\eta_t = 1 - \frac{T_2}{T_1} = 1 - \frac{273 + 20}{273 + 600} = 66.4\%$$

实际火电厂热力循环的热效率远远小于 66.4%，目前最现代的大型火电厂热力循环的热效率也很少达到 45%。

5.3　水蒸气的定压形成过程

5.3.1　水蒸气的形成过程

1. 常用名词

未饱和水——还没有汽化的水。

饱和水——刚开始汽化和正在汽化过程中的水。

饱和温度 t_s（汽化温度）——水刚开始汽化和正在汽化过程中的温度。

饱和压力 p_s（汽化压力）——水刚开始汽化和正在汽化过程中的压力。饱和压力与饱和温度有一一对应的关系。

饱和蒸汽——水汽共存时的蒸汽，蒸汽中含有水分时称为湿饱和蒸汽，简称湿蒸汽；蒸汽中不含有水分时称为干饱和蒸汽，简称干蒸汽。

过热蒸汽——将干饱和蒸汽进一步加热到 t（高于饱和温度 t_s），就成为过热蒸汽，过热度 $D = t - t_s$。过热蒸汽的温度与压力不再有一一对应的关系，过热蒸汽的温度 t 完全由金属材料可以长期工作的许用温度决定。

干度 x——表示水汽共存时饱和蒸汽中的含汽量，即

$$x = \frac{m}{m + n} \tag{5-23}$$

式中，m 为湿蒸汽中的蒸汽质量（kg）；n 为湿蒸汽中的水分质量（kg）。

对于未饱和水和饱和水，$x = 0$；对于干蒸汽和过热蒸汽，$x = 1$；对于湿蒸汽，$0 < x < 1$。

2. 水蒸气的形成

工质在从水转变成过热蒸汽的过程中，要经历预热、汽化和过热三个阶段。实际火电厂水蒸气的产生是在近似定压条件下进行的。水蒸气在定压条件下的形成过程如图 5-10 所示。

容器中装有 1kg 温度为 0℃ 的未饱和水（称过冷水），水面上压着活塞及重物，假设活塞与容器内壁面没有摩擦阻力，活塞及重物向下产生恒定的压力 p_a，使工质始终处于定压条件下，如图 5-11 水蒸气形成的三阶段图中的粗实线 p_a 所示。容器底部有高温热源不断地在加热。

（1）未饱和水的定压预热过程

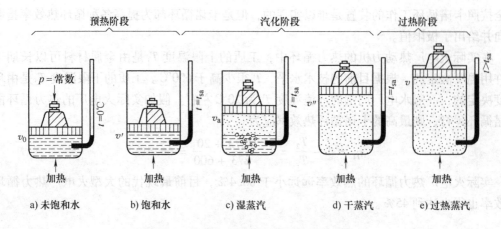

a) 未饱和水　　　b) 饱和水　　　c) 湿蒸汽　　　d) 干蒸汽　　　e) 过热蒸汽

图 5-10　水蒸气在定压条件下的形成过程

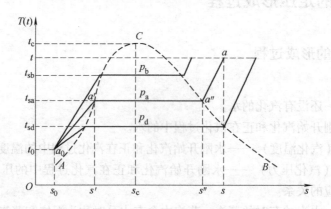

图 5-11　水蒸气形成的三阶段图

温度：从 0℃ 上升到 t_{sa}。

压力：不变，$p = p_a$。

比体积：从 v_0 增大到 v'。

比焓：从 h_0 增大到 h'。

比熵：从 s_0 增大到 s'。

干度：不变，$x = 0$。

过程线：$a_0 \rightarrow a'$。

状态：从未饱和水变成饱和水。

吸热量：液体热 $q' = h' - h_0$。

（2）饱和水的定压汽化过程

温度：不变 $t = t_{sa}$。

压力：不变，$p = p_a$。

比体积：从 v' 增大到 v''。

比焓：从 h' 增大到 h''。

比熵：从 s' 增大到 s''。

干度：从 $x = 0$ 增大到 $x = 1$。

过程线：$a' \rightarrow a''$。

状态：从饱和水变成干蒸汽。

吸热量：汽化潜热 $r = h'' - h'$。

（3）干蒸汽的定压过热过程

温度：从 t_{sa} 增大到 t（一般不超过 600℃）。

压力：不变，$p = p_a$。

比体积：从 v'' 增大到 v。

比焓：从 h'' 增大到 h。

比熵：从 s'' 增大到 s。

干度：不变，$x = 1$。

过程线：$a'' \rightarrow a$。

状态：从干蒸汽变成过热蒸汽。

吸热量：过热热 $q'' = h - h''$。

单位工质从过冷水加热成过热蒸汽，整个过程的吸热量为

$$q = q' + r + q'' = h - h_0$$

5.3.2　水蒸气形成 T—s 图上的一点、两线、三区域、五状态

如果加大活塞对水的压力，使定压 $p_b > p_a$，从未饱和水变成过热蒸汽同样要经历预热、汽化和过热三个过程，如图 5-11 中实线 p_b 所示，不同的是由于压力升高，饱和温度 $t_{sb} > t_{sa}$，汽化过程缩短，所需的汽化潜热 r 减小；减小活塞对水的压力，使定压 $p_d < p_a$，从未饱和水变成过热蒸汽同样要经历预热、汽化和过热三个过程，如图 5-11 中实线 p_d 所示，不同的是由于压力下降，饱和温度 $t_{sd} < t_{sa}$，汽化过程加长，所需的汽化潜热 r 增大。

将不同压力下的饱和水状态点连接起来，得 CA 线，称为**饱和水线**；将不同压力下的干蒸汽状态点连接起来，得 CB 线，称为**干蒸汽线**。在 T—s 坐标平面图上得到一点、两线、三区域，如图 5-11 中的虚线所示。

一点：随着压力的升高，饱和温度升高，汽化过程缩短，所需的汽化潜热减小，当压力 $p = 22.129$MPa 时，不再有汽化过程，所需的汽化潜热 $r = 0$。该点称为水的**临界点 C**。

两线：CA 线（饱和水线），即不同压力下的饱和水状态点的连线，特点为 $x = 0$；CB 线（干蒸汽线），即不同压力下的干蒸汽状态点的连线，特点为 $x = 1$。

三区域：CA 线的左边——未饱和水区，不同压力下未饱和水状态点的集合，特点为 $x = 0$；CB 线的右边——过热蒸汽区，不同压力下过热蒸汽状态点的集合，特点为 $x = 1$，过热度 $D = t - t_s$；CA 线与 CB 线之间——湿蒸汽区，不同压力下湿蒸汽状态点的集合，特点为 $0 < x < 1$。

五状态：CA 线的左边区域为未饱和水状态；CA 线为饱和水状态；CA 线与 CB 线之间区域为湿蒸汽状态；CB 线为干蒸汽状态；CB 线的右边区域为过热蒸汽状态。

在图 5-1 水蒸气的焓熵图中也可以找到对应的 A、B、C 三点，CA 线为饱和水线，CB 线为干蒸汽线，与 T—s 图不同的是 C 不在正上方，而在稍偏左的中部。

在相同的压力下，工质作为过热蒸汽状态时单位工质所携带的热能要比其他状态时所携带的热能多很多，从工质的状态参数表可以看出，随着工质的压力上升，工质的饱和温度也

上升，工质所具有的比焓大大增加，工质所携带的热能大大增加。也就是说只有高压才有可能高温；只有高压高温，单位工质携带的热能才会大大增加，从而使热力设备的体积减小，投资节省，效率提高。所以现代大型火电厂锅炉和汽轮机的工作压力越来越高，最高工作压力已超过临界压力 p_c。

【例5-3】 某密闭容器内工质的绝对压力 $p=1\text{MPa}$，温度 $t=300℃$，请确定工质的状态和其他四个状态参数。

解：查表得绝对压力 $p=1\text{MPa}$ 时，工质的饱和温度 $t_s=179.88℃$，因为 $t>t_s$，所以工质为过热蒸汽状态。

查表，过热蒸汽绝对压力 $p=1\text{MPa}$，温度 $t=300℃$ 时，比体积 $v=0.258\text{m}^3/\text{kg}$，比焓 $h=3051.3\text{kJ/kg}$，比熵 $s=7.1239\text{kJ/(kg·K)}$。

根据比焓的定义公式可得

比热力学能 $u=h-pv=3051.3\text{kJ/kg}-(1\times10^3)\times0.258\text{kJ/kg}=2793.3\text{kJ/kg}$

5.4 水蒸气动力循环

5.4.1 朗肯循环

朗肯循环是一种实际的热力循环，实际火电厂的热力循环都遵循朗肯循环，并在此基础上进一步改进。

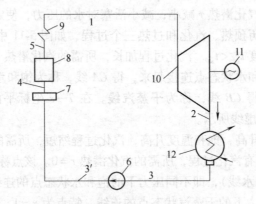

图 5-12 朗肯循环热力设备示意图

1—主蒸汽管 2—排汽管 3—凝结水管 3′—给水管 4—省煤器出水管
5—干蒸汽引出管 6—凝结水泵 7—省煤器 8—锅炉 9—过热器 10—汽轮机
11—发电机 12—凝汽器

朗肯循环由6个过程构成一个封闭的热力循环，朗肯循环热力设备示意图如图5-12所示，朗肯循环 $T-s$ 图如图5-13所示。

1）过程1→2，在汽轮机中绝热膨胀做功。

温度：从 t_1 下降到 t_{s2}（t_{s2} 与 p_2 对应）。

压力：从 p_1 下降到 p_2。

比体积：增大。

比焓：从 h_1 减小到 h_2，单位工质对汽轮机做功 $w_s = h_1 - h_2$。

比熵：不变，$s_2 = s_1$，近似认为汽轮机不散热。

干度：从 $x = 1$ 减小到 $0 < x < 1$。

状态：从高压过热蒸汽变成低压湿蒸汽。

2）过程 2→3，在凝汽器中等温放热。

温度：不变，$t = t_{s2}$。

压力：不变，$p = p_2$。

比体积：减小。

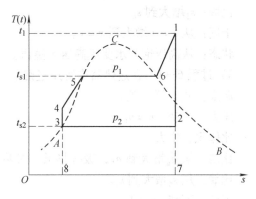

图 5-13　朗肯循环 T—s 图

比焓：从 h_2 减小到 h_3，放出热量，汽化潜热 $r_2 = h_2 - h_3$。

比熵：从 s_2 减小到 s_3。

干度：从 $0 < x < 1$ 减小到 $x = 0$。

状态：从低压湿蒸汽变成低压饱和水。

3）过程 3→4，在凝结水泵中绝热压缩。

温度：上升极小，可认为近似不变。

压力：从 p_2 上升到 p_1。

比体积：减小极少（因为水的压缩性极小）。

比焓：从 h_3 增大到 h_4，水泵对单位工质做功 $w_p = h_4 - h_3$。

比熵：不变，$s_4 = s_3$，近似认为给水泵不散热。

干度：不变，$x = 0$。

状态：从低压饱和水变成高压未饱和水。

由于温度 T、比熵 s 变化都很小，所以 T—s 图中的点 3、4 应该几乎重合，但是点 3 的工质状态是低压饱和水，点 4 的工质状态是高压未饱和水。为了表示工质的状态不同，在 T—s 图中将点 3、4 分离表示。

4）过程 4→5，在省煤器和水冷壁的中下部定压预热。

温度：从 t_{s2} 上升到 t_{s1}（t_{s1} 与 p_1 对应）。

压力：不变，$p = p_1$。

比体积：增大。

比焓：从 h_4 增大到 h_5，吸收热量，液体热 $q' = h_5 - h_4$。

比熵：从 s_4 增大到 s_5。

干度：不变，$x = 0$。

状态：从高压未饱和水变成高压饱和水。

5）过程 5→6，在水冷壁的上部等温汽化。

温度：不变，$t = t_{s1}$。

压力：不变，$p = p_1$。

比体积：增大。

比焓：从 h_5 增大到 h_6，吸收热量，汽化潜热 $r_1 = h_6 - h_5$。

比熵：s_5 增大到 s_6。

干度：从 $x = 0$ 增大到 $x = 1$。

状态：从高压饱和水变成高压干蒸汽。

6）过程 6→1，在过热器中等压过热。

温度：从 t_{s1} 增大到 t_1。

压力：不变，$p = p_1$。

比体积：增大。

比熵：从 h_6 增大到 h_1，吸收热量，过热量 $q'' = h_1 - h_6$。

比熵：从 s_6 增大到 s_1。

干度：不变，$x = 1$。

状态：从高压干蒸汽变成高压过热蒸汽。

6 个过程周而复始，永远循环。朗肯循环热效率的定量计算如下：

单位工质每经历一次循环向外输出的净功 w 是单位工质对汽轮机所做的功 w_s 与水泵对单位工质所做的功 w_p 之差值，即

$$w = w_s - w_p = (h_1 - h_2) - (h_4 - h_3) \tag{5-24}$$

或者是单位工质向热源吸取的热量 q_{in} 与单位工质向冷源放出的热量 q_o 之差值，即

$$w = q_{in} - q_o = (q' + r_1 + q'') - r_2 = (h_1 - h_4) - (h_2 - h_3) \tag{5-25}$$

所以基本朗肯循环的热效率

$$\eta_t = \frac{w}{q_{in}} = \frac{(h_1 - h_2) - (h_4 - h_3)}{h_1 - h_4} = \frac{(h_1 - h_2) - (h_4 - h_3)}{h_1 - h_4 + h_3 - h_3} = \frac{(h_1 - h_2) - w_p}{(h_1 - h_3) - w_p} \tag{5-26}$$

在现代高温、高压火电厂中，给水泵对单位工质所做的功 w_p 远远小于单位工质对汽轮机所做的功 w_s，例如在 $p_1 = 17\text{MPa}$ 的火电厂，w_p 仅占 w_s 的 1.5% 左右。因此，在循环热效率计算中常将水泵做功忽略不计，则

$$\eta_t = \frac{h_1 - h_2}{h_1 - h_3} \tag{5-27}$$

式中，h_1 为压力为 p_1、温度为 t_1 下的过热蒸汽的比熵（kJ/kg）；h_2 为压力为 p_2 下的汽轮机乏汽（湿蒸汽）的比熵（kJ/kg）；h_3 为压力为 p_2 下的饱和水的比熵（kJ/kg）。

【例 5-4】某火电厂的机组按朗肯循环方式运行，汽轮机进汽参数 $p_1 = 14\text{MPa}$，$t_1 = 540℃$，排汽压力 $p_2 = 0.004\text{MPa}$、干度 $x = 0.88$，求朗肯循环热效率 η_t。

解：通过查表可得：

$p_1 = 14\text{MPa}$、$t_1 = 540℃$ 的过热蒸汽的比熵 $h_1 = 3432.5\text{kJ/kg}$；$p_2 = 0.004\text{MPa}$ 的饱和水的比熵 $h_3 = 121.41\text{kJ/kg}$；$p_2 = 0.004\text{MPa}$ 的饱和干蒸汽的比熵为 2554.1kJ/kg。

由于湿蒸汽的状态参数在参数表内无法查到，实际计算中根据湿蒸汽的干度 x，在饱和水参数与干蒸汽参数之间采用插入法求得：

干度为 x 的湿蒸汽的比体积 $v_x = (1 - x)v' + xv''$

干度为 x 的湿蒸汽的比熵 $h_x = (1 - x)h' + xh''$

干度为 x 的湿蒸汽的比熵 $s_x = (1 - x)s' + xs''$

因此，$p_2 = 0.004\text{MPa}$、$x = 0.88$ 的乏汽（湿蒸汽）的比熵

$$h_2 = (1 - 0.88) \times 121.41\text{kJ/kg} + 0.88 \times 2554.1\text{kJ/kg} = 2262.18\text{kJ/kg}$$

所以该火电厂的朗肯循环热效率

$$\eta_t = \frac{h_1 - h_2}{h_1 - h_3} = \frac{3432.5 - 2262.18}{3432.5 - 121.41} = 35.35\%$$

由此可见，朗肯循环热效率比卡诺循环热效率低得多。定性分析时，朗肯循环的热效率可以用 T—s 图中的面积比表示，其计算式为

$$\eta_t = \frac{S_{1784561} - S_{27832}}{S_{1784561}} = \frac{S_{1234561}}{S_{1784561}}$$

增大面积 $S_{1234561}$ 或减小面积 S_{27832} 是提高朗肯循环热效率的主要思路。

5.4.2　提高朗肯循环热效率的途径

提高朗肯循环热效率的途径可以从两个方面着手，共有五种措施，具体如下：

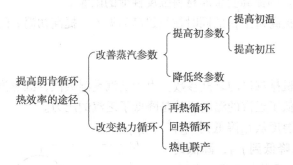

1. 提高初参数

所谓初参数就是汽轮机进口的过热蒸汽参数，也称**新蒸汽参数**。由于过热蒸汽的温度与压力不再有一一对应的关系，因此提高初参数又有提高初温和提高初压两种措施。

（1）提高初温 t_1　在压力 p_1 不变的条件下，将过热蒸汽的温度从 t_1 提高到 t'_1，图 5-14 为提高初温的 T—s 图，在 T—s 图上热力循环过程变成过程 $1' \rightarrow 2' \rightarrow 3 \rightarrow 4 \rightarrow 5 \rightarrow 6 \rightarrow 1'$。增加吸热面积 $S_{11'2'21}$ 的同时，也增加了放热面积 $S_{22'782}$，因此提高循环热效率的效果不是很明显。

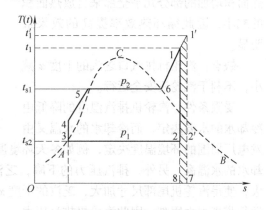

图 5-14　提高初温的 T—s 图

优点：汽轮机排汽的乏汽状态点从点 2 移到点 2'，乏汽的干度 x 增大，乏汽中的水珠含量减少，水珠对叶片的腐蚀减轻，水珠对叶片背面的撞击阻力减小，有利于汽轮机的安全运行。

受限条件：初温 t_1 的提高受金属材料热性能的限制，按目前的金属材料的技术水平，t_1 很少高于 600℃。

（2）提高初压 p_1　在过热蒸汽温度 t_1 不变的条件下，将高压段的压力从 p_1 提高到 p'_1，高压段的饱和温度也从 t_{s1} 提高到 t'_{s1}，提高初压的 T—s 图如图 5-15 所示。

在 T—s 图上热力循环过程变成过程 $1'→2'→3→4→5'→6'→1'$。在放热面积 $S_{32'783}$ 不变的条件下，吸热面积几乎净增加了面积 $S_{1'6545'6'1'}$，因此提高循环热效率的效果明显。

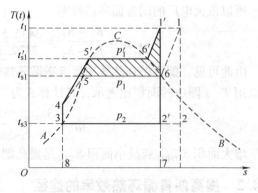

图 5-15 提高初压的 T—s 图

缺点：汽轮机排汽的乏汽状态点从点 2 移到点 2'，乏汽的干度 x 减小，乏汽中的水珠含量增多，水珠对叶片的腐蚀加重，水珠对叶片背面的撞击阻力增大，不利于汽轮机的安全运行，通常乏汽的干度 x 不得小于 0.88。

受限条件：初压 p_1 的提高受金属材料强度性能的限制。

结论：实际中在提高初压 p_1 的同时往往提高初温 t_1，提高初温 t_1 的主要目的是为了提高汽轮机排气干度 x。

2. 降低终参数

终参数就是汽轮机排汽口的乏汽参数。由于乏汽是湿蒸汽，湿蒸汽的温度与压力有一一对应的关系，因此降低了乏汽的温度也就是降低了乏汽的压力。

将汽轮机的排汽温度从 t_{s2} 降低到 t'_{s2}，对应的排汽压力从 p_2 降低到 p'_2，降低终压的 T—s 图如图 5-16 所示，在 T—s 图上热力循环过程变成过程 $1→2'→3'→4'→4→5→6→1$。吸热面积增加了 $S_{4322'3'4'4}$，吸热面积增加的部分几乎全部来自放热面积的减小，因此循环热效率提高的效果最明显。

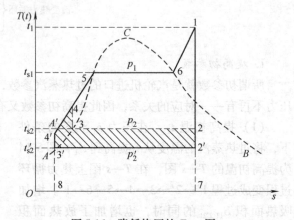

图 5-16 降低终压的 T—s 图

缺点：汽轮机排汽口乏汽的干度 x 减小，不利于汽轮机安全运行。

受限条件：汽轮机排汽温度的降低由冷却水的水温决定，而冷却水的水温又由发电厂周围的环境温度决定，例如冬天环境温度低，冷却水的水温低；夏天环境温度高，冷却水的水温高。另外，排汽压力的下降，乏汽的比体积增大，汽轮机末级叶片长度尺寸增大，使得汽轮机尾部尺寸加大，乏汽的干度 x 下降使汽轮机工作条件恶化，给汽轮机的制造运行带来很大困难，因此汽轮机排汽压力 p_2 一般不低于 0.0034MPa。

3. 再热循环

再热循环热力设备示意图如图 5-17 所示，再热循环 T—s 图如图 5-18 所示，就是将在高压缸 12 中做了部分功的蒸汽再送回到锅炉的再热器 11 中，重新加热到 t_1，再引回到低压缸 13 中继续做功。在 T—s 图上热力循环过程变成过程 $1→6'→1'→2'→3→4→5→6→1$，增加吸热面积 $S_{6'1'2'26'}$ 的同时，也增加了放热面积 $S_{22'782}$，只要再热压力合适（p_1 的 20% ~25%），仍能提高循环热效率，一次再热能提高循环热效率 3% ~4.5%。

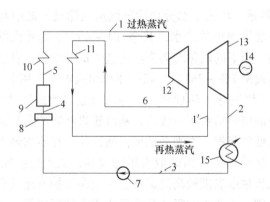

图 5-17   再热循环热力设备示意图

1—主蒸汽管   1′—再热蒸汽热段管   2—排汽管   3—凝结水管   4—省煤器出水管

5—干蒸汽引出管   6—再热蒸汽冷段管   7—凝结水泵   8—省煤器   9—锅炉   10—过热器

11—再热器   12—高压缸   13—低压缸   14—发电机   15—凝汽器

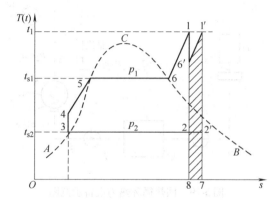

图 5-18   再热循环 T—s 图

优点：汽轮机排汽的乏汽状态点从点 2 移到点 2′，乏汽的干度 x 增大，有利于汽轮机的安全运行。另外，单位工质的做功增大，汽轮机的耗汽量减少，相应的过流设备的体积可以减小。

受限条件：每再热一次，在汽轮机与锅炉之间增加了一对再热蒸汽冷热管道，汽轮机的汽缸增多，使管网复杂设备增加，投资增大。一般最多采用两次再热循环（此时汽轮机有高、中、低三级汽缸）。

4. 回热循环

朗肯循环热效率比卡诺循环热效率低的根本原因是，朗肯循环过程中水蒸气形成的预热、汽化、过热三过程的工质温度是从低、中、高逐步上升，而卡诺循环的工质吸热过程温度是高恒温。因此，朗肯循环水蒸气形成的平均吸热温度比卡诺循环的工质吸热过程温度低很多。回热循环能提高朗肯循环工质预热前锅炉给水的水温，从而可以提高朗肯循环水蒸气形成的平均吸热温度，同时又减少了乏汽的放热量。

设进入汽轮机做功的新蒸汽质量为 1kg，回热循环热力设备示意图如图 5-19 所示，回热

循环 $T—s$ 图如图 5-20 所示，将做了部分功的蒸汽从汽轮机汽缸中间级中抽出 akg（$a<1$），送到回热加热器中用来加热锅炉的给水，其余（$1-a$）kg 的蒸汽继续做功。akg 蒸汽的热能一部分对汽轮机做功，余下的汽化潜热全部传递给锅炉给水，自己成为冷凝水。一级回热加热抽汽能提高循环热效率 1% ~2%，一般中压机组火电厂采用 2 ~5 级回热加热抽汽，高压机组火电厂采用 5 ~8 级回热加热抽汽。在给水泵进口前的回热加热器为低压回热加热，由于低压回热加热器中的锅炉给水压力较低，从汽轮机抽取的蒸汽温度不能太高，应在汽轮机的末几级抽取温度较低的蒸汽，否则会造成工质汽化。在给水泵出口后的回热加热器为高压回热加热，高压回热加热器中的锅炉给水压力较高，从汽轮机抽取的蒸汽温度允许高一点，应在汽轮机的前几级抽取温度较高的蒸汽。无论高压抽汽还是低压抽汽，都应保证被加热的水不发生汽化，否则由于蒸汽的吸热量远远小于水的吸热量，含汽量较高的工质通过炉膛内壁的水冷壁时，水冷壁的钢管容易发生过热爆管事故。

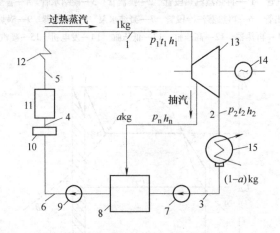

图 5-19 回热循环热力设备示意图

1—主蒸汽管 2—排气管 3—凝结水管 4—省煤器出水管 5—干蒸汽引出管
6—给水管 7—凝结水泵 8—回热加热器 9—给水泵 10—省煤器 11—锅炉
12—过热器 13—汽轮机 14—发电机 15—凝汽器

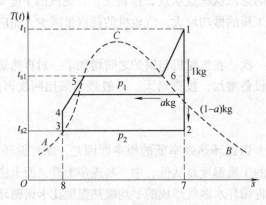

图 5-20 回热循环 $T—s$ 图

优点：对被抽取的这部分蒸汽来讲，在由蒸汽凝结成水的过程中，它的汽化潜热没有被冷却水带走，因此这部分蒸汽的热量利用率达 100%，所以对整个循环热效率提高的效果明显。另外，虽然单位工质在汽轮机中的做功减小使得耗汽量增大，但是整个循环的耗热量却减小，抽汽后继续做功的蒸汽量减少使得汽缸体积减小、叶片长度缩短，相应的过流设备的体积可以减小。

受限条件：每增加一次回热加热，就增加一根抽汽管、一根冷凝管和一只回热加热器，使管路复杂设备增加，而且，随着抽汽次数的增加，循环热效率增加不再明显。

5. 热电联产循环

将在汽轮机中做了大部分功的蒸汽，通过供热管路送往火电厂外需要供热的热用户，例如食品厂、造纸厂、织布厂、印染厂的生产供热、企事业单位和居民的取暖供热。放热后的冷凝水全部或部分流回火电厂的热力循环系统，将原来由凝汽器冷却水带走的热量转为向热用户供热，提高了蒸汽热能的利用率。这种又供热又供电的火电厂称热电厂。热电厂的热力循环根据排汽压力的不同有背压式热电联产循环和调节抽汽式热电联产循环两种。

（1）背压式热电联产循环　排汽压力为 0.13MPa 左右（排汽温度高于 107.1℃）的汽轮机称为背压式汽轮机，这种汽轮机的排汽压力、温度还能满足生产生活的供热要求，因此不设凝汽器，背压式热电联产循环热力设备示意图如图 5-21 所示，汽轮机的排汽用供热管道全部送到热用户 11 处作为热用户的热源，放热后的冷凝水部分或全部流回热电厂，再用给水泵 6 送入锅炉。理论上讲，背压式热电联产循环没有凝汽器的放热损失，蒸汽的热量利用率为 100%，但是由于供热管路的散热、蒸汽泄漏等原因，热能利用率只有 65%～70%。

缺点：由于汽轮机的排汽全部送往热用户，取消了凝汽器，因此，发电完全受供热的牵制，当热用户的耗汽量减小时，发电机的发电量被迫减小。

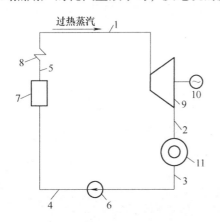

图 5-21　背压式热电联产循环热力设备示意图
1—主蒸汽管　2—排汽管　3—凝结水管
4—给水管　5—干蒸汽引出管　6—给水泵
7—锅炉　8—过热器　9—汽轮机
10—发电机　11—热用户

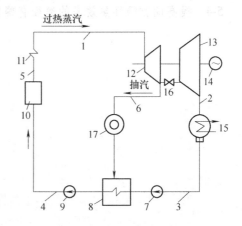

图 5-22　调节抽汽式热电联产循环热力设备示意图
1—主蒸汽管　2—排汽管　3—凝结水管
4—给水管　5—干蒸汽引出管　6—抽汽管　7—凝结水泵
8—回热加热器　9—给水泵　10—锅炉　11—过热器
12—高压缸　13—低压缸　14—发电机
15—凝汽器　16—调节阀　17—热用户

（2）调节抽汽式热电联产循环　图 5-22 为调节抽汽式热电联产循环热力设备示意图，汽轮机排出高压缸 12 的蒸汽压力为 0.35MPa 左右（排汽温度高于 138.88℃），排出高压缸仍具有较高压力和温度的蒸汽分两路：一路用供热管道送到热用户 17 处作为热用户的热源，放热后的蒸汽引回火电厂热力系统，再送入低压回热加热器 8 对冷凝水进行加热；另一路经调节阀 16 送入低压缸 13 继续做功，低压缸排出的乏汽由凝汽器 15 冷却成冷凝水。由于高压缸排出的蒸汽还需到低压缸做功，所以高压缸的排汽压力不能太低。由于仍存在凝汽器的放热损失，所以循环热效率比背压式热电联产循环低，但是比朗肯循环高。

调节阀的调节方法：当热负荷用汽量增大而电负荷不变时，开大汽轮机的总供汽阀，蒸汽供应量增加，同时关小调节阀，则高压缸的输出功率增大，低压缸的输出功率减小，汽轮机输出总功率不变，增加的蒸汽供应量全送往热用户。当电负荷增大而热用户用汽量不变时，开大汽轮机的总供汽阀，蒸汽供应量增加，同时开大调节阀，则高压缸的输出功率增大，低压缸的输出功率也增大，汽轮机总的输出功率增大，增加的蒸汽供应量全送往低压缸，热用户的供汽量不变。

优点：供热与供电相互不受影响，因此在实际的热电厂中被广泛采用。

应该指出，提高朗肯循环热效率的措施尽管有 5 种，但实际改进后的循环热效率一般仍只有 40% 左右，当前超超临界压力机组的净效率已逼近 50%。

 ## 复习与思考题

5-1 什么叫工质？什么叫热力过程？

5-2 简述热力学第一定律和热力学第二定律。

5-3 简述朗肯循环的过程。

5-4 提高朗肯循环热效率的途径有哪些？

教学目标

1. 了解锅炉设备的基本结构。
2. 了解锅炉的主要特性参数及分类。
3. 掌握锅炉设备中锅炉本体及辅助设备的作用、类型和结构特点。

　　锅炉设备是火电厂的两大热力设备之一。其作用有两个：一是使燃料高效率地燃烧；二是加热给水，生产出一定数量和质量的蒸汽。锅炉设备由锅炉本体和辅助设备组成。锅炉本体有汽水系统、燃料系统、炉墙和构架；锅炉辅助设备由通风设备、制粉设备、给水设备、除尘除灰设备和锅炉附件。

6.1　锅炉设备概述

6.1.1　锅炉在火电厂中的作用

　　火电厂的生产过程示意图如图 6-1 所示。燃料在锅炉中燃烧放出热量，加热给水形成饱和蒸汽，饱和蒸汽经进一步加热后成为具有一定温度和一定压力的过热蒸汽，过热蒸汽经主蒸汽管道进入汽轮机膨胀做功，带动发电机转子高速旋转并发出电能。在汽轮机中做完功的蒸汽排入凝汽器，在凝汽器中蒸汽被冷却，水冷却成凝结水，凝结水经凝结水泵升压后进入低压加热器，利用汽轮机的抽汽加热后进入除氧器除氧。除氧后的水由给水泵打入高压加热器，给水在高压加热器中利用汽轮机

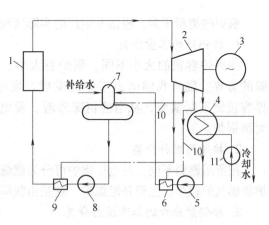

图 6-1　火电厂生产过程示意图

1—锅炉　2—汽轮机　3—发电机　4—凝汽器
5—凝结水泵　6—低压加热器　7—除氧器　8—给水泵
9—高压加热器　10—汽轮机抽气管道　11—循环水泵

抽汽进一步提高温度后重新回到锅炉。

由此看出，在火电厂生产过程中存在着三种形式的能量转换：在锅炉中燃料的化学能转变为过热蒸汽的热能；在汽轮机中蒸汽的热能转变为转子旋转的机械能；在发电机中机械能转变为电能。因此，锅炉、汽轮机、发电机被称为**火电厂的三大主机**。

6.1.2　锅炉的主要特性参数

1. 锅炉容量

锅炉容量是反映锅炉生产能力大小的基本特性参数，锅炉容量用蒸发量来表示，蒸发量是锅炉单位时间内产生的蒸汽量，一般是指锅炉在额定参数、额定给水温度和使用设计燃料时，每小时的最大连续蒸汽量。常用符号 D 表示，单位为 t/h。

2. 锅炉蒸汽参数

锅炉蒸汽参数是指锅炉过热器出口处过热蒸汽的压力（表压力）和温度。蒸汽压力用符号 P 表示，单位为 MPa；蒸汽温度用符号 t 来表示，单位为℃。

3. 锅炉效率

锅炉效率是表征锅炉运行经济性的指标。它是指锅炉产生蒸汽时有效利用的热量（输出热量 Q_1）与同时间内进入炉内燃烧的燃料在完全燃烧情况下所放出热量（输入热量 Q_r）的百分比，用符号 η 表示，即

$$\eta = \frac{Q_1}{Q_r} \times 100\% \tag{6-1}$$

一般来说，容量越大、设备越先进、运行管理越得当的锅炉，其效率越高。

6.1.3　锅炉的分类

锅炉的类型很多，根据发电厂的实际情况，可按以下几种方法进行分类。

1. 按锅炉的容量分类

按锅炉容量的大小不同，锅炉有大型、中型、小型之分，但它们之间没有固定、明确的分界。随着我国电力工业的发展，发电厂锅炉容量不断增大，大中小型锅炉的分界容量便不断演变，从当前情况来看，发电功率大于或等于 300MW 机组配置的锅炉为大型锅炉。

2. 按所用燃料分类

按所用燃料不同，发电厂锅炉可分为燃煤炉、燃油炉和燃气炉。我国发电厂锅炉中燃油炉和燃气炉较少，主要是燃煤炉，这是由我国的能源政策所决定的。

3. 按锅炉出口的蒸汽压力分类

按锅炉出口的蒸汽压力分类，发电厂锅炉可分为高电压、超高压、亚临界压力及超临界压力锅炉。表 6-1 列出了我国高压及以上的几种常见发电厂锅炉的分类情况。

表 6-1　常见发电厂的锅炉分类

锅炉类别	压力/MPa	温度/℃	锅炉容量/（t/h）	发电机组额定功率/MW
高压锅炉	9.8	510 540	220，230 440	50 100
超高压锅炉	13.7	555/555 540/540	400 670	125 200
亚临界压力锅炉	18.3	540/540	1025	300
超临界压力锅炉	25.3	543/569	1968	600

4. 按煤的燃烧方法分类

按煤的燃烧方法不同，发电厂锅炉有层状燃烧、悬浮燃烧、旋风燃烧和流化燃烧四种燃烧方法。在层状燃烧的锅炉中，块状固体燃料的燃烧在不断移动的链条式炉箅上进行，助燃空气从炉箅下面向上穿过煤块层，如图 6-2a 所示，这种锅炉又称为**链条炉**。悬浮燃烧适用于粉状固体油状燃料、气体燃料和液体状燃料，固体燃料必须制成煤粉，相应的锅炉称为煤粉炉。在悬浮燃烧的锅炉中，燃料与助燃空气一起从炉膛壁面上的燃烧器中喷射到炉膛中央，在空中一边下落，一边燃烧，如图 6-2b 所示。在旋风燃烧的锅炉中，高速运动的煤粉与助燃空气沿切线方向进入专门的燃烧室，一边旋转，一边燃烧，如图 6-2c 所示。流化燃烧方法介于层状燃烧和悬浮燃烧之间，具有一定粗细度的煤粒在炉床上保持一定的厚度，助燃空气从炉床下面向上将煤粒吹起，使煤粒悬浮在炉床上一定的高度范围燃烧，煤粒在空中上下运动就像开水沸腾一样，所以这种锅炉又称为**沸腾炉**，如图 6-2d 所示。

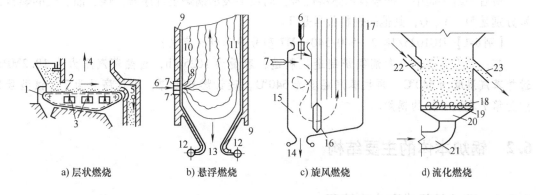

a) 层状燃烧　　b) 悬浮燃烧　　c) 旋风燃烧　　d) 流化燃烧

图 6-2　典型燃烧方法示意图

1—炉　2—煤块　3—助燃空气　4—烟气　5—灰　6—煤粉与一次风　7—二次风
8—燃烧器　9—炉墙　10—前墙水冷壁　11—后墙水冷壁　12—下联箱　13—灰渣
14—液态渣　15—旋风燃烧室　16—捕渣管　17—冷却室　18—风　19—布风板
20—风室　21—进风　22—进煤口　23—溢灰口

5. 按锅炉蒸发受热面内工质的流动方式分类

（1）自然循环锅炉 蒸发受热面内的工质依靠下降管中的水和上升管中的汽水混合物之间的密度差所产生的压差进行循环的锅炉称为**自然循环锅炉**。自然循环锅炉是亚临界压力以下锅炉的主要形式。

（2）强制循环锅炉 蒸发受热面内的工质主要依靠锅水循环泵的压头进行循环的锅炉称为**强制循环锅炉**，又称为辅助循环锅炉，它是在自然循环锅炉的基础上发展起来的。

（3）直流锅炉 依靠给水泵的压头给水，依次通过各受热面产生蒸汽的锅炉，称为**直流锅炉**。直流锅炉的特点是没有汽包，整台锅炉由许多管子并联，然后用联箱串联组成。

（4）复合循环锅炉 随着超临界压力锅炉的发展以及炉膛热强度的提高，由直流锅炉和强制循环锅炉联合发展起来的一种新的锅炉类型。

6.1.4 锅炉型号

锅炉型号是指锅炉产品的容量、参数、性能和规格，常用一组规定的符号和数字来表示。我国发电厂锅炉型号一般用四组字码表示，其表达形式如下：

$$\underset{1}{\triangle\triangle}\ \underset{2}{\times\times\times\times/\times\times\times}-\underset{3}{\times\times\times/\times\times\times}-\underset{4}{\triangle\times}$$

第一组符号表示制造厂家（HG 表示哈尔滨锅炉厂，SG 表示上海锅炉厂，DG 表示东方锅炉厂）。

第二组数字表示锅炉容量（分子）和锅炉出口过热蒸汽压力（分母）。

第三组数字表示过热蒸汽温度（分子）和再热蒸汽温度（分母），没有再热系统的锅炉没有这一组数字。

最后一组字码中，符号表示燃料代号，而数字表示锅炉设计序号。煤、油、气的燃料代号分别是 M、Y、Q，其他的燃料代号是 T。

【例6-1】 HG1025/18.2—540/540—M7 型号表示什么意义？

答：其型号表示哈尔滨锅炉制造厂制造，容量为 1025t/h，过热蒸汽压力为 18.2MPa，过热蒸汽温度为 540℃，再热蒸汽温度为 540℃，设计燃料为煤，设计序号为 7（该型号锅炉为第 7 次设计）的锅炉。

6.2 锅炉本体的主要结构

6.2.1 锅炉的组成和生产流程

1. 锅炉的组成

锅炉设备由锅炉本体、辅助设备和锅炉附件组成，图6-3为锅炉设备的组成。锅炉本体包括"锅"和"炉"两部分，锅是汽水系统，它的主要任务是有效吸收燃料释放出的热量，将水加热成过热蒸汽。对于自然循环锅炉，锅炉的汽水系统主要由省煤器、汽包、下降管、水冷壁、过热器、再热器和联箱等组成。炉是锅炉的燃烧系统，它的主要任务是使燃料在炉内充分燃烧，放出热量。它由炉膛、烟道、燃烧器和空气预热器等组成。

此外，锅炉本体还包括用来构成封闭炉膛和烟道的护墙，以及用来支撑和悬吊汽包、受热面、炉墙等设备的构架。锅炉辅助设备主要有通风设备、输煤设备、制粉设备、给水设备、除尘设备、除灰设备、自动控制设备及水处理设备等。锅炉附件有安全门、水位计、吹灰器及热工仪表等。

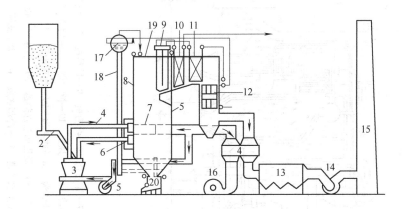

图 6-3 锅炉设备的组成

1—煤斗 2—给煤机 3—磨煤机 4—空气预热器 5—排粉风 6—燃烧器 7—炉膛 8—水冷壁
9—屏式过热器 10—高温过热器 11—低温过热器 12—省煤器 13—除尘器 14—引风机
15—烟囱 16—送风机 17—汽包 18—下降管 19—顶棚过热器 20—排渣口

2. 锅炉的生产流程

火电厂动力设备的所有工作都是以锅炉为核心沿燃烧系统和汽水系统两条线展开的。下面以图 6-4 所示采用煤粉炉的火电厂为例，介绍两大系统的生产流程，涉及的具体数据以某超高压火电厂为例（该火电厂过热蒸汽压力为 13.5MPa，过热蒸汽温度为 535℃）。

（1）燃烧系统生产流程 图 6-4 和图 6-5 中，来自煤场的原煤经带式机 1 输送到位置较高的原煤仓 2 中，原煤从原煤仓底部经给煤机 3 均匀地送入磨煤机 4 研磨成煤粉。自然界的大气经吸风口 23 由送风机 18 送到布置于锅炉垂直烟道中的空气预热器 17 内，接受烟气的加热，回收烟气余热。

从空气预热器出来约 250℃左右的热风分成两路：一路直接引入锅炉的燃烧器 11，作为二次风进入炉膛助燃。另一路则引入磨煤机入口，用来干燥、输送煤粉，这部分热风称为**一次风**。流动性极好的干燥煤粉与一次风组成的气粉混合物，经管路输送到粗粉分离器 5 进行粗粉分离，分离出的粗粉再送回到磨煤机入口重新研磨，而合格的细粉和一次风混合物送入细粉分离器 6 进行粉、气分离，分离出来的细粉送入煤粉仓 7 储存起来，由给粉机 8 根据锅炉热负荷的大小，控制煤粉仓底部放出的煤粉流量，同时从细粉分离器分离出来的一次风作为输送煤粉的动力，经过排粉机 9 加压后与给粉机送出的细粉再次混合成气粉混合物，由燃烧器喷入炉膛 12 燃烧。

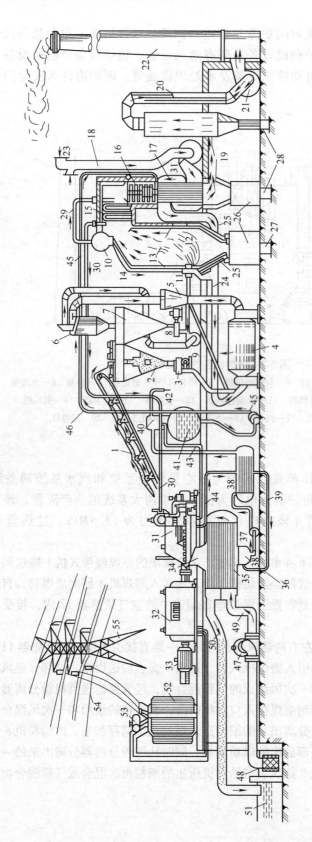

图 6-4　火电厂基本生产过程示意

1—带式机　2—原煤仓　3—给煤机　4—磨煤机　5—粗粉分离器　6—细粉分离器　7—煤粉仓　8—给粉机　9—排粉机　10—汽包
11—燃烧器　12—炉膛　13—水冷壁　14—下降管　15—过热器　16—省煤器　17—空气预热器　18—送风机　19—除尘器　20—烟道　21—引风机
22—烟囱　23—送风机的吸风口　24—一次风热风道　25—冷灰斗　26—排渣排烟设备　27—冲渣沟　28—冲灰沟　29—冲灰沟　30—主蒸汽管
31—给粉机　32—汽轮机　33—励磁机　34—乏汽口　35—凝汽器　36—凝结水泵　37—热井　38—低压回热加热器　39—疏水管　40—除氧器
41—给水箱　42—化学补充水　43—除氧器抽汽　44—回热抽汽　45—给水泵　46—高压给水管道　47—冷却水泵　48—吸水滤网　49—冷却水
50—凝汽器冷却水出水水池　51—江河或冷却水水池　52—主变压器　53—储油柜　54—高压输电线　55—铁塔

156

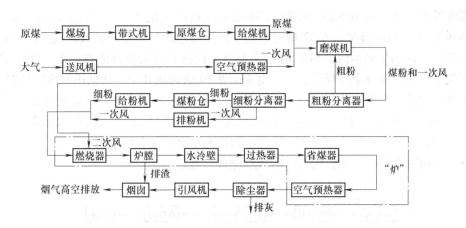

图 6-5　燃烧系统生产流程框图

一次风、煤粉和二次风通过燃烧器，喷射进入炉膛后充分混合着火燃烧，火焰中心温度高达 1600℃。火焰、高温烟气与布置在炉膛四壁的水冷壁 13 和炉膛上方的过热器 15 进行强烈的辐射、对流换热，将热量传递给水冷壁中的水和过热器中的蒸汽。燃尽的煤粉中少数颗粒较大的成为灰渣下落到炉膛底部的冷灰斗 25 中，由排渣排灰设备 26 连续或定期排走，而大部分颗粒较小的煤粉燃尽后成为飞灰被烟气携带上行。在炉膛上部出口处的烟气温度仍高达 1100℃。为了吸收利用烟气携带的热量，在水平烟道及垂直烟道内，布置有过热器 15、再热器（图 6-4 中没设置）、省煤器 16 和空气预热器 17。烟气和飞灰流经这些受热面时，进行对流换热，将烟气和飞灰的热量传给流经这些设备的蒸汽、水和空气，回收热能提高锅炉热效率。最后穿过空气预热器后的烟气和飞灰温度已下降到 110～130℃，失去了热能利用价值，经除尘器 19 除去烟气中的飞灰，由引风机 21 经烟囱 22 高空排入大气。

（2）汽水系统生产流程　图 6-4 和图 6-6 中，储存在给水箱 41 中的给水经给水泵 45 强行打入锅炉的高压给水管道 46，并导入省煤器。锅炉给水在省煤器管内吸收管外烟气和飞灰的热量，水温上升到 300℃左右，但从省煤器出来的水温仍低于该压力下的饱和温度（约330℃），属于高压未饱和水。水从省煤器出来后沿管路进入布置在锅炉外面顶部的汽包 10。汽包下半部是水，上半部是蒸汽。高压未饱和水沿汽包底部的下降管 14 到达锅炉外面底部的下联箱，锅炉底部四周的下联箱上并联安装了许多水管，这些水管穿过炉墙进入锅炉炉膛，在炉膛四周内壁构成水冷壁 13，高压未饱和水在水冷壁的水管内由下向上流动吸收炉膛中心火焰的辐射传热和高温烟气的对流传热，由于蒸汽的吸热能力远远小于水，所以规定水冷壁内的水的汽化率不得大于 40%，否则很容易因为工质来不及吸热发生水冷壁水管过热爆管事故。

水冷壁上部出口的汽水混合物再重新回到锅炉顶部的汽包内。在汽包内由汽水分离器进行分离，分离出来的高压饱和水与从省煤器送来的高压未饱和水混合后，再次通过下降管、下联箱、水冷壁，进行下一个水的汽化循环，汽包、下降管、下联箱和水冷壁构成水汽化的循环蒸发设备。而分离出来的高压饱和干蒸汽由饱和干蒸汽管 29 导入锅炉内炉膛顶部的过热器 15 中，继续吸收火焰和烟气的热量，成为高温高压的过热蒸汽。压力和温度都符合要求并携带着巨大热能的过热蒸汽由主蒸汽管 30 送入汽轮机 31，蒸汽在汽轮机中释放热能做功，将热能转为汽轮机转子旋转的机械能，做功后的低温低压乏汽从汽轮机乏汽口 34 排出，进入凝汽器35，由进入凝汽器的冷却水49带走乏汽的汽化潜热，乏汽全部凝结成凝结水，落入热井36中，再由凝结水泵37输送到低压回热加热器38，接受从汽轮机中抽出的做了部分功的蒸汽（回热加热抽汽）44对凝结水加热，以提高热力循环的热效率。抽出的蒸汽释放出汽化潜热后，自身全部凝结成水，由疏水管39送到热井中。从低压回热加热器38出来的低压未饱和热水在除氧器40中进行除氧处理，除氧用的蒸汽来自汽轮机中做了部分功的除氧抽汽43。汽水循环过程中总会有水汽泄漏、损失，因此必要时需向汽水系统补充经化学处理过的化学补充水（入口42），凝结水和补充水全汇集在给水箱中，进行再一次汽水动力循环，从而完成了一个完整的封闭的汽水循环过程。

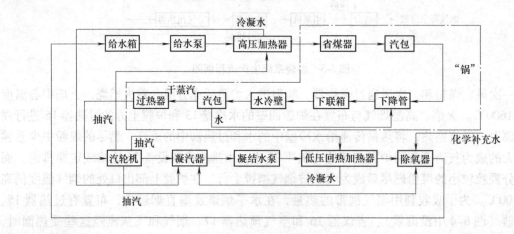

图6-6 汽水系统生产流程框图

6.2.2 燃烧设备

煤粉炉的燃烧设备包括燃烧器、点火装置和炉膛（燃烧室）。

1. 燃烧器

燃烧器是煤粉炉燃烧设备的重要组成部分，其作用是：将煤粉气流合理送入炉膛，并组织良好的气流结构，使煤粉迅速稳定地着火；及时供应空气，使燃料和空气充分混合，以使煤粉在炉内迅速和完全燃烧。

性能良好的燃烧器应能满足下列基本要求：

1) 组织良好的空气动力场，使燃料及时着火和迅速完全燃烧，保证燃烧的稳定性和经济性。

2) 有较好的燃料适应性、良好的调节性能和较大的调节范围，以适应不同煤种和不同锅炉负荷的需要。

3) 减少 SO_x、NO_x、灰尘等有害物的生成和排放，满足环境保护的要求。

4) 运行可靠，不易烧坏和磨损，便于维修和更换部件。

5) 易于实现远程和自动控制。

煤粉燃烧器的类型很多，根据燃烧器出口气流特征，煤粉燃烧器可分为直流燃烧器和旋流燃烧器两大类。

（1）直流燃烧器 出口气流为直流射流或直流射流组合的燃烧器为直流燃烧器，直流燃烧器的出口是由一组圆形、矩形或多边形的喷口组成的。一次风煤粉气流、二次风和中间储仓式制粉系统热风送粉时的乏气（三次风）分别由不同喷口以直流射流的形式喷入炉膛。燃烧器喷口之间保持一定距离，以满足煤粉稳定着火和燃烧的需要，高度方向上整个燃烧器呈狭长形。喷口射出的直流射流多为水平方向，也有的向上或向下倾斜一定角度。在国内，直流燃烧器常采用可摆动式的，锅炉运行时可上、下摆动 20°～25°，主要用于调节再热气温。

煤粉炉燃用不同煤种，就要求一、二次风的混合时机不同。因此，根据一、二次风喷口的布置情况，直流燃烧器可分为均等配风和分级配风两种方式。

1）均等配风直流燃烧器。均等配风方式是指一、二次风喷口上下相同布置或左右并排布置，即在两个一次风喷口之间均等布置一个或两个二次风喷口，或者在每个一次风喷口的背火侧均等布置二次风喷口。典型的均等配风直流燃烧器喷口布置方式如图 6-7 所示。沿高度或左右间隔排列各二次风喷口的风量分配接近均匀。

在均等配风方式中，由于一、二次风喷口间距相对较近，一、二次风自喷口流出后能很快得到混合，使煤粉气流着火后不致由于空气跟不上而影响燃烧，故一般适用于烟煤和褐煤，所以又叫烟煤-褐煤型直流燃烧器。

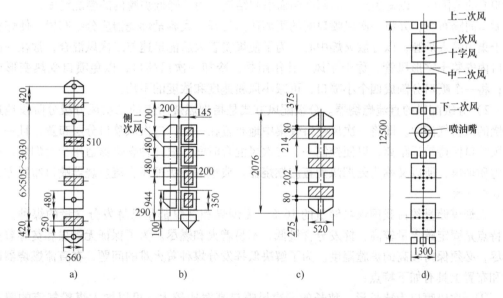

图 6-7　均等配风直流燃烧器喷口布置方式

图 6-7a 为燃烧烟煤的均等配风直流燃烧器。烟煤是我国目前火电厂使用较多的动力燃料。我国煤炭储量中，烟煤约占 70%。烟煤挥发成分较高，容易着火和燃烧。因此，燃烧烟煤时要求一次风中的煤粉着火后，能尽快和二次风混合，以保证进一步燃烧所需的空气。所以，燃烧烟煤时采用均等配风燃烧器，其一、二次风喷口相间排列，而且喷口间距较小。特点是：一、二次风混合较早，使煤粉气流着火时就能获得足够的空气；燃烧器最上层是二次风喷口，除供应上排煤粉气流燃烧所需空气外，还可提供炉内未燃尽的煤粉继续燃烧所需空气。燃烧器最下层是二次风喷口，除供应下排煤粉气流燃烧所需空气外，还能把煤粉气流中离析的粗粉托住，以减少固体未完全燃烧的热损失。很多燃烧烟煤的直流燃烧器都设计成摆动式（或称可动倾角式），一、二次风喷口一般可上下摆动，改变倾角可改变一、二次风

的混合时间，以适应不同煤种的着火和燃烧需要，还可用来调整炉膛火焰中心位置，以调节和控制炉膛出口烟温，因而可调节过热蒸汽和再热蒸汽温度。这种喷口布置方式，若采用热风送粉时，能大大减少着火热，也能适用于贫煤。在二次风喷口内部均可装设油喷嘴，必要时可烧油。

图6-7b为侧二次风直流燃烧器。它是均等配风直流燃烧器的一种特殊形式。该燃烧器的特点是：一次风布置在向火侧（内侧），有利于煤粉气流卷吸高温烟气和接受炉膛内空间的辐射热，同时也有利于接受邻角燃烧器火炬的加热，从而改善了煤粉着火；二次风布置在一次风的背火侧（外侧），可以防止煤粉火炬贴墙和粗粉离析，并可在水冷壁附近区域保持氧化氛围，不致降低灰熔点，避免水冷壁结渣；此外，这种并排布置减小了整组燃烧器的高宽比，可以增加气流的穿透能力，有利于燃烧的稳定和安全。这种燃烧器适用于既难着火、又易结渣的贫煤和劣质烟煤。

图6-7c、d所示为燃烧褐煤的直流燃烧器。我国褐煤储量占全部煤炭储量的14%左右。褐煤的特点是挥发成分高、灰分大、灰熔点低、水分较高。干燥的褐煤煤粉很容易着火，但易在炉膛内形成结渣。因此，燃烧褐煤时炉膛的温度应较低，火焰中心的温度在1100～1200℃的范围内，以避免产生局部高温而引起结渣。为了降低炉膛内的燃烧温度，一、二次风喷口间隔布置，并将一次风喷口间的距离适当拉开，大容量燃烧器应分组布置，使煤粉不过于集中喷入炉膛，以分散火焰中心。为了使煤粉着火后能迅速与二次风混合，常在一次风喷口内安装十字形风管，称十字风。其作用是：冷却一次风喷口，以免喷口受热变形或烧损；将一个喷口分割成四个小喷口，可减小风粉速度和浓度的不均。

2）分级配风的直流燃烧器。分级配风方式是指把燃烧所需的二次风分级分阶段地送入燃烧的煤粉气流中，即将一次风喷口较集中地布置在一起，二次风喷口分层布置，且一、二次风喷口保持较远距离，以便控制一、二次风混合时间，故此种燃烧器适用于无烟煤、贫煤和劣质烟煤，所以又称为**无烟煤型直流燃烧器**。典型的分级配风直流燃烧器喷口布置方式如图6-8所示。

无烟煤储量约占我国煤炭储量的16%。无烟煤和贫煤都是低挥发分含量的煤种。其共同特点是固定碳含量较高，挥发分含量低，不易着火和燃尽。为了保证无烟煤和贫煤着火和燃尽，必须保持较高的炉膛温度。为了解决低挥发分煤种着火难的问题，在直流燃烧器的设计和布置上具有如下特点：

①一次风喷口为狭长形，狭长的一次风喷口高宽比较大，可以增大煤粉气流的着火周界，从而增强对高温烟气的卷吸能力，有利于煤粉气流的着火。

②一次风喷口集中布置，一次风集中喷入炉膛可提高着火区的煤粉浓度，同时煤粉燃烧放热较集中，火焰中心温度会有所提高，有利于煤粉迅速稳定地着火。一次风喷口集中布置可增强一次风气流的刚性和贯穿能力，从而减轻火焰偏斜，并加强煤粉气流的后期混合和扰动。

③一、二次风喷口间距较大，这样一、二次风混合较迟，对无烟煤和劣质烟煤的着火有利。

④二次风分层布置，按着火和燃烧需要，分级分阶段地将二次风送入燃烧的煤粉气流中，既有利于煤粉气流的前期着火，又有利于煤粉气流的后期燃烧。

⑤一次风喷口的周围或中间还布置有一股二次风，分别为周界风和夹心风，周界风和夹

心风的风速高，可以增强气流刚性，防止气流偏斜，也能防止燃烧器烧坏，但周界风和夹心风量过大，会影响着火稳定。

⑥该型燃烧器燃用无烟煤、贫煤、劣质烟煤时，为了保证着火的稳定性，都采用热风送粉制粉系统，而含有少量细粉（10%～15%）的制粉乏气作为三次风送入炉膛，以提高经济性和避免环境污染。由于乏气温度低、水分高、煤粉浓度小，若三次风喷口布置不当，将会影响主煤粉气流的着火燃烧。因此，一般将三次风喷口布置在燃烧器上方。三次风喷口应有一定的下倾角（70°～150°），以增加三次风在炉内的停留时间，有利于三次风中少量煤粉的燃尽。此外，三次风宜采用较高的风速，使其能穿透高温烟气进入炉膛中心，加强炉内气流的扰动和混合，加速煤粉的燃尽。

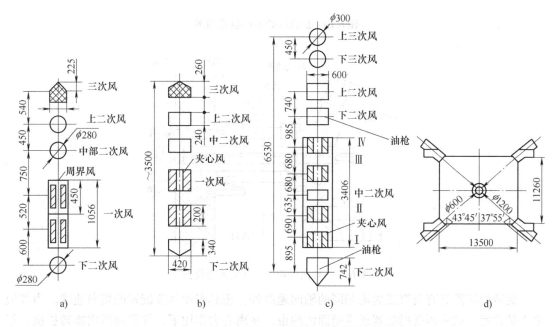

图 6-8 分级配风直流燃烧器喷口布置方式

（2）旋流燃烧器 旋流燃烧器是利用旋流器使气流产生旋转运动的，旋流器主要有以下几种：蜗壳式、轴向可调叶片式及切向叶片式等。图 6-9 为旋流器示意图。蜗壳式结构简单，性能较差，多用于中小型的老发电厂；轴向叶片及切向叶片式性能优良，在大型发电厂中广泛采用。

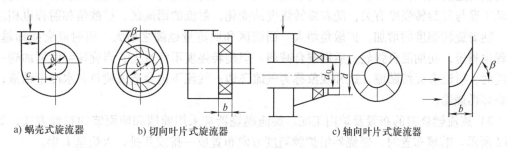

a) 蜗壳式旋流器　　　b) 切向叶片式旋流器　　　c) 轴向叶片式旋流器

图 6-9 旋流器示意图

1）旋流燃烧器的原理。图 6-10 是旋流燃烧器喷射原理图，图 6-11 是轴向可调叶片式旋流燃烧器结构图。

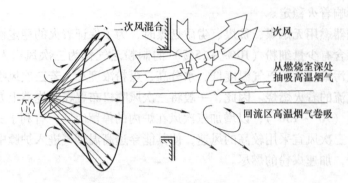

图 6-10　旋流燃烧器喷射原理图

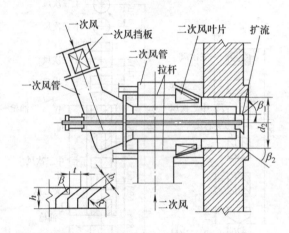

图 6-11　轴向可调叶片式旋流燃烧器

旋转射流除具有与直流射流相同的轴向速度外，还具有使气流旋转的切向速度。当气流喷入炉膛后，就不再受燃烧器通道壁面的约束，在离心力作用下，气流向四周旋转扩散，形成辐射状空心旋转射流，能将中心和外缘的气体带走，造成负压区，在射流中心和外缘就会有高温烟气回流而形成两个回流区：内回流区和外回流区。旋转射流从内外两个回流区卷吸高温烟气，这对煤粉的着火十分有利，特别是内回流区是煤粉气流着火的主要热源；也使射流量很快增加，扩散角也比直流射流大，故射流轴向速度衰减比直流射流快，切向速度的衰减比轴向速度更快。这样，在相同的初始动量下，旋转射流的射程远比直流射程短。射流的流动工况与其旋转强度有关，随着旋转强度的变化，射流的回流区、扩散角和射程也相应变化。随着旋转强度的增加，扩散角增大，回流区和回流量也随之增大，而射流衰减却越快，射程也越短，初期混合强烈，后期混合减弱。但旋转强度不宜过大，当旋转强度增加到一定程度时，射流会突然贴墙，这种现象称为**气流飞边**。气流飞边会造成喷口和水冷壁结渣，甚至烧坏燃烧器。

2）旋流燃烧器的布置及炉内工况。旋流燃烧器常采用前墙和两面墙的布置方式，如图 6-12 所示。前墙布置时，燃烧器沿炉膛高度方向布置成一排或几排，火焰呈 L 形。

前墙布置的燃烧器可以得到较长的火炬，煤粉管道较短且长度大体一致，各燃烧器煤粉分布均匀，但炉内气流扰动不强，燃烧后期混合较差，炉内火焰充满度不佳，若调节不当，火焰会喷射到后墙结渣。两面墙布置时，燃烧器可布置在前后墙和两侧墙对冲或交叉布置，火焰呈双 L 形，火焰在炉膛中心处相互碰撞，改善燃料的着火和燃烧条件。

图 6-13 为旋流燃烧器炉内空气动力工况。

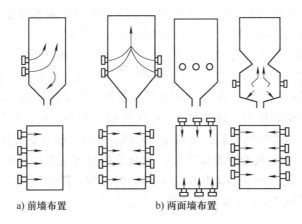

a) 前墙布置　　　　　　　　b) 两面墙布置

图 6-12　旋流燃烧器的布置

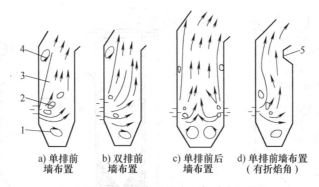

a) 单排前　　b) 双排前　　c) 单排前后　　d) 单排前墙布置
　墙布置　　　墙布置　　　　墙布置　　　　（有折焰角）

图 6-13　旋流燃烧器炉内空气动力工况
1、4—停滞涡流区　2—回流区　3—火焰　5—折焰角

2. 点火装置

锅炉的点火装置主要用于锅炉起动时点燃主燃烧器的煤粉气流。此外，当锅炉低负荷运行或煤质变差时，由于炉温降低影响着火稳定性，甚至有灭火的危险，也用点火装置来稳定燃烧，或作为辅助燃烧设备。现在大容量锅炉都实现了点火自动化。煤粉炉的点火装置长期以来普遍采用过渡燃料的点火，该装置有气-油-煤三级系统和油-煤二级系统，点火步骤是：先用电气引火，再逐级点燃一至两种着火能量较小的过渡燃料，如液化气、轻柴油和重油等，待炉膛温度水平达到燃烧气流的着火温度时，再点燃主燃烧器的煤粉气流。近年来，为实现少油或无油点火，新开发了带预燃室的点火装置。

3. 炉膛（燃烧室）

炉膛是用于燃料燃烧的地方，也叫燃烧室。燃料燃烧过程不仅与燃烧器的结构有关，而且在很大程度上取决于炉膛的结构，取决于燃烧器在炉膛中的布置及其所形成的炉内空气动力场的特性。

炉膛既是燃烧空间，又是锅炉的部件，因此，它的结构既要保证锅炉连续可靠地工作，燃料尽量完全燃烧，而又不发生炉膛结渣，同时又应使烟气在到达炉膛出口处时冷却到对流受热面安全工作所允许的温度。

为了使燃料有足够的燃烧时间和空间,炉膛一般都比较高大。其几何形状与许多因素有关,如蒸发量、燃烧器的数目和布置方式、排渣方式等。以固态排渣煤粉炉为例,炉膛由锅炉钢架和炉墙组成,炉腔内壁布满水冷壁管,炉底是由前后墙水冷壁弯曲而成的倾斜冷灰斗,为了便于灰渣自动滑落,冷灰斗斜面水平倾斜角应在55°以上。大容量锅炉的炉顶都采用平炉顶结构,炉膛上部悬挂有屏式过热器,炉膛后上方为烟气出口。为了改善对屏式过热器的冲刷,充分利用炉膛容积并加强炉膛上方的气流扰动,Ⅱ形布置锅炉炉膛出口下方有后水冷壁弯曲而成的折焰角,图6-14为固态排渣煤粉炉的形状及温度分布。

在固态排渣煤粉炉炉膛中,煤粉和空气在炉内强烈燃烧,火焰温度可达到1500℃以上,灰渣处于液态。由于水冷壁的吸热,烟温逐渐降低,在水冷壁及炉膛出口处的烟温一般冷却至1100℃左右,烟气中的灰渣冷凝成固态。冷灰斗的温度更低,正常运行时,一般不会发生结渣现象。燃烧生成的灰渣,其中80%~90%为飞灰,随烟气向上流动,经屏式过热器进入对流烟道,剩下的5%~20%的粗渣粒落入冷灰斗。

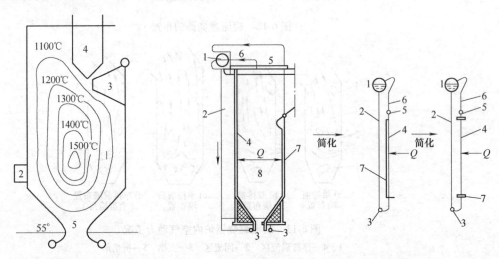

图6-14 固态排渣煤粉炉的形状及温度分布　　　　图6-15 自然循环锅炉蒸发系统
1—等温线　2—燃烧器　3—折焰角　　　　　　　1—汽包　2—下降管　3—下联箱　4—水冷壁
4—屏式过热器　5—冷灰斗　　　　　　　　　　5—上联箱　6—汽水混合物引出管　7—炉墙　8—炉膛

6.2.3 蒸发设备及蒸汽净化设备

1. 蒸发设备

蒸发设备是锅炉的重要组成部分,其作用是吸收炉内燃料燃烧放出的热量,把给水加热成饱和蒸汽。自然循环锅炉的蒸发设备包括汽包、下降管、水冷壁、联箱及连接管道等,由蒸发设备组成的系统就是蒸发系统,图6-15为自然循环锅炉蒸发系统。

汽包、下降管、联箱等部件布置在炉外不受热,水冷壁布置在炉膛四周接受炉膛高温火焰和烟气辐射热量。

(1) 汽包　汽包是锅炉的重要部件之一,现代发电厂锅炉只有一个汽包,横于炉外顶,不受火焰和烟气加热,外面包有绝热保温材料。汽包是一个钢质圆筒形压力容器,由筒

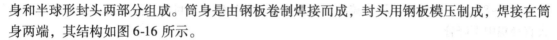

身和半球形封头两部分组成。筒身是由钢板卷制焊接而成，封头用钢板模压制成，焊接在筒身两端，其结构如图 6-16 所示。

汽包的主要作用如下：

1）汽包接受省煤器的给水，与下降管、水冷壁等连接组成蒸发系统，并向过热器输送饱和蒸汽。汽包是加热、蒸发和过热三个过程的连接枢纽和大致分界点。

2）汽包具有一定的储热能力，能较快地适应外界负荷的变化。汽包是一个体积庞大的金属容器，其中存有大量的蒸汽和给水，有一定的储热能力。当锅炉负荷变化时，汽包通过释放部分储热量弥补输入热量不足，或通过增加部分储热量吸收多余的输入热量，快速适应外界负荷的需要。

3）汽包内部装置可以提高过热蒸汽品质。在汽包内部装有汽水分离装置、蒸汽清洗装置、排污装置及锅内加药装置等，用以提高蒸汽品质。

4）汽包外接附件保证锅炉工作安全。汽包外接有压力表、水位计、安全阀等附件，汽包内还布置了事故放水管等，用来保证锅炉的安全运行。

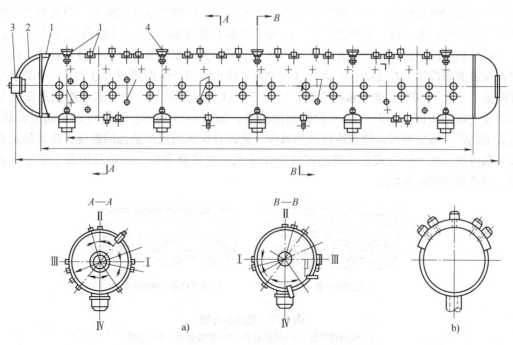

图 6-16　汽包的结构实例
1—筒身　2—封头　3—人孔门　4—管座

（2）下降管

1）下降管的作用。下降管的作用是把汽包内的水连续不断地通过下联箱供给水冷壁，以维持正常的水循环。下降管布置在炉外不受热，并加以保温。下降管一端与汽包连接，另一端与下联箱连接，下降管的结构、管子截面积的大小和降水情况都直接影响锅炉水循环的可靠性。

2）下降管的类型和特点。下降管有小直径分散下降管和大直径集中下降管两种。小直径分散下降管的特点是管径小、阻力大，对水循环不利；而大直径集中下降管的管径大、管数少（4~8根），因此流动阻力较小，布置简单，节约钢材。目前，高压以上锅炉广泛采用大直径集中下降管。

（3）水冷壁　水冷壁是锅炉蒸发设备中唯一的受热面，由许多直径为40~80mm的并列管道组成，紧贴炉膛四周内壁，部分布置在炉膛中间。现代锅炉水冷壁管的一半被埋在炉墙里，使水冷壁与炉墙成为一体，形成敷管式炉墙。其主要作用有：

1）吸收炉膛中高温火焰和烟气的辐射热量，将部分水蒸发成饱和蒸汽。

2）保护炉墙，简化炉墙结构。

3）降低炉墙附近和出口处的烟气温度，阻止或减少炉膛结渣。

水冷壁按管外部结构不同，其主要形式可分为光管式、膜式和销钉式三种。

光管式水冷壁是由外形光滑的无缝钢管并排成平面组成，材质通常为普通碳素结构钢。其特点是结构简单，制造、安装和检修方便，成本低，因此广泛用于各种类型的锅炉上。膜式水冷壁是将许多鳍片管沿纵向依次焊接起来，构成整体的受热面，使炉膛内壁四周被一层整块的水冷壁膜严密包围起来。膜式水冷壁如图6-17所示，炉墙和炉膛完全隔离开来，炉墙只需要采用保温材料，而不用耐火材料，大大减轻了炉墙的厚度和重量。膜式水冷壁的炉膛严密性很好，大大减少了炉膛漏风，改善了炉膛的燃烧情况。在相同的炉壁面积下，膜式水冷壁的辐射传热面积比一般光管式水冷壁大，因而膜式水冷壁可节约钢材。膜式水冷壁的缺点是制造和检修工艺复杂，在运行过程中为了防止管间产生的热应力过大，一般要求相邻管间温差不大于50℃。膜式水冷壁被广泛用于现代火电厂锅炉。销钉式水冷壁是在光管式水冷壁上焊一些直径为9~12mm的圆钢而构成，如图6-18所示。销钉可以紧固耐火材料，形成卫燃带、熔渣池等，使水冷壁吸热减少，提高着火区域或熔渣池的温度，保证稳定着火或顺利流渣。由于销钉式水冷壁的焊接工作量大，质量要求高，因而只用在卫燃带、旋风筒、熔渣池等特殊区域。

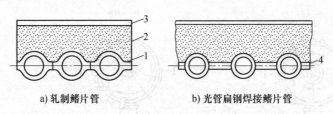

a) 轧制鳍片管　　　　　　　b) 光管扁钢焊接鳍片管

图6-17　膜式水冷壁

1—轧制鳍片管　2—绝热材料　3—炉墙护板　4—扁钢

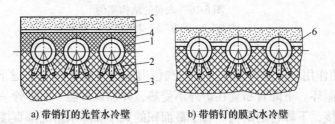

a) 带销钉的光管水冷壁　　　　b) 带销钉的膜式水冷壁

图6-18　销钉式水冷壁

1—水冷壁管　2—销钉　3—耐火塑料层　4—铬矿砂材料　5—绝热材料　6—扁钢

现代火电厂锅炉后墙水冷壁的上部都将部分管子分叉弯制而成折焰角，如图 6-19 所示。采用折焰角既能提高火焰在炉内的充满程度，又能防止炉膛出口受热面结渣，还能改善屏式过热器的传热情况，增加横向冲刷作用；同时，延长了水平烟道的长度，便于对流过热器和再热器的布置，使锅炉整体结构紧凑。

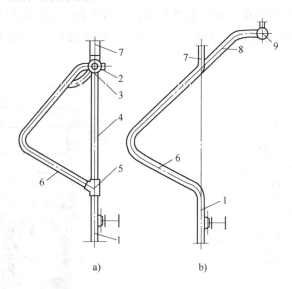

图 6-19　折焰角结构

1—后墙水冷壁　2—中间联箱　3—节流孔板
4—垂直短管　5—分叉管　6—折焰角　7—悬吊管
8—水平烟道底部包墙管　9—水平烟道底部包墙管联箱

（4）联箱　联箱的作用是汇集、混合及分配工质。联箱一般布置在炉外，不受热。联箱是用无缝钢管两端焊上平封头制成的，在联箱上有若干管头与管子焊接连接。联箱一般不受热，材料常用 20 号碳钢。亚临界压力锅炉出口联箱的材料也有用低合金钢的。通常在水冷壁下联箱底部还设有定期排污装置、蒸汽加热装置。

2. 蒸汽净化设备

为提高蒸汽的品质，在汽包内部的蒸汽空间装有汽水分离装置。对于超高压以上的锅炉，汽包内还装有清洗装置。此外，还通过在汽包内布置加药、排污装置控制锅水含盐量来提高蒸汽品质。

（1）汽水分离装置　汽包内的汽水分离过程一般分为两个阶段。第一阶段是粗分离阶段（又称为**一次分离**），其任务是消除进入汽包的汽水混合物的动能，并将蒸汽和水进行初步分离。一次分离元件常采用进口挡板、立式旋风分离器、卧式旋风分离器、螺旋臂式分离器以及涡流分离器等。第二阶段是细分离阶段（又称为**二次分离**），其任务是把蒸汽中携带的细小水滴分离出来，并使蒸汽从汽包上部均匀引出。二次分离元件多采用波形板分离器和顶部多孔板（均气板）等。

1）进口挡板。当汽水混合物引入汽包空间内时，可采用图 6-20 所示的进口挡板以消耗汽水混合物的动能，使汽水初步分离；汽水混合物以一定速度撞击挡板并在挡板间转弯时，动能被消耗，速度降低，同时利用惯性和水膜作用，将蒸汽从大量的水中分离出来。分离出的水沿挡板下缘流入汽包锅水中，而分离出的蒸汽则顺着挡板下行至出口再转向进入汽空间。

2）旋风分离器。旋风分离器是现代大型自然循环锅炉中常用的汽水分离装置。它有两种形式，布置在汽包内部的称为锅内旋风分离器，布置在汽包外部的称为锅外旋风分离器。图6-21所示是锅内旋风分离器（立式）的结构。它的主要部件有筒体、底板、顶帽、连接罩和溢流环等。

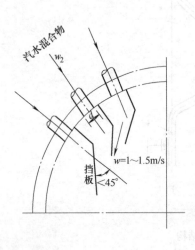

图 6-20　进口挡板

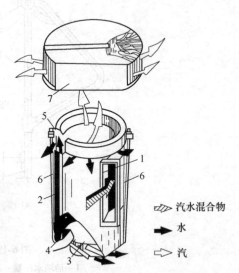

图 6-21　锅内旋风分离器（立式）结构
1—连接罩　2—筒体　3—底板　4—导向叶片
5—溢流环　6—拉杆　7—顶帽

国产锅炉的筒体有柱形筒体和导流式筒体两种结构。筒体是用 2 ~ 3mm 厚的薄钢板卷制而成的，直径一般为 $\Phi260 ~ 350mm$，大型锅炉多采用的直径为 $\Phi315mm$ 和 $\Phi350mm$。图6-21所示的是柱形筒体。

底板是一个导叶盘，盘中心是板，四周布置有导向叶片。其作用是防止蒸汽向下进入汽包水空间，同时减缓水在筒体下部出口处的动能，并使水平稳地进入水空间。

为防止底部排水中的蒸汽进入下降管，在筒体的下部一般还装有托斗。顶帽是由波形板组成的。其作用是使蒸汽流出口速度均匀，消除蒸汽流的旋转，并进一步分离蒸汽中的水分。

连接罩的作用是使汽水混合物切向进入筒体，使其在筒体中产生旋转。溢流环的作用是保证筒壁上的水膜稳定，防止水膜被撕破而造成蒸汽的二次带水。

旋风分离器的工作过程如下：具有较大动能的汽水混合物通过连接罩沿切向进入筒体，产生旋转运动，在离心力的作用下，大部分水被甩向筒壁，并沿筒壁流下，经筒底流出，进入汽包水空间；蒸汽则旋转向上经顶帽进一步分离后从径向引入汽空间。大型锅炉所需的旋风分离器较多，在汽包内一般沿轴线方向分前后两排布置。为了保持汽包水位的稳定，旋风分离器采用交叉反向布置，即相邻的两个旋风分离器内的汽水混合物的旋转方向相反，以消除旋转动能。但是，锅内旋风分离器由于装在汽包内，其高度受到限制，因而不能充分发挥它的分离效果，故一般把它用作粗分离设备，与其他分离设备配合使用。同时，因锅内旋风分离器的单个出力受汽水混合物入口流速和蒸汽在筒内上升速度的限制，所以需要的旋风分离器的数量较多，给拆装检修工作带来不便。

3）波形板分离器。波形板分离器（又称波形百叶窗，或叫波纹板干燥器）如图 6-22 所示。它由许多厚为 0.8～1.2mm 的波形钢板平行组装而成，各波形之间的距离为 10mm 左右，边框用 3mm 的钢板制成，以固定波形板。平行组装的波形板能聚集并除去蒸汽中的细小水滴，是一种广泛采用的细分离（二次分离）元件。

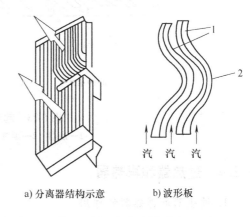

a) 分离器结构示意　　b) 波形板

图 6-22　波形板分离器
1—波形板　2—水膜

经粗分离后的湿蒸汽，低速通过由波形板组成的弯曲通道时，在离心力的作用下，将蒸汽中的水滴甩出来，并附在波形板表面上形成水膜，水膜靠自重缓慢向下流动，在波形板的下沿积聚成较大的水滴后坠落到汽包水面，使蒸汽的湿度进一步降低。

（2）蒸汽清洗装置　汽水分离只能降低蒸汽的湿度而不能减少蒸汽中溶解的盐分。因此，对于高压锅炉和超高压锅炉，除采用汽水分离装置外，还要采用蒸汽清洗的方法减少溶解于蒸汽中的盐分。蒸汽清洗装置的形式较多，按蒸汽与给水的接触方式不同，分为起泡穿层式、雨淋式和水膜式等几种。其中以起泡穿层式应用最广。它的具体结构又分为钟罩式和平孔板式两种。

钟罩式清洗装置的结构如图 6-23a 所示。它由槽形底盘（又称槽形清洗板）和孔板顶罩组成。底盘上不开孔，顶罩上开有小孔。每一组件有两块槽形底盘和一块孔板顶罩。两块底盘之间的空隙被顶罩盖住，以防止蒸汽直通上部蒸汽空间。蒸汽从底盘两侧间隙进入清洗装置，在顶罩阻力的作用下，经两次转弯，均匀地穿过孔板和孔板上的清洗水层进行起泡清洗后流出。蒸汽流过进口缝隙的流速小于 0.8m/s，穿过孔板和清洗水层的速度为 1～1.2m/s。清洗水由配水装置均匀分配到底盘一侧，通过挡板溢流到汽包水室。钟罩式清洗装置工作可靠有效，但因结构较复杂，阻力较大，所以使用较少。

平孔板式清洗装置的结构如图 6-23b 所示。它由若干个平孔板组成，相邻的平孔板用 U 形卡连接。平孔板用 2～3mm 厚的薄钢板制成，板上均匀钻有直径为 5～6mm 的小孔，板四周焊有溢流挡板。清洗水由配水装置均匀地分配在平孔板上，形成 30～50mm 的水层，然后通过溢流挡板流到汽包水室。蒸汽自下而上，经小孔穿过水层，进行起泡清洗。为了既能保证托住清洗水使之不致从小孔落下，又能防止因蒸汽速度太高而造成大量携带清洗水，蒸汽穿孔速度应为 1.3～1.6m/s。平孔板式清洗装置结构简单，阻力小，清洗面积大，清洗效果好，因此应用广泛。平孔板式清洗装置的缺点是锅炉在低负荷下工作时，清洗水会从小孔漏下，造成干板。

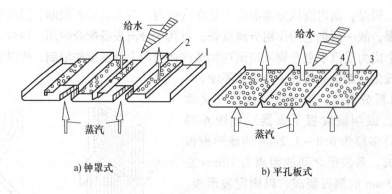

图 6-23　起泡穿层式清洗装置

1—底盘　2—顶罩　3—平孔板　4—U 形卡

6.2.4　过热器和再热器

1. 过热器和再热器的作用

过热器的作用是把锅炉所产生的饱和蒸汽,加热成具有一定热度的过热蒸汽,并且在锅炉允许的负荷波动范围内以及工况变化时维持过热蒸汽温度正常。发电厂锅炉对蒸汽温度的要求非常严格,一般规定蒸汽温度相比额定值的正常波动范围是 $-10 \sim +5℃$,短时间可在额定值 ±10℃ 的范围内波动。再热器的作用是把在汽轮机高压缸中做了部分功的排气再加热成具有一定温度(一般与过热蒸汽温度相同,也可以不同)的再热蒸汽,然后引入汽轮机、低压缸继续做功。

2. 过热器和再热器的工作特点

过热器管内流过的是高温蒸汽,管壁对蒸汽的表面传热系数较小,其传热性能较差,对管壁冷却能力较低;为了保证合理的传热温差,过热器一般布置在烟气温度较高、热负荷较大的炉膛出口附近。另外,在运行中过热器并列各管之间还存在着热偏差,使个别管子的管壁温度非常高,因此,过热器的工作条件很差。再热蒸汽是来自汽轮机高压缸做了部分功的排汽,其压力约为蒸汽压力的 20% ~ 25%;再热后的温度一般与过热蒸汽温度相同;流量约为过热蒸汽的 80%。与过热器相比,再热器的工作特点是:

1) 再热器管内流过的是中压高温蒸汽,蒸汽的比体积大,为减小流动阻力,应采用较低的蒸汽流速。再热系统的压降一般规定不超过再热蒸汽压力的 10%。

2) 再热蒸汽密度小,流速低,蒸汽对管壁的冷却能力更差。

3) 再热蒸汽的比热容小,对热偏差敏感,即在相同的热偏差条件下,再热器出口蒸汽的温度偏差比过热器大,容易引起管子超温。

4) 为了保证合理的传热温差,减少再热器耗用的钢材,再热器也通常布置在烟气温度较高、热负荷较大的区域。

可见,再热器的工作条件比过热器更差,管壁更容易超温。

总之,过热器、再热器工作时的管壁温度都很高,已接近管子许用温度值;而且工作条件差,在运行中容易发生管壁温度超过金属材料的极限耐热温度的情况。若壁温长时间超过钢材的极限耐热温度,则会造成管子膨胀变粗以致爆管损坏。为了保证安全,应从结构、布置上选择最佳的过热器、再热器系统;采用可靠和灵敏的调温手段,以在一定范围内保证温度稳定；同时还必须采用优质的耐热合金钢来制造。此外，在设计和运行中还应注意防止受热面烟气侧的高温腐蚀和高温积灰。

3. 过热器的结构形式

（1）对流过热器　对流过热器布置在对流烟道中，以对流传热方式为主吸收烟气的热量。它由进、出口联箱及许多并列的蛇形管组成，如图6-24所示。蛇形管与联箱之间通过焊接连接。联箱一般布置在炉墙外，并进行保温以减少散热损失。烟气在管外横向冲刷蛇形管，并将热量传给管壁；蒸汽在蛇形管内纵向流动，吸收管壁传入的热量。

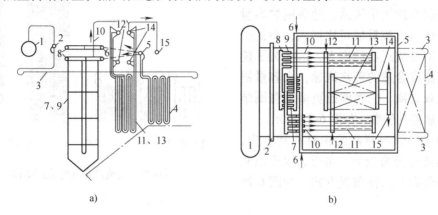

a)　　　　　　　　　　　　b)

图6-24　HG410/9.8-1型高压锅炉的过热器

1—汽包　2—顶棚过热器进口联箱　3—顶棚过热器　4—低温对流过热器
5—低温对流过热器出口混合交换连接管　6—第一级喷水减温器　7—联箱　8—交叉混合联箱
9—中间及两侧屏式过热器　10—连接管　11—高温对流过热器冷段　12—第二级喷水减温器
13—高温对流过热器热段　14—过热蒸汽出口联箱　15—集汽联箱

过热器蛇形管通常由外径 32~57mm（国产引进型 2008t/h 锅炉的过热器采用 Φ57mm、Φ60mm、Φ63mm 的管子）、壁厚为 3~10mm 的无缝钢管弯制而成。管子的壁厚主要取决于管内蒸汽的压力，由强度计算确定，压力越高，管壁越厚。蛇形管的弯曲半径一般为 (1.5~2.5)d，d 为管直径，若弯曲半径过小，则弯头外侧管壁太薄，将影响管子机械强度；若弯曲半径过大，则受热面结构不紧凑，将增大锅炉的尺寸。

对流过热器并列蛇形管的数目主要取决于管内蒸汽质量流速，蒸汽质量流速按管子的壁温情况和过热器允许的压降来确定。蒸汽质量流速越高，其传热性能越好，对管子的冷却条件也就越好；但工质流动阻力越大，压降也随之增大，对汽包的工作压力要求越高，除给水泵电耗增大外，汽包、水冷壁、下降管、导气管等承压部件壁厚也需增大，使材料和制造成本也提高。因此，过热器系统允许的压降一般不超过其工作压力的10%。

对流过热器区的烟气流速会影响传热性能、飞灰磨损和受热面积灰以及烟气流动阻力。烟气流速高，则传热性能好，受热面积灰轻，但管子磨损严重，通风电耗也将增大；反之，烟气流速低，则管子磨损轻，但传热性能降低，受热面容易造成严重积灰。对于煤粉炉，对流过热器区的烟气流速一般推荐为 9~12m/s。合理的烟气流速，既要有较强的传热效果，又要尽量减轻受热面的磨损和积灰。

在靠近炉膛出口的烟道中，烟气温度较高，烟气中的灰粒较软，对受热面的磨损不严重，一般烟气流速采用 10~12m/s；随着烟气温度的降低，灰粒逐渐变硬，磨损加剧，处于烟气温度低于 600~700℃的受热面或燃用高灰分煤种时，烟气流速取下限。

当烟道宽度一定时，过热器管排横向节距要保证的烟气流速选定后，并列蛇形管数也就基本确定。若蒸汽的质量流速不在规定的范围内，则可采用重叠不同管圈数来适应，也就是在保证烟气流通截面积的情况下增加或减少同一排管子的管圈数目来保证蒸汽的质量流速。随着锅炉容量增大，过热蒸汽流量成正比增大，而锅炉的宽度并不是成正比的增大，这样为了使对流过热器有合适的蒸汽流速，大容量锅炉常采用双管圈、三管圈或更多的管圈结构，以增加并列管数，如图 6-25 所示。

按烟气与管内蒸汽的相对流动方向，对流过热器可分为顺流、逆流、双逆流和串并联混合流等四种布置方式，如图 6-26 所示。

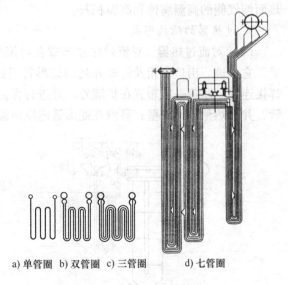

a) 单管圈 b) 双管圈 c) 三管圈   d) 七管圈

图 6-25　对流过热器的管圈结构

顺流布置的对流过热器，其蒸汽温度高的一端处在烟气的低温区，故管壁温度较低，管子安全性好；但顺流布置的平均传热温差最小，传热性能较差，吸收同样的热量需要的受热面大，不经济。因此，顺流布置常用在过热器的高温级。逆流布置的对流过热器，其平均传热温差最大，传热性能最好，吸收同样的热量需要的受热面小，经济性好；但蒸汽温度高的一端正处在烟气的高温区，故管壁温度较高，管子安全性差。因此，逆流布置常用在低温级。

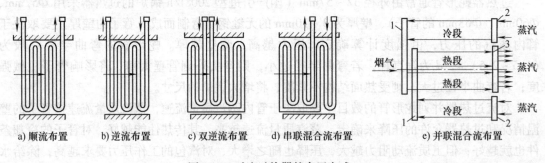

a) 顺流布置   b) 逆流布置   c) 双逆流布置   d) 串联混合流布置   e) 并联混合流布置

图 6-26　对流过热器的布置方式
1—中间联箱　2—进口联箱　3—出口联箱

双逆流和混合流布置的对流过热器，既利用了逆流布置传热性能好的优点，又将蒸汽温度的最高端避开了烟气的高温区，从而改善了蒸汽高温段管壁的工作条件。在高参数大容量锅炉中，高温对流过热器作为整个过热器系统的最后一级，有的就采用了两侧逆流、中间顺流的并联混合流布置方式，如图 6-26e 所示。

按蛇形管方式，对流过热器可分为立式和卧式两种布置方式。立式对流过热器通常布置在水平烟道内，如图 6-27 所示。其优点是支吊结构简单，膨胀自由，且不易积灰。缺点是停炉后的积水不易排出，将造成停炉期间的腐蚀；此外在起动初期，工质流量不大时可能形成汽塞导致管子过热损坏。卧式对流过热器通常布置在垂直烟道内,如图 6-28 所示,其优点是疏水方便,但容易积灰,支吊结构也比较复杂。

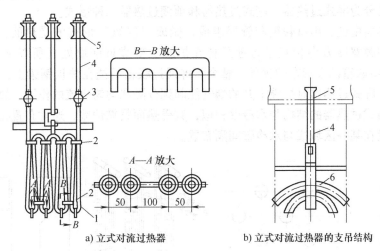

a) 立式对流过热器　　　　b) 立式对流过热器的支吊结构

图 6-27　立式对流过热器及其支吊结构

1—梳形板　2—管夹　3—联箱　4—吊杆　5—钢梁　6—蛇形管弯头

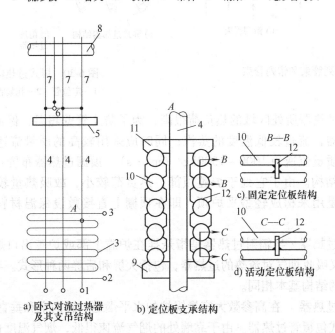

a) 卧式对流过热器
及其支吊结构　　b) 定位板支承结构

图 6-28　卧式对流过热器结构

1—省煤器出口联箱　2—过热器联箱　3—过热器管子　4—悬吊管　5—炉顶墙
6—悬吊管汇集联箱　7—吊杆　8—炉顶横梁　9—定位底板　10—蛇形管　11—定位顶板　12—定位板

对流过热器的蛇形管排列方式有顺列和错列两种,如图 6-29 所示。在相同条件下,虽然错列管束的传热性能比顺列管束强,但顺列管束有利于防止结渣和减轻磨损,而且烟气流动阻力也比错列管束的小。另外,错列管束的吹灰通道较小,吹灰器的吹灰管不能进入管束内部,造成管束的积灰不易吹扫清除,若增大节距以增大吹灰通道,则降低了烟道空间的利用程度。相对而言，顺列管束的积灰就较容易吹扫。

（2）辐射过热器　辐射过热器是指布置在炉膛上部，以吸收炉膛辐射热为主的过热器。根据布置方式分为屏式过热器、墙式过热器和顶棚过热器三种形式。

屏式过热器由进、出口联箱和管屏组成，做成"屏风"形式的受热面，如图6-30a所示。管屏沿炉膛宽度方向相互平行地悬挂在炉膛上部靠近前墙处（**所以又称为前屏过热器**），进、出口联箱都布置在炉顶外，整个管屏通过联箱吊挂在炉顶钢梁上，受热时可以自由向下膨胀。屏式过热器对炉膛上升的烟气能起到分隔和均匀气流的作用，故也称之为**分隔屏或大屏**。墙式过热器的结构与水冷壁相似，其受热面紧靠炉墙，通常布置在炉膛上部的墙上，集中布置在某一区域或与水冷壁间隔布置。

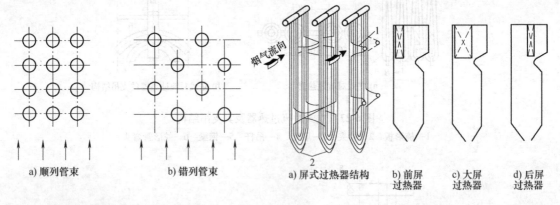

a) 顺列管束　　　　b) 错列管束

图 6-29　顺列管束和错列管束

a) 屏式过热器结构　b) 前屏过热器　c) 大屏过热器　d) 后屏过热器

图 6-30　屏式过热器
1—定位管　2—扎紧管

屏式和墙式过热器所处区域的热负荷很高，为了防止管壁超温，保证其安全工作，通常作为低温过热器，流过较低温度的蒸汽；同时应采用较高的质量流速，使管壁得到足够的冷却，一般质量流速为$1000 \sim 1500 kg/(m^2 \cdot s)$。顶棚过热器布置在炉膛顶部，一般采用膜式受热面结构。由于它处于炉膛顶部，热负荷较小，故吸热量较少。采用顶棚过热器的主要目的是用来构成轻型平炉顶，即在顶棚上直接敷设保温材料而构成炉顶，使炉顶结构简化。

（3）半辐射过热器　半辐射过热器是指悬挂在炉膛上部或炉膛出口烟窗处，既接受炉膛火焰的辐射热又吸收烟气对流热的过热器，包括大屏和后屏两种形式。半辐射过热器的结构与辐射过热器的结构基本相同。

（4）包覆管过热器　在高参数大容量锅炉的水平烟道、转向室和垂直烟道的各面墙上，一般都布置有膜式包覆管过热器。由于靠墙处的烟气流速很低，烟气温度也较低，故包覆管过热器的对流吸热量和辐射吸热量都很少。布置包覆管过热器的主要作用是：简化烟道炉墙，便于采用悬吊结构，并提高炉墙的严密性，减少烟道漏风。

6.2.5　省煤器

1. 省煤器的作用和类型

（1）省煤器的作用　省煤器是利用锅炉尾部烟气加热给水的低温受热面。其主要作用是：

1）提高锅炉给水温度，降低排烟温度，从而降低排烟损失，提高锅炉热效率，节约燃料。

2）减小汽包壁与进水之间温差引起的冲击和热应力，改善汽包的工作条件，延长汽包的寿命。

3）用价格低廉的省煤器管部分替代造价较高的水冷壁，降低了锅炉的造价。

（2）省煤器的类型　省煤器按使用材料可分为铸铁式和钢管式两类。铸铁式省煤器的耐磨性、抗腐蚀性好，但笨重、强度低、不能承受较大的冲击，故多用于中低压锅炉。钢管式省煤器（如图 6-31 所示）的优点是强度高，能承受较大的冲击，工作可靠，体积小，质量轻，价格低，传热性能好。其缺点是耐腐蚀性差，但水处理技术的发展已使该问题得到很好解决。所以，发电厂锅炉广泛采用钢管式省煤器。钢管式省煤器又可分为光管式、鳍片管式和膜式等形式（如图 6-32 所示）。

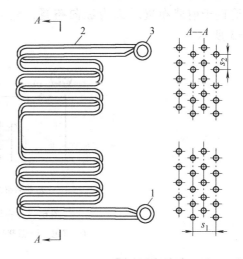

图 6-31　钢管式省煤器
1—进口联箱　2—蛇形管　3—出口联箱

省煤器按出口工质状态可分为沸腾式和非沸腾式两类。省煤器出口水温已达到饱和温度并部分汽化时，称为**沸腾式省煤器**。省煤器出口处汽化水量占给水量的质量分数称为沸腾率（或沸腾度）。沸腾率一般为 10% ~ 15%，最大不超过 20%，以免省煤器管内流动阻力过大或产生汽水分层。当省煤器出口水温低于其压力所对应的饱和温度时，称为**非沸腾式省煤器**，一般出口水温低于饱和温度 20 ~ 25℃。中低压锅炉宜采用沸腾式省煤器，而高压以上压力的锅炉多采用非沸腾式省煤器。

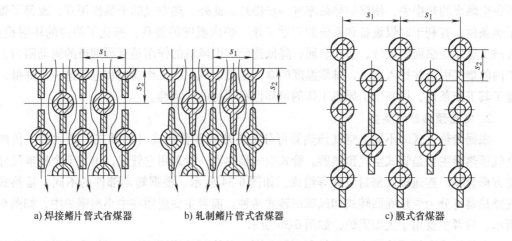

a) 焊接鳍片管式省煤器　　　b) 轧制鳍片管式省煤器　　　c) 膜式省煤器

图 6-32　鳍片管式省煤器和膜式省煤器

2. 省煤器的布置

省煤器按蛇形管的排列方式分为顺列和错列两种布置。错列布置的优点是传热效果好、结构紧凑、积灰少，但不便于吹灰器的吹灰。现代发电厂锅炉仍多采用错列布置的省煤器。省煤器按蛇形管放置方向可分为纵向布置和横向布置两种。蛇形管垂直于前墙布置时称为**纵向布置**，蛇形管平行于前墙布置时称为**横向布置**，如图6-33 所示。

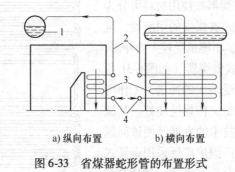

a) 纵向布置   b) 横向布置

图 6-33 省煤器蛇形管的布置形式
1—汽包 2—连接导管 3—省煤器 4—进口联箱

6.2.6 空气预热器

1. 空气预热器的作用

空气预热器是利用锅炉尾部的烟气加热空气的低温受热面。省煤器虽然能降低烟气温度，但由于发电厂都采用回热加热来提高给水温度，使给水温度较高，就不可能将烟气温度降得很低，如直接排入大气，仍将会造成较大的排烟热损失。布置空气预热器后，利用冷空气吸收烟气的热量，就进一步降低了排烟温度，减小了排烟热损失，提高了锅炉热效率，从而节约燃料。而空气温度提高后，进入炉内的是热空气，有利于燃料的着火及燃烧，减小了不完全燃烧的热损失，使锅炉热效率进一步提高。此外，热空气的干燥作用好，改善了煤的干燥条件，有利于制煤设备和系统的正常工作。炉内温度的提高，强化了炉内的辐射换热，可减少蒸发受热面的数量，节约金属，降低造价。引风机的作用是克服烟道的流动阻力，将炉内的烟气引出并排入大气，排烟温度的降低也使引风机的工作温度和电耗进一步降低，改善了其工作条件，提高了引风机工作的可靠性和运行的经济性。

2. 空气预热器的类型

根据传热方式的不同，空气预热器可分为传热式和蓄热式（回转式）两大类。传热式空气预热器主要是管式空气预热器。管式空气预热器一般采用立管式，由若干个标准尺寸的立方形管箱、连通罩及密封装置等组成，如图6-34 所示。根据转动部件的不同，蓄热式空气预热器可分为受热面回转式和风罩回转式两种。前者主要应用在中小型锅炉中，如图6-35 所示；后者主要用于大型锅炉，如图6-36 所示。

在传热式空气预热器中，空气和烟气分别在受热面的两侧流动，烟气通过受热面将热传递给空气。在蓄热式空气预热器中，烟气和空气交替地流过传热元件，当烟气流过时，热元件吸收烟气的热量并将热量蓄积起来，当空气流经受热面时，传热元件就将蓄积的热传递给空气。受热面或风罩连续转动，烟气就连续不断地将热量传递给空气。

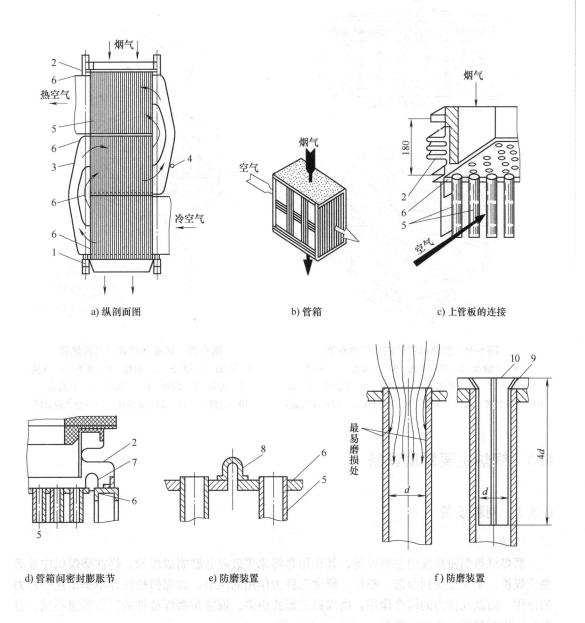

图 6-34　立管式空气预热器

1—支撑梁　2—钢架与外壳间的膨胀节　3—空气连通罩
4—人孔　5—管子　6—管板　7—管箱与外壳间的膨胀节
8—管箱间膨胀节　9—绝缘保温层　10—防磨套

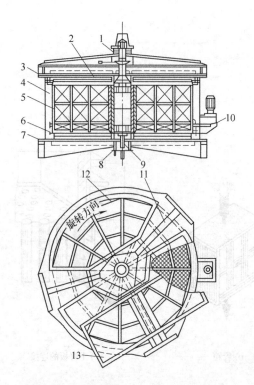

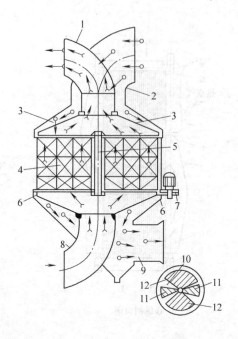

图 6-35　受热面回转式空气预热器
1—上轴承　2—径向密封　3—上端板　4—外壳
5—转子　6—环向密封　7—下端板　8—下轴承　9—轴
10—传动装置　11—三叉梁　12—空气出口　13—烟气进口

图 6-36　风罩回转式空气预热器
1—主轴　2—齿条　3—齿轮　4—静子　5—主轴
6—齿条　7—齿轮　8—下风道　9—下烟道
10—过渡区　11—烟气通流区　12—空气通流区

6.3　锅炉主要辅助设备

6.3.1　制粉设备

1. 磨煤机

磨煤机是制粉系统的主要设备，其作用是将原煤破碎并磨制成煤粉。煤在磨煤机中被磨制成煤粉，主要是受到撞击、挤压、研磨三种力作用的结果。磨煤机往往并不是单独一种力的作用，而是几种力的综合作用。磨煤机的形式很多，通常按磨煤部件的工作转速不同，将发电厂用磨煤机分为三种类型。

1）低速磨煤机：转速为 15～25r/min，常采用的是筒形钢球磨煤机。

2）中速磨煤机：转速为 50～300r/min，有平盘磨煤机（LM 型）、碗式磨煤机（RP 型、HP 型）、球式磨煤机（ZQM 型或 E 型）及轮式磨煤机（ZGM 型或 MPS 型）等。

3）高速磨煤机：转速为 500～1500r/min，常用的是风扇式磨煤机。

我国燃煤发电厂目前应用最广的是筒形钢球磨煤机，其次是中速磨煤机和风扇式磨煤机。

（1）筒形钢球磨煤机　筒形钢球磨煤机简称球磨机，如图 6-37 所示。它的磨煤部件是

一个直径 D 为 2~4m、筒长 L 为 3~
10m 的圆筒。筒内壁衬有波浪形锰钢护
甲，护甲与筒体之间有一层绝热石棉
垫，筒体外包有一层隔音毛毡，毛毡外
用铁皮包裹。筒内安装有大量直径 d 为
25~60mm 的钢球，筒体的两端是两个
锥形端盖封头，封头上装有空心轴颈，
轴颈放在轴承上。空心轴颈的端部各连
接着一个倾斜 45°的短管，其中一端是
热风与原煤的进口管，一端是煤粉和空
气混合物出口管。

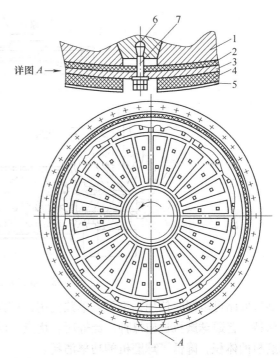

筒体由电动机通过减速机拖动低速
旋转，在离心力和摩擦力作用下，护甲
将钢球及煤提升到一定高度，然后借重
力自由落下。煤主要被下落的钢球撞击
破碎，同时煤还受到钢球与钢球之间、
钢球与护甲之间的挤压、研磨作用。原
煤与热空气从一端进入磨煤机，磨好的
煤粉被气流从另一端带出。热空气不仅
是输送煤粉的介质，同时还起干燥原煤

图 6-37　筒形钢球磨煤机剖面
1—波浪形护甲　2—绝热石棉垫层　3—筒体　4—隔音毛毡层
5—钢板外壳　6—压紧用的模型块　7—螺栓

的作用。因此，进入球磨机的热空气被称为**干燥剂**。运行中磨煤机的出力大小一般不随锅炉
负荷变动，调整给煤机的给煤量和热风量可以调整磨煤机出力。

球磨机的主要特点是：适应煤种广，能磨制任何煤种，尤其适合磨制其他磨煤机不宜磨
制的煤种，如硬度大、磨损性强的煤以及无烟煤、高灰分或高水分的劣质煤等。而且球磨机
对煤中混入的铁块、木屑和硬石块都不敏感；又能在运行中补充钢球，延长了检修周期。因
此，球磨机能长期维持一定出力和煤粉细度而可靠地工作，且单机容量大，磨制的煤粉较
细。其主要缺点是：设备庞大笨重，金属消耗量大，初投资及运行电耗、金属磨耗都较高。
特别是它不适宜调节，低负荷运行不经济，此外，运行噪声大，磨制煤粉不够均匀。这些缺
点使球磨机的应用受到一定限制，一般在其他类型磨煤机不能应用的场合选用球磨机。

近几年来我国引进了双进双出球磨机，其原理性结构如图 6-38 所示。它包括两个对称
的研磨回路。与普通球磨机不同的是：滚筒两端的中空轴内有一空心圆管，圆管外绕有弹性
固定的螺旋输送装置，它连同空心圆管随筒体一起转动。

原煤通过给煤机经混料箱落入空心轴底部，再经螺旋输送装置将煤从两端空心轴外端送
入滚筒内。依靠旋转筒体把钢球带到一定高度落下，将煤击碎。温度较高的干燥剂从设在空
心轴两端的热风箱通过空心圆管进入滚筒，对煤粉进行干燥，两股方向相对的干燥剂在球磨
机筒体中部对冲反向，并将煤粉从中心管与空心轴颈之间的环形通道从筒体带出，进入磨煤
机上部的分离器内。粗颗粒的煤粉被分离出来经回粉管落到中空轴入口并与原煤混合后重新
进入磨煤机内磨制，合格的煤粉由分离器出口直接送至燃烧器。

双进双出球磨机相当于把两个平行的球磨机制粉系统组合在一起的高效率制粉设备。两

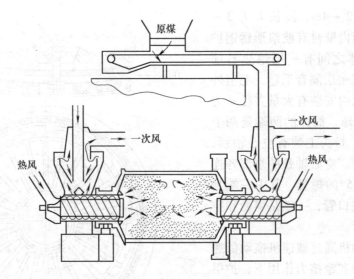

图 6-38 双进双出球磨机

个磨煤回路可以同时使用，也可以单独使用，扩大了磨煤机的负荷调节范围。双进双出球磨机保持了普通球磨机适应煤种广泛等所有优点，同时与单进单出球磨机相比，又大大缩小了球磨机的体积，降低了球磨机的功率消耗。

（2）中速磨煤机　中速磨煤机是以碾磨和挤压作用将煤磨制成煤粉的。中速磨煤机的研磨部件各不相同，但它们具有相同的工作原理和基本结构。以中速平盘磨煤机为例，如图 6-39 所示，中速磨煤机由四部分组成：驱动装置、研磨部件、干燥分离空间及煤粉分离和分配装置。

原煤经落煤管在两组相对运动的研磨部件之间，在压紧力作用下受到挤压和研磨，被破碎成煤粉。磨成的煤粉随研磨部件一起旋转，在离心力和不断被研磨的煤和煤粉的推挤作用下甩至四周风环上方。作为干燥剂的热风经装有均流导向叶片的风环整流后以一定的风速进入磨煤机环形干燥空间，对煤粉进行干燥并将其带入研磨区上部的分离器中，不合格的粗粉在分离器中被分离下来，经锥形分离器底部后返回研磨盘重磨，合格的煤粉经分离器由干燥剂带出，进入一次风管，直接通过燃烧器进入炉膛，参加燃烧。煤中夹带的难以磨碎的煤矸石、石块等在磨煤过程中也被甩至风环上方，因风速不足以将它们带出而下落，通过风环落至杂物箱。

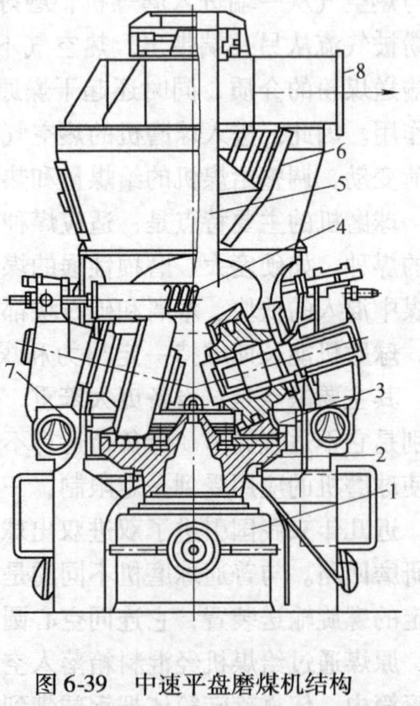

中速磨煤机的共同优点是：结构紧凑，体积小，质量轻，占地少，金属消耗量小，投资低；起动迅速，调节灵活；磨煤电耗低，仅为球磨机的 1/4。所以当煤种适宜时，优先采用中速磨煤机。缺点是：磨煤部件易磨损，不宜磨

图 6-39 中速平盘磨煤机结构
1—减速器　2—磨盘　3—磨辊　4—加压弹簧
5—落煤管　6—分离器　7—风环
8—气粉混合物出口管

硬煤、水分多和灰分大的煤。

（3）风扇式磨煤机　风扇式磨煤机的结构与风机类似，由叶轮和蜗壳组成，叶轮上装有 8～12 块由锰钢制成的冲击板，蜗壳内壁衬有耐磨护甲，其结构如图 6-40 所示。叶轮、叶片和护甲是主要的磨煤部件。粗粉分离器在叶轮的上方，与外壳连成一个整体，结构紧凑。风扇式磨煤机本身也是排粉机，在对原煤进行粉碎的同时能产生 1500～3500Pa 的风压，用以克服系统阻力，完成干燥剂吸入、煤粉输送的任务。风扇式磨煤机具有结构简单、设备尺寸小、金属耗量少、占地面积小及初期投资少等优点。

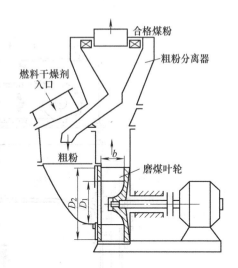

图 6-40　风扇式磨煤机的结构

在风扇式磨煤机中，煤的粉碎过程既受机械力的作用又受热力作用的影响。从风扇式磨煤机入口进入的原煤与被风扇式磨煤机吸入的高温干燥介质混合，在高速转动的叶轮带动下一起旋转，煤的破碎过程和干燥过程同时进行，破碎过程包括叶片对煤粒的撞击、叶轮与煤粒的摩擦、运动煤粒对蜗壳上护甲的撞击和煤粒互相之间的撞击等机械粉碎过程。同时，由于水分高而具有较强塑性的褐煤在被高温干燥剂加热后，塑性降低，脆性增加，易于破碎，部分含有较高水分的煤粒在干燥过程中会自动碎裂。随着破碎过程的进行，煤粒表面积增大，使干燥过程进一步深化，更有利于煤粒的破碎。

煤粒在风扇式磨煤机中大多数处于悬浮状态，热风与煤粒混合十分强烈，对煤粉的干燥能力很强，所以风扇式磨煤机与其他磨煤机相比，能磨制更高水分、可磨性指数更大的褐煤和烟煤。

风扇式磨煤机的主要缺点是：叶轮、叶片和护甲磨损严重，检修工作量大，磨制的煤粉也较粗，煤粉的细度、均匀性不能保证。所以风扇式磨煤机不适宜磨制硬煤、强磨损性煤及低挥发分的煤。

2. 给煤机

给煤机装在原煤仓下面，其任务是根据磨煤机的需要调节给煤量，把原煤仓的原煤均匀地送入磨煤机。给煤机类型很多，最常用的有刮板式、振动式和电子称重式等。

（1）刮板式给煤机　刮板式给煤机的结构如图 6-41 所示。它主要由链轮、链条、刮板、上下台板及转动装置等组成。煤由进煤管落到上台板，再将煤刮至右侧落入出煤管，送往磨煤机。刮板式给煤机可以用煤层厚度调节板来调节给煤量，调节板越高，煤层越厚，给煤量越大；调节板越低，给煤量越小。另外，也可用改变链轮转速来调节给煤量。

刮板式给煤机调节范围大，适应煤种广，不易堵塞，密封性好，系统布置也比较方便。但当煤块过大或煤中有杂物时，易卡住。此外，刮板式给煤机占地面积也较大。

目前国内大型机组上常使用 MG 埋刮板给煤机，如图 6-42 所示。MG 埋刮板给煤机的本体由头部箱体、进煤口箱体、中间箱体和出煤口箱体等组合件构成，并装有刮板链条、断煤断链报警器、煤层调节器、圆孔门和煤闸门等。它的工作原理是煤在自身的内摩擦力和刮板链条拖动力的作用下，在箱体内沿着刮板链条的运动方向运动，形成从进煤口流向出煤口的煤层流，从而实现连续、均匀、定量的输煤任务。通过煤层调节器调节煤层的厚度和改变电磁调速异步电动机的转速调节给煤量，以满足对给煤量的不同要求。

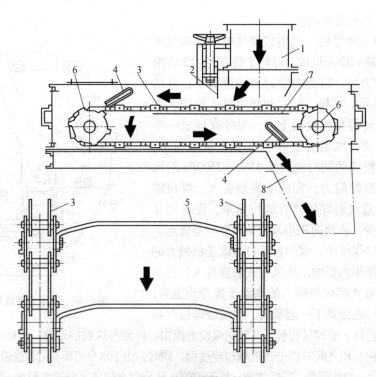

图 6-41 刮板式给煤机结构

1—进煤管 2—煤层厚度调节板 3—链条 4—挡板 5—刮板 6—链轮 7—平板 8—出煤管

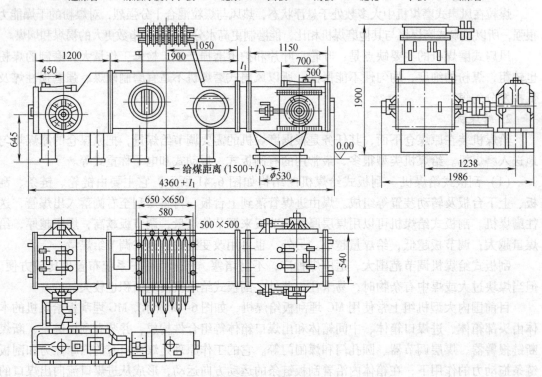

图 6-42 MG 埋刮板给煤机

MG 埋刮板给煤机具有结构合理、系统布置灵活的优点，能满足长距离的给煤需要；采用密封式箱体结构，漏风量小，适于正、负压运行，改善了工作条件；安装维修方便，电磁调速异步电动机便于调节转速，性能好、操作方便，并利于集中控制和远程控制。但该给煤机要求煤不能过湿，且颗粒不能太大。

（2）电子称重式给煤机　电子称重式给煤机是一种带有电子称重装置和微机控制装置的带式给煤机，通过自动调速装置可以将煤精确地定量送入磨煤机，其计量精度在 ±1% 左右。给煤机由机体、输煤带、电动机和驱动装置、清扫装置、称重机构、堵煤及断煤信号装置、润滑及电气线路、电子控制柜和电源动力柜等组成，如图 6-43 所示。机体作为密封焊接壳体，能承受约 0.35MPa 的压力。进煤口装有导流板，使煤在输送带上形成一定断面的煤流，出煤口装有观察孔和照明灯，输送带设有边缘，并在内侧中间有凸筋，驱动滚筒、张紧滚筒、张力滚筒面上均有相应的凹槽，使输送带能很好地导向而做正向运动不发生偏斜。驱动滚筒端装有清洁刮板，用于清除粘结于输送带外表面的煤粒。

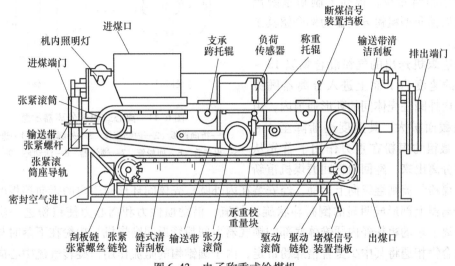

图 6-43　电子称重式给煤机

链式清洁刮板布置在输送带的下方，用于清理给煤机机壳底部的积煤，防止发生积煤自燃。链式清洁刮板与给煤机同时运转，不仅使机壳内不积存原煤，而且这些原煤没有通过输送带上的称量装置，可以减少给煤机的煤量误差。

称重机构位于给煤机进、出煤口之间，由三个称重托辊与一对负荷传感器及电子装置组成。其中两个称重托辊固定在机壳上并形成一个确定的称重跨距，另一个称重托辊悬挂于一对负荷传感器上，由负荷传感器根据输送带上的重量发出信号。给煤机控制系统在机组协调控制系统的指挥下，根据锅炉所需给煤率信号，控制驱动无极电动机转速，使实际给煤率与所需要的给煤率相一致。

断煤信号装置安装在输送带上方，当输送带上无煤时，可起动原煤仓的振动器。另在出口处下方装有堵煤信号装置，如煤流堵塞，则停止给煤机，同时发出断煤信号。该机还配有密封空气系统，可防止磨煤机前热风从出煤口进入给煤机。

3. 粗粉分离器

粗粉分离器的作用是将不合格的粗粉分离出来，送回磨煤机重新磨制，还兼有调节煤粉细度的作用。粗粉分离器有重力式、惯性式、离心式和回转式四种。以离心式使用最为广泛，它具有出粉细而均匀、调节幅度大及适用煤种广等优点，但结构复杂。下面主要针对离心式和回转式粗粉分离器予以说明。

（1）离心式粗粉分离器 图6-44a 所示为径向型，其可调节煤粉细度的折向挡板是沿径向布置的。图6-44b 所示是国内大型机组上普遍使用的一种较先进的轴向型离心式粗粉分离器。它们的工作原理是利用重力、惯性力和离心力进行分离。与径向型相比，轴向型粗粉分离器的折向挡板是轴向布置的，因而加大了圆筒空间，改善了煤粉的均匀程度，调节幅度较宽，回粉中细粉含量少，提高了制粉系统出力。现以轴向型粗粉分离器为例介绍其工作过程。

由磨煤机送出的气粉混合物以 18 ~ 20m/s 的速度自下而上进入分离器圆锥体，在内外圆柱壳体间的环形通道内，由于流通截面扩大，其速度逐渐降至 4 ~ 6m/s，最粗的煤粉在重力作用下首先从气流中分离出来，经回粉管回磨煤机重新

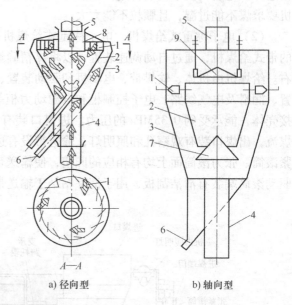

a）径向型　　　　　b）轴向型

图6-44 离心式粗粉分离器示意
1—折向挡板 2—内圆锥体 3—外圆锥体 4—进口管
5—出口管 6—回粉管 7—锁气器 8—活动环 9—圆锥帽

磨制。煤粉气流则继续向上运动，经安装在内外圆柱壳体间环形通道内的折向挡板的导流作用在分离器上部形成明显的倒漏斗状旋转气流，借助惯性力和离心力使粗粉进一步分离出来。分离下来的粗粉经内圆锥体底部的锁气器由回粉管返回磨煤机。粗粉在下落时与上升的气粉混合物相遇将其中少量合格煤粉带走，由于圆锥帽的阻流作用，旋转气流中心向下的抽吸作用被减弱，分离器中心的细粉不易分离下来。

在内圆锥体上的圆锥帽可以粗调煤粉细度。锁气器一方面增加入口气流的撞击分离；另一方面内锥回粉中的合格细粉可被入口气流带走，从而使回粉中夹带的细粉量减少。离心式粗粉分离器的结构比较复杂，阻力较大。

（2）回转式粗粉分离器 图6-45 是回转式粗粉分离器的结构。分离器上部有一个用角钢或扁钢做叶片的转子，并由电动机驱动做旋转运动。当煤粉气流自下而上进入分离器，因流通截面扩大，气流速度降低，部分粗粉在重力作用下首先分离出来。进入分离器上部的煤粉气流随转子一起旋转，粗粉受较大的离心力的作用被甩到圆锥筒的内壁上，并沿筒内壁下落，再次被分离出来；当气流沿叶片间隙穿过转子时，由于叶片的撞击又有部分粗粉被分离出来。转速越高，分离作用越强，气流带出的煤粉就越细。改变转子的转速即可调节煤粉细度。

有的回转式粗粉分离器下部还装有切向引入的二次风，将沿筒内壁下落的回粉吹起，促使回粉再次分离，并将合格的细粉带走，减少回粉中夹带的细粉量，以提高磨煤机出力并降低制粉系统的电耗。

与离心式粗粉分离器相比,回转式粗粉分离器具有结构紧凑、阻力较小、分离效率高、煤粉细度均匀、调节幅度大及调节方便等优点。其缺点是结构复杂,工作部件易磨损,检修工作量较大。

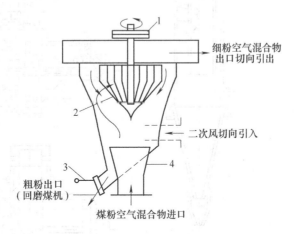

图 6-45　回转式粗粉分离器结构

1—减速轮　2—转子　3—锁气器　4—进口管

4. 细粉分离器

细粉分离器也称旋风分离器。它是中间储仓式制粉系统不可缺少的辅助设备。其作用是将煤粉从粗粉分离器送来的气粉混合物中分离出来,以便于储存。常用的细粉分离器如图 6-46 所示,它是一种小管径的细粉分离器,其工作原理与离心式粗粉分离器相同,主要依靠煤粉气流旋转运动产生离心力进行分离。细粉分离器要求将煤粉尽可能全部分离出来,需要强烈的旋转运动,故利用高速旋转气流产生分离作用。

气粉混合物以 $16 \sim 22m/s$ 的速度经舌形导向板被切向引入,在分离器筒体与内套筒之间高速旋转向下流动,在离心力的作用下煤粉被抛向筒壁,并沿筒壁下落至筒底出口,然后进入煤粉仓或螺旋输粉机。气流折转向上进入内套筒,其中少量的煤粉借助惯性力作用再次分离出来,而气流则从内套筒上部引往排粉机。这种细粉分离器的分离效率约在 90% 左右。

5. 给粉机

给粉机的作用是根据锅炉负荷的需要,把煤粉仓中的煤粉均匀地送入一次风管中。常用的给粉机是叶轮式,其结构如图 6-47 所示。当电动机经减速器带动给粉机主轴转动时,固定在主轴上的上、下叶轮也同时转动,煤粉仓下落的煤粉首先送到上叶轮右侧,转动的上叶轮将煤粉拨送到上叶轮左侧,通过固定盘上的落粉孔落入下叶轮,然后转动的下叶轮将煤粉拨送到下叶轮右侧出口,落入一次风管中。改变电动机转速可调节给粉量,故叶轮式给粉机常用直流电动机拖动。

叶轮式给粉机供粉较均匀,调节方便,不易发生煤粉自流,又可以防止一次风冲入煤粉仓,故应用较广泛。其缺点是结构较为复杂,耗电量大而且易被煤粉中的木屑等杂物堵塞从而影响系统运行。

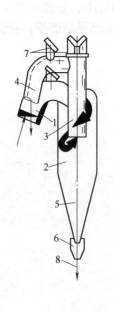
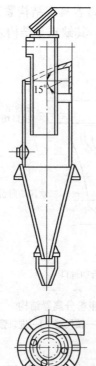

图 6-46 细粉分离器
1—气粉混合物入口管 2—分离器筒体
3—内套筒 4—干燥器出口管 5—分离器筒体圆锥部分
6—煤粉小斗 7—防爆门 8—煤粉出口

图 6-47 叶轮式给粉机
1—外壳 2—上叶轮 3—下叶轮
4—固定盘 5—主轴 6—减速器

6. 锁气器

在粗粉分离器回粉管和细粉分离器的落粉管上均装有锁气器。其作用是只允许煤粉沿管道下落，不允许气体流过，以保证分离器的正常工作。锁气器有翻板式和草帽式两种，如图 6-48 所示，它们都是利用杠杆原理进行工作的。当翻板或活门上的煤粉超过一定数量时，翻板或活门自动打开，煤粉落下；当煤粉减少到一定程度时，翻板或活门又因平衡重锤的作用而关闭。翻板式锁气器可以装在垂直管段上，翻板式锁气器不易卡住，工作可靠。草帽式锁气器动作灵活，煤粉下落均匀，而且严密性好。

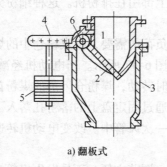
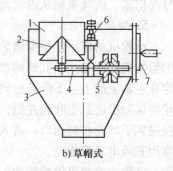

a) 翻板式   b) 草帽式

图 6-48 锁气器
1—煤粉管 2—翻板或活门 3—外壳 4—杠杆
5—平衡重锤 6—支点 7—手孔

6.3.2　吹灰设备

锅炉燃烧的煤中含有一定的灰分。一般煤的灰分为20%～30%，有的劣质煤灰分高达40%以上，因此煤在炉膛燃烧后必将遗留下大量的灰分。对于固态排渣煤粉炉，约有90%的灰分随烟气带至锅炉尾部受热面，约10%的灰分落入炉膛下面的冷灰斗（这部分灰又称为渣）。锅炉运行时不允许灰渣在炉内任何部位堆积过多，否则会引起事故。此外也不允许任意向外界排放。因此，锅炉的吹灰、除尘和除灰设备和系统是重要的辅助设备和系统，关系到保证锅炉的安全及人们的生活环境。

燃煤锅炉运行一段时间后，受热面管壁上会积灰或结渣，不仅影响锅炉传热效果，而且可能危及锅炉运行的安全。因此必须经常清除受热面管壁上的积灰和结渣。吹灰器的作用就是清除受热面管壁上的积灰，保持受热面清洁，防止受热面结渣。目前300MW机组的燃煤锅炉，在水冷壁及对流烟道的受热面上均设置有一定数量的吹灰器，并采用自动程序控制进行定期吹灰，以提高锅炉运行的安全性和经济性。

吹灰器是利用吹灰介质在吹灰器喷嘴出口处所形成的高速射流，冲刷受热面上的灰渣，使灰渣脱落的装置。当吹灰器喷出射流的冲击力大于灰粒之间或灰粒与管壁之间的附着力时，灰渣便脱落，其中小颗粒被烟气带走，大颗粒则沉落至灰斗或烟道内。

吹灰器按吹灰介质的不同，通常有水力吹灰和蒸汽吹灰两种。水力吹灰主要是用连续排污水或生水在吹灰喷头的射流下产生较高的冲刷力，当水珠碰在灰渣上蒸发时吸收大量潜热，使灰渣层剧冷而碎裂脱落。水力吹灰一般使用在烟温较低的空气预热器上或燃用高灰分褐煤的锅炉上。水力吹灰如使用在烟温较高的区域时，对吹灰部位的管材及布置应做一些特殊的处理。目前300MW机组锅炉上广泛采用蒸汽吹灰，通常它是将过热蒸汽减压至1～2MPa后作为吹灰介质的。蒸汽吹灰具有过热蒸汽来源容易、对炉内燃烧和传热影响较小、吹灰系统简单、投资少及吹灰效果好等优点。吹灰器的蒸汽管路系统如图6-49所示。

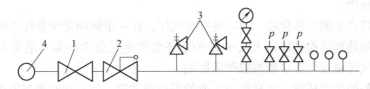

图6-49　吹灰器的蒸汽管路系统
1—电动截止阀　2—气动调节阀　3—安全阀　4—汽源

采用过热蒸汽作为吹灰介质的吹灰系统主要由汽源总隔绝阀、吹灰减压阀、连接管道、吹灰器隔绝阀、吹灰器、控制设备以及吹灰疏水系统所组成，有的还装有介质过滤器。某发电厂300MW燃煤机组的吹灰器在锅炉上的布置如图6-50所示。

按照锅炉受热面的布置，燃煤锅炉一般在炉膛水冷壁四周布置有数量较多的短伸缩式炉室吹灰器，用以清除水冷壁受热面的灰渣；在烟道内的各受热面部位，布置有长伸缩式烟道吹灰器和空气预热器吹灰器，用以清除过热器、再热器、省煤器及空气预热器等部位的灰渣。

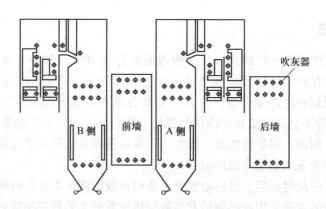

图 6-50　吹灰器的布置位置

6.3.3　除尘设备

1. 除尘的意义

煤中灰分是不可燃烧的物质，煤在燃烧过程中经过一系列的物理化学变化，灰分颗粒在高温下部分或全部熔化，熔化的灰粒相互粘结形成灰渣。被烟气从燃烧室带出去的凝固的细灰及尚未完全燃烧的固体可燃物就是飞灰。一座 600MW 的燃煤发电厂，每天排放数千吨的灰渣以及相当数量的二氧化硫、氮氧化物等气态污染物。

燃烧物中的粉尘和二氧化硫、NO_x 等有害气体，首先对锅炉本身产生不利影响。粉尘会使受热面积灰，影响热交换；粉尘中含有的微小颗粒对锅炉受热面、烟道、引风机造成磨损，缩短其使用寿命，增加维修工作量。粉尘中大量的有害气体还会限制排烟温度，增加排烟损失，降低锅炉效率。

另外，粉尘落入周围工矿企业不但会加速机件磨损，而且可能导致产品质量下降，尤其对炼油、食品、造纸、纺织和电子元件等工作产品影响更大。粉尘落到电气设备上，可能发生短路，引起故障。

此外，燃煤产生的二氧化硫、NO_x 等有害气体，在一定物理化学条件下形成酸雨，造成金属腐蚀和房屋建筑结构破坏。大气中的 NO_x 还会产生光化学烟雾，危害人体健康和动植物生长，对大气环境及生态平衡造成严重影响。

为保护我们的生存环境，实现电力工业的可持续发展，就必须对燃煤发电厂和其他工业企业的烟气和粉尘等污染物进行处理，以达到排放标准。目前对烟气的处理主要是除尘、脱硫和推广发电机组低 NO_x 燃烧技术。而除尘是指在炉外加装各类除尘设备，净化烟气，减少排放到大气的粉尘，是当前控制排尘量达到允许程度的主要方法。

2. 除尘器的分类及基本结构

除尘器的主要作用是将飞灰从烟气中分离并除去。它安装在空气预热器后，引风机前。按工作原理分为机械除尘器和电除尘器。电除尘器的原理是利用高压直流电在两极间产生一个不均匀电场，使含尘气体中粉尘微粒荷电，荷电粉尘在电场力的作用下向极性相反的电极运动，并被吸附到极板表面上，再经振打力的作用，使片状的粉尘落入储灰装置中，从而实现气固分离。电除尘器因除尘效果明显优于机械除尘器，得到广泛应用。

图 6-51 所示为 S3F-220 型电除尘器。电除尘器由两部分构成：一部分是电除尘器本体，

烟气通过这一装置完成净化过程,主要由放电极、集尘极、槽板、清灰设备、外壳、进出气烟箱及储灰系统等部件组成;另一部分是产生高压直流电的装置和低压控制装置,负责将380V、50Hz 的交流电转换成 60kV 的直流电供除尘器使用,包括高压变压器、绝缘子和绝缘子室、整流装置及控制装置等。

(1)集尘极系统(阳极系统) 集尘极系统由集尘极板、悬吊装置和极板振打装置等组成。其作用是:捕捉荷电尘粒,并在振打的作用下使集尘极板捕捉的尘粒成片状脱离极板落入灰斗中。

对集尘极板的要求是:具有较好的电气性能,运行时异极间的火花电压高,极板面上的电场强度和电流密度分布均匀;集尘效果好,结构形状使集尘极板振打时能有效防止尘粒的二次飞扬;振打传递性能好,不易变形;金属消耗小,加工、运输、安装和检修方便:表面积大,容易清灰等。

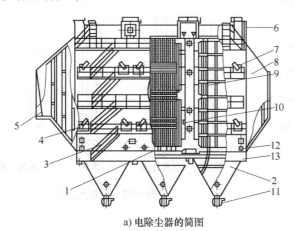

a) 电除尘器的简图

b) 电除尘器布置

c) 工作原理示意

图 6-51 S3F-220 型电除尘器

1—正极板 2—灰斗 3—梯子平台 4—正极振打装置 5—进气烟箱 6—顶盖

7—负极振打传动装置 8—出气烟箱 9—星形负极线 10—负极振打装置

11—卸灰装置 12—正极振打传动装置 13—底盘

因为运输、安装不便,且使用中由于热胀冷缩易产生弯曲变形,因此集尘极板不能用整块钢板制成，而是制成细长条形。材料一般是普通碳素钢板，烟气具有腐蚀性时需用不锈钢。目前多采用 1.2～2mm 厚的卷板制成。卧式电除尘器的极板截面形式很多，常见的形状有 Z 形、CS 形、C 形和板式槽形等，如图 6-52 所示。这些均属型板式电极，图中形状各异的沟槽为加强筋，一方面当气流流经型板时，板面上的沟槽能避免主气流的直接冲刷，有效防止二次扬尘，同时也使得极板的电气性能和振打性能更好；另一方面可增加极板的刚度。集尘极板的悬吊装置采用高强度螺栓紧固。其优点是位移量小，振打加速度大，固有频率高等。

集尘板的制作要求很高，每块极板不允许有焊缝，否则在使用时会由于热应力而发生翘曲，影响极间距离，所以极板的制作应用轧扳机连续轧制而成。极板振打装置的作用是：利用振打力，使集尘极板上一定厚度的尘粒层脱离极板表面。目前采用较多的是下部机械切向振打装置，它由传动装置、振打轴、锤头和轴承等组成。

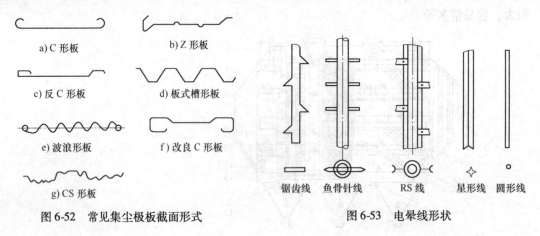

a) C 形板　　　　b) Z 形板

c) 反 C 形板　　　d) 板式槽形板

e) 波浪形板　　　f) 改良 C 形板

g) CS 形板

图 6-52　常见集尘极板截面形式

锯齿线　鱼骨针线　　RS 线　　星形线　圆形线

图 6-53　电晕线形状

（2）放电极系统　放电极系统是电除尘器的心脏，其作用是建立不均匀电场，产生电晕使烟气中的尘粒荷电。它主要由电晕线、电晕线框架、框架吊挂装置和放电极振打装置等组成。

电晕线是电除尘器的放电极，它决定了放电的强弱和尘粒的荷电，直接关系到除尘器的除尘效率。此外，电晕线的可靠性也影响到除尘器的安全运行。因此，对电晕线的要求是：电气性能好，起晕电压低、电晕电流大；机械强度高，经长期振打不易断裂；热应力小，运行中变形小，能准确保持极间距不变；利于振打和清灰；对烟气变化的适应性好等。电除尘器的电晕线形状很多，如图 6-53 所示。每种电晕线各有其特点，应根据不同的烟气性质和除尘器结构来选择不同形式的电晕线。

6.3.4　除灰设备

火电厂的除灰是指将锅炉灰渣斗中排出的渣和除尘器捕捉下来的灰经除灰设备排放到灰场或者运往厂外的全部过程。根据采用的设备不同，目前发电厂的除灰方式有水力、气力和机械三种。

1. 水力除灰系统

目前我国普遍采用水力除灰，水力除灰系统是以水为介质输送灰渣的系统。它一般由排渣设备、冲灰设备、碎渣设备、输送设备等和排灰沟、输灰管道及其附件组成。水力除灰具有除灰迅速、对灰渣适应性强、灰渣不易飞扬、运行安全可靠及操作维护方便等优点。缺点是该系统耗水量大、管道磨损快、易结渣堵灰、湿灰渣不易综合利用等。水力除灰系统按所输送的灰渣不同，可分为灰渣混除和灰渣分除两种系统。灰渣混除系统是将除尘器等分离出的飞灰和炉膛排出的炉渣在灰渣输送设备之前混合在一起输送；灰渣分除系统是将细灰和炉渣分别通过单独的管道系统输送。在水力除灰系统中，灰的输送方式按灰水比的不同可分为低浓度除灰系统和高浓度除灰系统。有的发电厂将储存在灰场的冲灰水经沉淀分离、过滤后再用泵打入除灰用水系统重新利用，即采用所谓的灰水闭路循环方式，不仅减轻了对环境的污染，而且可使除灰用水的消耗量大大减少，是一种值得推广和较理想的除灰方式。为了防止由于灰水循环使用引起的管道结垢，一般应在灰水中添加一定数量的阻垢剂。

2. 气力除灰系统

随着机组容量的增大，灰渣量越来越多，采用水力除灰不但需要消耗大量的除灰用水，而且造成灰场排水超标，严重污染地下水，成为发电厂三废排放的主要危害之一，采用气力除灰就可避免这种情况。气力除灰是以空气为介质输送细灰的系统。气力除灰不需要除灰水源，不改变灰的特性，既节约能源，也为灰的综合利用提供了有利条件。因而在新建的300MW 及以上大型机组中广泛采用气力除灰系统。气力除灰系统分为正压和负压两大类；根据空气压力和输送设备的不同，气力除灰系统还有其具体的分类。

3. 灰渣综合利用

由于发电厂容量的不断增加，国内外都在致力于灰渣综合利用，变废为宝，保护环境，提高经济效益。灰渣综合利用的主要途径有：①用作水泥掺和料；②制灰渣砖和灰渣砌砖；③在筑路工程中用作基层或路面掺和料；④粉煤灰用作农业肥料；⑤制造铸面和保温纤维；⑥提炼稀有金属锗、铝、铀、钪、钛等。

复习与思考题

6-1 锅炉本体主要由哪些主要部件组成？锅炉的辅助设备主要有哪些？

6-2 锅炉可分为哪些基本类型？

6-3 燃烧器的作用是什么？直流燃烧器主要有哪几种结构形式？

6-4 锅炉常用的汽水分离器有哪些？简述它们的工作原理。

6-5 过热器和再热器各有哪几种形式？

6-6 省煤器和空气预热器的作用各是什么？空气预热器有哪几种形式？

6-7 制粉系统有哪些辅助设备？说明各设备的作用。

6-8 除灰系统有哪几种类型？各由哪些主要设备组成？

第 7 章

汽轮机设备

教学目标

1. 掌握汽轮机的分类，了解其型号。
2. 掌握汽轮机本体的主要结构、作用及工作原理。
3. 掌握汽轮机主要辅助设备的作用，了解其工作原理及运行的注意事项。

7.1 汽轮机的一般概念

汽轮机是将蒸汽的热能转换成机械能的高速旋转机械。它的主要用途是在热电厂中做带动发电机的原动机。在采用化石燃料（煤、燃油和天然气）和核燃料的发电厂中，常采用汽轮机做原动机。有时，汽轮机还直接用来驱动泵，以提高发电厂的经济性或安全性。

为了保证汽轮机正常工作，需配置必要的辅助设备，汽轮机及其辅助设备的组合称为**汽轮机设备**。在火电厂和核电厂中，汽轮机带动发电机发电，将汽轮机与发电机的组合称为**汽轮发电机组**。

7.1.1 汽轮机的分类

汽轮机的类型很多，为了便于选用，常按汽轮机的级数、热力特性、工作原理、新蒸汽参数、蒸汽流动方向及用途等对其进行分类。

1. **按汽轮机的级数分类**

（1）单级汽轮机 只有一个级的汽轮机称为**单级汽轮机**。如图 7-1 所示，单级汽轮机由于功率较小，在火电厂中一般不用来驱动发电机，通常用来带动某些功率不大的辅机，如汽动油泵和汽动给水泵等。

（2）多级冲动式汽轮机 随着汽轮机向高参数、大功率和高效率方向发展，单级汽轮机已不能适应需

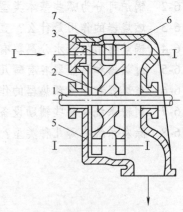

图 7-1 单级汽轮机工作原理简图
1—轴 2—叶片 3—第一列动叶
4—喷嘴 5—汽缸 6—第二列动叶
7—导向叶片

要，产生了多级汽轮机。

由若干个冲动级依次串联而成的多级汽轮机称为**多级冲动式汽轮机**。多级冲动式汽轮机总体结构特点是汽缸内装有隔板与轮式转子，如图7-2所示。

反动式汽轮机为了减小因叶片前后压力差产生的轴向推力，不能采用像冲动式汽轮机那样的叶轮结构，如图7-3所示。其总体结构特点是汽缸内无隔板或装有无隔板体隔板，并采用了鼓式转子，动叶片直接嵌装在鼓式转子的外缘上；另外，高压端轴封设有平衡活塞，用蒸汽连接管与凝汽器相通，使平衡活塞上产生一个与蒸汽流的轴向力方向相反的平衡力。

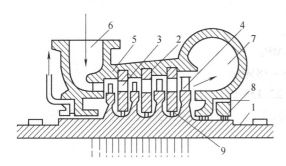 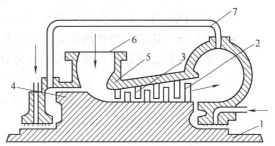

图7-2 多级冲动式汽轮机通流部分示意图
1—转子 2—隔板 3—喷嘴 4—动叶片 5—汽缸
6—蒸汽室 7—排汽管 8—轴封 9—隔板汽封

图7-3 反动式汽轮机通流部分示意图
1—鼓式转子 2—动叶片 3—静叶片 4—平衡活塞
5—汽缸 6—蒸汽室 7—连接管

2. 按热力特性分类

（1）凝汽式汽轮机 进入汽轮机的蒸汽，除很少一部分泄漏外，全部排入凝汽器，这种汽轮机称为**纯凝汽式汽轮机**。在现代汽轮机中，多数采用回热循环，此时，进入汽轮机的蒸汽除大部分排入凝汽器外，尚有少部分从汽轮机中抽出，用来加热锅炉给水。这种汽轮机称为**有回热抽汽的凝汽式汽轮机**，简称**凝汽式汽轮机**。

（2）背压式汽轮机 排汽压力高于大气压力的汽轮机称为**背压式汽轮机**。其排汽可供工业或采暖使用。当其排汽作为中、低压汽轮机的进汽时，称为**前置式汽轮机**。

（3）调节抽汽式汽轮机 在这种汽轮机中，部分蒸汽在一种或两种给定压力下抽出对外供热，其余蒸汽做功后仍排入凝汽器。一般用于工业生产的抽汽压力为0.5~1.5MPa，用于生活采暖的抽汽压力为0.05~0.25MPa。由于用户对供汽压力和供热量有一定要求，需对抽汽压力进行调节（用于回热抽汽的压力无需调节）。因而汽轮机设备有抽汽压力调节机构，以维持抽汽压力恒定。

（4）中间再热式汽轮机 新蒸汽经汽轮机高压缸做功后，引至锅炉再热器再次加热到某一温度，然后再回到汽轮机中低压缸继续做功，最后排入凝汽器。这种汽轮机称为**中间再热式汽轮机**。

背压式汽轮机和调节抽汽式汽轮机统称为**供热式汽轮机**。目前凝汽式汽轮机均采用回热循环和中间再热。

3. 按工作原理分类

（1）冲动式汽轮机 按冲动作用原理工作的汽轮机称为**冲动式汽轮机**。在近代冲动式汽轮机中，蒸汽在动叶内有一定程度的膨胀，但习惯上仍称为冲动式汽轮机。

（2）反动式汽轮机　按反动作用原理工作的汽轮机称为**反动式汽轮机**。近代反动式汽轮机常用冲动级作为多级汽轮机的第一级来调节进汽量，但习惯上仍称为反动式汽轮机。

（3）冲动反动联合式汽轮机　按冲动原理工作的级和按反动原理工作的级组合而成的汽轮机称为冲动反动联合式汽轮机。

4. 按新蒸汽参数分类

新蒸汽的蒸汽参数是指汽轮机进汽的压力和温度，按不同的压力等级汽轮机可分为：

1）低压汽轮机：新蒸汽压力小于 1.5MPa。

2）中压汽轮机：新蒸汽压力为 2~4MPa。

3）高压汽轮机：新蒸汽压力为 6~10MPa。

4）超高压汽轮机：新蒸汽压力为 12~14MPa。

5）亚临界压力汽轮机：新蒸汽压力为 16~18MPa。

6）超临界压力汽轮机：新蒸汽压力大于 22.15MPa。

7）超超临界压力汽轮机：尚无统一划分标准，一般可认为新蒸汽压力大于 27MPa。

还有其他一些分类法，不再一一列举。

7.1.2　汽轮机的型号

为了便于识别汽轮机的类别，每台汽轮机都有其产品型号。我国生产的汽轮机所采用的系列标准及型号已经统一，主要由汉语拼音和数字组成。

汽轮机产品型号的表示方法如下：

| 汽轮机类型 | 额定功率（以 MW 为单位） - 蒸汽参数 - 设计序号 |

其中汽轮机类型的汉语拼音代号见表 7-1。

表 7-1　汽轮机类型的汉语拼音代号

类型	凝汽式	背压式	一次调节抽汽式	二次调节抽汽式	抽汽背压式
代号	N	B	C	CC	CB

汽轮机蒸汽参数的表示见表 7-2。

表 7-2　汽轮机蒸汽参数的表示

类型	参数表示	示例
凝汽式	新蒸汽压力（MPa）/新蒸汽温度（℃）	N100 – 8.82/535
中间再热式	新蒸汽压力（MPa）/新蒸汽温度（℃）/再热蒸汽温度（℃）	N300 – 16.7/537/537
背压式	新蒸汽压力（MPa）/背压（MPa）	B50 – 8.82/0.98
抽汽式	新蒸汽压力（MPa）/高压抽汽压力（MPa）/低压抽汽压力（MPa）	CC50 – 8.82/0.98/0.118
抽汽背压式	新蒸汽压力（MPa）/抽汽压力（MPa）/背压（MPa）	CB25 – 8082/0.98/0.118

7.2　汽轮机本体的主要结构

汽轮机本体结构由静止部分和转动部分组成，静止部分称为**静子**，主要部件有汽缸、隔板、汽封和轴承等。转动部分称为**转子**，主要部件有动叶片、主轴、叶轮（反动式汽轮机为转鼓）、联轴器和盘车装置等。

7.2.1　汽轮机静止部分

1. 汽缸

汽缸是汽轮机的外壳，其作用是将汽轮机的通流部分与大气隔开，将蒸汽包容在汽缸中膨胀做功，完成其能量转换过程。汽缸内部装有喷嘴室、喷嘴、隔板套（在反动式汽轮机中为静叶持环）和隔板等部件。汽缸外部与进汽、排汽及抽汽管道等连接。

根据机组功率的不同，汽轮机有单缸和多缸结构。一般功率在 100MW 以下的汽轮机多采用单缸结构，功率在 100MW 以上的汽轮机采用多缸结构。如我国生产的 100MW 汽轮机为双缸（一个高压缸和一个低压缸），200MW 汽轮机为三缸（一个高压缸、一个中压缸和一个低压缸），600MW 汽轮机为四缸（一个高压缸、一个中压缸和两个低压缸）。

汽缸从高压向低压方向看，大致呈圆筒形和圆锥形。为了便于加工、安装及检修，汽缸一般为水平对分式，即分为上、下汽缸，水平结合面一般用法兰螺栓连接。另外，为了合理利用材料和便于加工、运输，汽缸也常按缸内压力高低沿轴向分为几段，垂直结合面也采用法兰螺栓连接，由于垂直结合面一般不需拆卸，为保证其严密性，有些汽缸还在结合面的内圆加以密封焊。汽轮机汽缸的外形如图 7-4 所示。

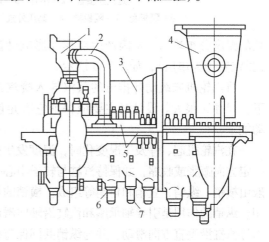

图 7-4　汽轮机汽缸外形
1—蒸汽室　2—导汽管　3—上汽缸　4—排汽管口
5—法兰　6—下汽缸　7—抽汽管口

从调节阀到汽轮机第一级喷嘴这段区域是汽轮机的进汽部分，它包括蒸汽室和喷嘴室，是汽轮机中承受压力和温度最高的部分。大功率汽轮机一般将汽缸与蒸汽室、喷嘴室单独铸造，然后焊接或用螺栓连接在一起。调节阀与汽缸分离单独布置，这种结构不但使汽缸形状简化，而且汽缸受热均匀，热应力较小。

汽缸的高、中压段或高中压缸，在运行中起承受其内部蒸汽较高压力和较高温度的作用。

汽缸的低压段或低压缸尾部，在运行时其内部压力低于大气压力，起承受其压差的作用。因此，汽缸壁必须具有一定厚度，以满足强度和刚度的要求。法兰也应有一定的厚度，螺栓应有较大的尺寸，以保证结合面的严密性。汽缸的形状要尽可能简单、对称，以减少热应力。

汽缸根据所承受的蒸汽参数不同，有单层缸和多层缸结构。对于超高参数以上的汽轮机高压缸（有的机组也包括中压缸），内外压差大，汽缸壁及法兰都很厚，在汽轮机起、停及工况变化时，将产生很大的热应力和热变形，所以高压缸（有的机组也包括中压缸）多采用双层缸结构，如图 7-5 所示。

大功率汽轮机低压缸进汽与排汽的温差较大（如引进型 300MW 汽轮机在额定工况下，低压缸进汽温度为 337℃，排汽温度为 32.5℃，两者温差为 304.5℃），为使低压缸巨大外

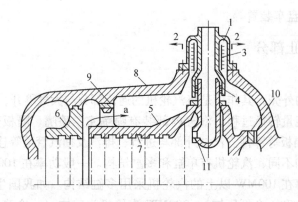

图7-5　双层结构高压缸

1—进汽连接管　2—小管　3—螺旋圈　4—汽封环　5—高压内缸

6—隔板套　7—隔板槽　8—高压外缸　9—纵销　10—立销　11—调节级喷嘴组

壳的温度分布均匀，不因产生变形而影响动静部分间隙，低压缸往往采用双层或三层结构（排汽室仍为单层），如图7-6所示。

将汽轮机末级动叶排出的蒸汽导入凝汽器的部分称为**排汽缸**。排汽缸工作在真空状态下，尺寸又很大。设计时主要应保证它有足够的刚性，并具有良好的流动特性以回收排汽动能。

在汽轮机起、停及工况变化时，温度发生变化，汽缸将产生膨胀或收缩。为了保证汽缸按一定方向膨胀或收缩，并保持汽缸与转子中心一致，汽轮机设置了一套滑销系统。滑销系统一般由横销、纵销、立销和角销等组成。横销的作用是引导汽缸沿横向滑动，并在轴向起定位作用。纵销的作用是引导轴承座和汽缸沿轴向滑动，并限制轴向中心线横向移动。立销的作用是引导汽缸沿垂直方向滑动，并与纵销共同保持机组的轴向中心不变。角销的作用是防止轴承座与基础台板脱离。横销与纵销的中心线的交点为膨胀的固定点，称为**汽缸的死点**。

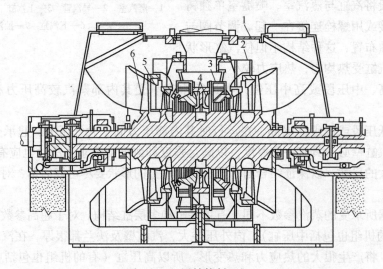

图7-6　三层结构低压缸

1—外缸　2—次内缸　3—内缸　4—静叶持环　5—隔板　6—动叶组

图 7-7 所示为引进型 300MW 汽轮机滑销系统。

对于双层结构的汽缸，为了保证内缸受热后能自由膨胀并保持与外缸中心一致，内缸与外缸之间也设有滑销系统。由于进汽管是通过外缸和内缸进入喷嘴室的，内、外缸在进汽管处不能有相对位移，所以内缸的死点一般设在进汽管中心线所处的垂直平面上。

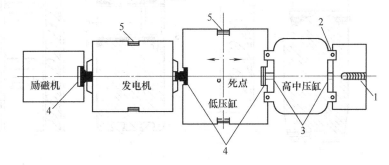

图 7-7　引进型 300MW 汽轮机滑销系统
1—纵销　2—猫爪横销　3—定中心梁　4—立销　5—横销

大功率汽轮机高、中压缸承受的压力很高，其法兰很厚，螺栓尺寸很大，在机组起、停过程中，汽缸与法兰之间、法兰与螺栓之间将产生较大的温差，使法兰和螺栓中产生很大的热应力。为了减小汽缸、法兰及连接螺栓间的温差，缩短机组起、停时间，国产大功率汽轮机高、中压缸一般设有法兰螺栓加热装置，在机组起、停过程中对法兰和螺栓进行补充加热或冷却。

2. 隔板

隔板用于固定喷嘴，并将整个汽缸内部空间分隔成若干个汽室。

冲动式汽轮机的隔板主要由喷嘴、隔板体和隔板外缘组成，主要形式有铸造式和焊接式两种。

（1）铸造隔板　铸造隔板是先用铣制或冷拉、模压、爆炸成型等方法将喷嘴叶片（也称静叶片或导叶）做好，然后在浇铸隔板体时将静叶片放入其中一体铸出，如图 7-8 所示。这种隔板上、下两半之间的中分面有平面和斜面两种，做成斜面可避免在中分面处将静叶片截断。

铸造隔板加工比较容易，成本低，但表面较粗糙，使用温度也不能太高，一般小于 300℃，因此多用于汽轮机的低压部分。

（2）焊接隔板　焊接隔板是先将已成型的静叶片焊接在内、外围带之间，组成喷嘴弧，然后再焊上隔板外缘和隔板体，如图 7-9a 所示。在隔板外缘的出汽边焊有径向汽封安装环，用来安装动叶顶部的径向汽封，减小蒸汽泄漏损失。

焊接隔板具有较高的强度和刚度、较好的气密

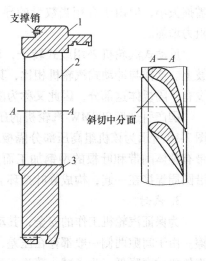

图 7-8　铸造隔板
1—外缘　2—静叶片　3—隔板体

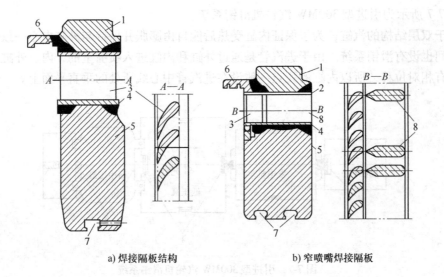

a) 焊接隔板结构   b) 窄喷嘴焊接隔板

图 7-9　焊接隔板
1—隔板外缘　2、4—外、内围带　3—静叶片　5—隔板体
6—径向汽封安装环　7—汽封槽　8—导流筋

性，加工较方便，因此，广泛应用于中、高参数汽轮机的高、中压部分。

高参数汽轮机中，高压部分隔板前后压差较大，隔板必须做得很厚，而喷嘴高度却很短。若喷嘴宽度与隔板体厚度相同，就会使喷嘴损失增加，效率降低，因此采用宽度较小的窄喷嘴焊接隔板，如图 7-9b 所示。为保证隔板的刚度，在隔板体和隔板外缘之间有若干个具有流线型的导流筋相连。窄喷嘴焊接隔板喷嘴损失小，但由于有相当数量的导流筋，蒸汽的流动阻力增加。

反动式汽轮机采用鼓式转子，动叶片直接装在转鼓上。这样与冲动式汽轮机相比，其隔板内径增加了，没有了隔板体这部分，因此又称为**静叶持环**。

国产引进型 300MW 汽轮机的压力级均为反动级，图 7-10 所示为该机组高压部分隔板示意图。静叶片由带有整体围带和叶根的型钢加工而成，将叶根和围带沿圆周焊接在一起，构成静叶持环。

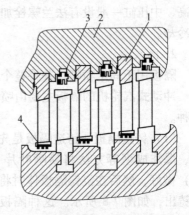

图 7-10　国产引进型 300MW 汽轮机
高压部分隔板示意图
1—隔板　2—静叶持环
3—动叶顶部径向汽封　4—隔板汽封

3. 汽封

为保证汽轮机工作的安全，其动、静部分之间必须留有一定的间隙，避免相互碰撞或摩擦。由于间隙两侧一般都存在压差，这样就会有部分蒸汽通过间隙泄漏，造成能量损失，使汽轮机效率降低。为了减小蒸汽泄漏损失，在汽轮机的相应部位设置了汽封。

根据装设部位不同，汽封可分为轴端汽封、隔板汽封和通流部分汽封。转子穿出汽缸两端处的汽封叫轴端汽封，简称轴封。高压轴封用来防止蒸汽漏出汽缸而造成能量损失及恶化运行环境；低压轴封用来防止空气漏入汽缸使凝汽器的真空度降低影响机组的正常运行。

隔板内圆与转子之间的汽封称为**隔板汽封**，用来阻止蒸汽经隔板内圆绕过喷嘴流到隔板后而造成能量损失。通流部分汽封包括动叶顶部和根部的汽封，用来阻止动叶顶及叶根处的泄漏。

现代汽轮机中通常采用曲径式汽封，其主要形式有：梳齿形、J形和枞树形。其中梳齿形汽封是汽轮机中应用最为广泛的一种汽封，其结构如图7-11所示。

图7-11a为高低梳齿形汽封，在汽封环上直接车出或镶嵌上汽封齿，汽封齿高低相间。汽轮机主轴上车有环行凸台或套装上有凸环的汽封套，汽封高齿对着凹槽，低齿接近凸环顶部，这样便构成了有许多狭缝的多次曲折通道，对泄漏形成很大的阻力。汽封环通常沿圆周分成4～6段，装在汽封体的槽中并用弹簧片压向中心。梳齿尖端很薄，若转子与汽封发生碰磨，产生的热量不会过大，而且汽封环被弹簧片支承可作径向退让，这样对转子的损伤较小。图7-11b为平齿梳齿形汽封，其结构比高低梳齿形汽封简单，但阻汽效果差些。高低梳齿形汽封主要用于汽轮机高、中压轴封及高、中压隔板汽封；平齿梳齿形汽封多用于低压轴封及低压隔板汽封。

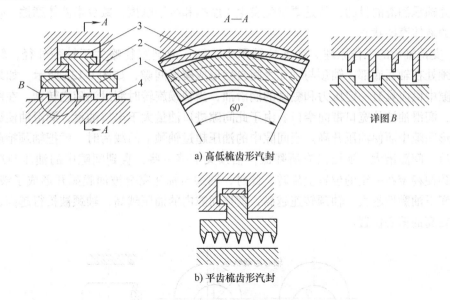

图 7-11　梳齿形汽封
1—汽封环　2—汽封体　3—弹簧片　4—汽封套

4. 轴承

汽轮机的轴承按其受力的方式可分为支持轴承和推力轴承两种。

1）支持轴承。用来支承汽轮机转子的重力，保持动静件中心一致，从而保证动静件之间的轴向间隙在规定范围。

2）推力轴承。用来平衡转子的轴向推力，确立转子膨胀的死点，从而保证动静件之间的轴间隙在设计范围内。

为保证轴承正常工作，必须向轴承供润滑油，下面分别讲述轴承的结构及其润滑原理。

（1）支持轴承

1）支持轴承种类。支持轴承又叫主轴承。根据其结构不同，又可分为圆筒形轴承、椭圆形轴承、多油楔轴承和可倾瓦轴承等。在中小型汽轮机中，多数应用圆筒形轴承和椭圆形轴承。

汽轮机是高速运转的机械，随着功率的增大，转子的重力也在增大，因此支持轴承的荷重也来越大。轴承的烧损和振幅的增高是支持轴承频发的事故。

2）支持轴承润滑原理。支持轴承是采用压力供油方式进行润滑的，对润滑油质及供油温度都有一定的要求。润滑油除了能在轴颈和轴瓦间形成油膜，建立液体摩擦外，还能对轴颈进行冷却，带走因摩擦而产生的热量。同时，对轴承也是一种清洗，能把轴承在半干摩擦中产生的乌金粉末等带走。

轴承在运行中，按其润滑情况可分为干摩擦、半干摩擦、半液体摩擦及液体摩擦等四种情况。转子在静止状态时，轴颈和轴承间不存在油膜，因而汽轮机转子刚转动时，轴承与轴颈属于摩擦状态。转子转动后，随着转速的增高，附着在轴颈上的油被带到轴颈和轴承之间，这时轴承与轴颈处于半干摩擦状态。随着转子的转速进一步升高，轴颈和轴承表面大部分面积被润滑油层分开，这时轴承表面与轴颈处于半液体摩擦状态。转子达到一定的转速后，轴颈和轴承间出现了稳定的、具有一定厚度的润滑油膜，这时在轴内轴颈与轴承表面的摩擦是润滑油层之间的摩擦，属于液体摩擦状态。

研究轴承润滑的目的，就是要避免发生干摩擦和半干摩擦，减少半液体摩擦，使轴承处于良好的液体摩擦状态。

3）支持轴承的工作原理。在支持轴承中，轴瓦内圆直径略大于轴颈外径，转子静止时，轴颈处在轴瓦底部，轴颈与轴瓦之间自然形成楔形间隙，如图7-12a所示。如果连续向轴承间隙中供应具有一定压力和黏度的润滑油，当轴颈旋转时润滑油随之转动，在图中右侧间隙中，润滑油被从宽口带向窄口。由于此间隙进口油量大于出口油量，润滑油便聚积在狭窄的楔形间隙中而使油压升高。当间隙中的油压超过轴颈上的载荷时，就把轴颈抬起。轴颈被抬起后，间隙增大，油压又有所降低，轴颈又下落一些，直到间隙中的油压与载荷平衡时，轴颈便稳定在一定的位置上旋转。此时，轴颈与轴瓦完全被油膜隔开形成了液体摩擦。显然，润滑油黏性越大、轴颈转速越高，楔形间隙内的油压越高，轴颈被抬得越高，轴颈中心处在较高的偏心位置。

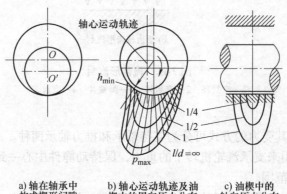

a) 轴在轴承中 b) 轴心运动轨迹及油 c) 油楔中的
构成楔形间隙   楔中的周向压力分布   轴向压力分布

图7-12 轴承中液体摩擦的建立

油楔中的压力分布如图7-12b、c所示。

在径向，楔形间隙进口处油压最低，然后随间隙减小而逐渐增大，经过最大值后又逐渐减小，在间隙出口处降至最低。在轴向，即沿轴承的长度方向，润滑油从轴承的两端排出，所以中间的油压最高，往两端逐渐降低。图中还表示了不同 l/d（l 为轴承的长度，d 为轴承的直径）时的油压分布。由图可知，对于同一轴承，在其他条件相同的情况下，轴承的长度越长，则产生的油压越大，承载能力就会越大。但是轴承太长，轴颈被抬起过高，将影响其工作的稳定性，且不利于轴承的冷却，同时还会增加机组的轴向长度。因此，必须合理选择轴承尺寸。

4）支持轴承的结构。支持轴承的形式很多，常用的有圆筒形轴承、椭圆形轴承、三油楔轴承和可倾瓦轴承等。

①圆筒形轴承。圆筒形轴承外形如图 7-13 所示（支持轴承外形大同小异），由上下两部分组成。这两部分之间通过左右轴瓦定位螺栓 15 及轴瓦定位销 16 加以固定。上下轴承的瓦胎由铸铁铸造后加工而成，在与轴接触的内侧挂满乌金。为了使乌金和端之间结合牢固，在浇铸乌金的瓦胎内壁上，开有纵横交错的燕尾槽，并在浇乌金的瓦胎表面挂一层焊锡。

为校正汽轮机中心的需要，在轴承上都设有调整垫铁，有的垫铁在轴承上成 90° 布置，左右侧水平接合面处各设一块，在上下部垂直方向也各设一块，如图 7-13 所示。也有的汽轮机轴承设有多块垫铁，除上下垂直方向设有垫铁外，在上下轴承与水平面成某一角度（20° ~30°）的左右两处各设一块垫铁。

为保证润滑油进入轴承，在轴承上开有进油孔 13、14，在下瓦进油侧和排油侧的乌金表面上都开有油坡。为防止润滑油从轴端漏出，在轴承的前后端面处均设有油挡 4、5。排油槽 18 下部设有排油孔，将轴承的排油导入轴承箱内。

轴承在轴承座上安装要有一定的过盈量，也就是说，在扣上轴承盖后，轴承盖在水平接合面处有一个很小的间隙，当拧紧轴承盖上的螺栓后，这一间隙因轴承盖的弹性变形而消除，以此使轴承盖紧紧地压在轴瓦上。该过盈量一般用压铅丝方法进行测量。对于圆筒形轴承，过盈量一般为 0.07 ~0.15mm；对于球面轴承，一般为 0.03 ~ 0.05mm（最大可到 0.08mm）。

②椭圆形轴承。椭圆形轴承的轴瓦内孔呈椭圆形，其结构与圆筒形轴承基本相同。这种轴承轴瓦内顶部间隙 α 为轴颈直径的 1/1000 ~1.5/1000，轴瓦侧面间隙 b 约为顶部间隙的两倍，如图 7-14 所

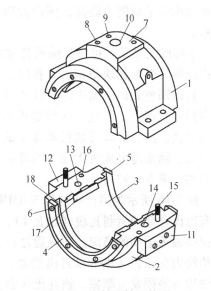

图 7-13　圆筒形轴承外形

1—上轴瓦　2—下轴瓦　3—乌金　4—前油挡
5—后油挡　6—油挡螺栓　7—上瓦垫铁
8—垫铁螺钉　9—垫铁定位销　10—油度计插孔
11—下瓦右侧垫铁　12—下瓦左侧垫铁
13—左侧进油孔　14—右侧进油孔
15—轴瓦定位螺栓　16—轴瓦定位销
17—进油坡　18—排油槽

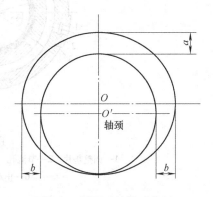

图 7-14　椭圆形轴承示意图

示。工作时轴瓦上、下部均可形成油膜，由于上部油膜作用力降低了轴心位置，因此工作稳定性较好。又由于轴瓦侧面间隙加大，油楔收缩比圆筒形轴承急剧，有利于形成液体摩擦，提高油膜压力，因而增大了轴承的承载能力。这种轴承在大、中型机组上得到了广泛应用。如国产 300MW 机组、日本 250MW 机组、意大利 320MW 机组就采用了这种轴承。

③三油楔轴承。这种轴承有三个固定的油楔，润滑油从轴承的进油口进入轴瓦的环形油室，然后分别经过三个油楔的进油口进入各油楔中。当轴颈旋转时，三个油楔中均形成油膜，分别作用在轴颈的三个方向上。下部大油楔产生的压力起承受载荷的作用，上部两个小油楔产生的压力将轴颈往下压，使转轴运行平稳，并具有良好的抗震性能。三油楔轴承的承载能力较高，国产大功率机组上常采用三油楔轴承。三油楔轴承如图 7-15 所示。

④可倾瓦轴承。可倾瓦轴承又称活支多瓦轴承，通常由 3~5 块或更多块能在支点上自由倾斜的弧形瓦块组成。工作时，瓦块可以随载荷、转速及轴承油温的不同而自由摆动，自动调整到形成油膜的最佳位置。油膜对轴颈作用力与轴颈上的载荷在任何情况下都在同一直线上，因此，这种轴承具有较高的稳定性。由于瓦块可以自由摆动，增加了支承柔性，具有吸收转轴振动能量的能力，因此具有较好的减振性。可倾瓦轴承的承载能力大，越来越多地为大功率汽轮机所采用。它的不足之处是结构复杂，安装、检修比较困难，成本也较高。

图 7-16 所示为国产引进型 300MW 汽轮机高压部分采用的可倾瓦轴承。该轴承有四块浇有巴氏合金的钢制瓦块（轴瓦 1），瓦块相互独立。两下瓦块承受轴颈的载荷，两上瓦块保持轴承运动的稳定。瓦块通过自位垫块 6 支承在轴承体 2 内，并通过垫块定位。以自位垫块为支点，瓦块可以自由摆动，使瓦块与轴颈自动对中。为了防止轴承两上瓦块的进油边与轴颈发生摩擦，该处巴氏合金被修成斜坡，并在这两块瓦块上装有弹簧 11，该弹簧还可起到减振的作用。轴承体为对分的上、下两半，在水平中分面处用定位销连接定位。

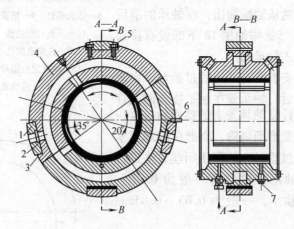

图 7-15 三油楔轴承

1—调整垫片 2—节流孔 3—带孔调整垫铁 4—轴瓦体 5—内六角螺钉
6—止动垫圈 7—高压油顶轴进油

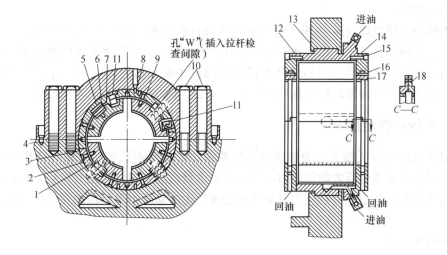

图7-16 可倾瓦轴承

1—轴瓦 2—轴承体 3—轴承体定位销 4—定位销 5—外垫片 6—自位垫块
7—内垫片 8—轴承体定位销 9—螺塞 10—轴承盖螺栓 11—弹簧 12、14—挡油板
13—轴承盖 15—螺栓 16—挡油环限位销 17—油封环 18—油封环销

（2）推力轴承

1）推力轴承的工作原理。在推力轴承上沿圆周方向布置有若干块可摆动的推力瓦块，瓦块的背面在偏向润滑油出油侧有一条凸棱，安装环上的销钉宽松地插在凸棱上的销孔内，工作时瓦块可以绕凸棱略微摆动，与推力盘之间构成楔形间隙，形成油膜，其工作原理与上述支持轴承相同。

2）推力轴承的结构。图7-17所示为国产300MW汽轮机采用的推力轴承，推力盘与高压转子锻成一体，轴承的两侧分别安装着12块工作瓦块和非工作瓦块，用来承受转子的正向和反向推力。推力瓦块工作面上浇铸有一层乌金，乌金厚度应小于汽轮机通流部分及轴封处的最小轴向间隙，以保证在事故情况下乌金熔化时，动、静部分也不致相互碰撞。

瓦块背面通过销钉支承在安装环上，安装环装在能自位的球面座内。当轴的挠度变化时，安装环能在球面座内自动调整，以保证各推力瓦块受力均匀。瓦块上都装有测温元件，以便运行时监视各瓦块的温度及推力轴承的工作情况。一般要求瓦块

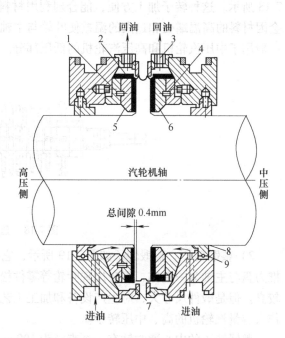

图7-17 推力轴承

1—球面座 2—挡油环 3—调节套筒 4—推力瓦块安装环
5—反向推力瓦 6—正向推力瓦 7—出油挡油环
8—进油挡油环 9—拉弹簧

温度不得超过 90℃。

润滑油分两路经球面座上 10 个进油孔进入环行的油室，然后进入瓦块与推力盘的间隙，回油从上部的回油孔排出。回油孔上装有两只调节套筒，分别用来调节回油量和控制回油温度。轴承座与主轴之间的进油挡油环 8 通过拉弹簧 9 箍在轴的周围上，防止润滑油向外泄漏。出油挡油环 7 将回油与推力盘外圆隔开，以减小推力盘在油中的摩擦损失。

7.2.2 汽轮机转动部分

汽轮机转动部分（转子）的作用是汇集各级动叶片所得到的机械能并传给发电机。工作时，转子除了要承受巨大的扭转力矩外，还要承受高速旋转所产生的离心力引起的巨大应力、温度分布不均匀引起的热应力及轴系振动所产生的动应力等，因此要求转子具有很高的强度。

1. 转子的分类

汽轮机转子可分为轮式转子和鼓式转子。轮式转子主轴上装有叶轮，动叶片安装在叶轮上，通常用于冲动式汽轮机；鼓式转子没有叶轮或有叶轮径向尺寸很小，动叶片装在转鼓上，可缩短轴向长度和减小轴向推力，主要用于反动式汽轮机。

（1）轮式转子 按照制造工艺，轮式转子可分为套装式、整锻式、组合式和焊接式四种形式。

1）套装转子。套装转子的叶轮与主轴分别加工制造，装配时将叶轮热套在轴上，如图 7-18 所示。这种转子加工方便，能合理利用材料，质量容易得到保证。但在高温下工作时，会因材料的高温蠕变和过大的温差使叶轮与主轴间的过盈量消失，发生松动。所以套装转子一般用于中压汽轮机和高压汽轮机的低压部分。

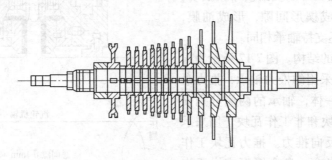

图 7-18 套装转子

2）整锻转子。整锻转子如图 7-19 所示，它由整体锻件加工而成，叶轮、联轴器对轮及推力盘与主轴为一整体，不会出现叶轮等零件松动问题。另外，它的结构紧凑，强度和刚度较高。但是锻件尺寸大，对生产设备和加工工艺要求较高，贵重材料消耗大。整锻转子多用作大容量汽轮机的高、中压转子。

整锻转子的中心通常钻有一个直径为 100mm 的孔，其目的是将锻件材质差的部分去掉，防止缺陷扩展，同时也便于检查锻件质量。随着金属冶炼和锻造水平的提高，目前已有些整锻式转子不打中心孔。

3）组合转子。为充分发挥整锻式和套装式转子的优点，可采用组合转子，即高压部分采用整锻式，中低压部分采用套装式，如图 7-20 所示。国产高参数大容量汽轮机的中压转子多采用这种结构，如 200MW 汽轮机的中压转子就是组合式。

4）焊接转子。焊接转子如图 7-21 所示，它由若干个实心轮盘和两个端轴焊接而成，具有强度高、刚度大、相对重量轻、结构紧凑等优点，但对焊接工艺要求较高，且要求材料有很好的焊接性能。随着冶金和焊接技术的不断发展，焊接转子的应用将日益广泛。如国产 300MW 汽轮机的低压转子就采用了焊接结构，瑞士 ABB 公司生产的 600MW 汽轮机的高、中、低压转子全部为焊接转子。

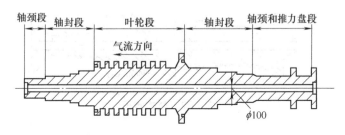

图 7-19 整锻转子

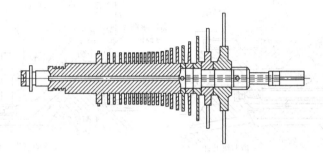

图 7-20 组合转子

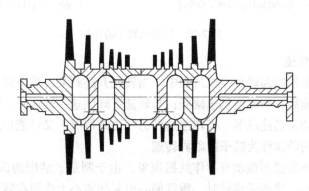

图 7-21 焊接转子

（2）鼓式转子 图 7-22 所示为反动式 300MW 汽轮机的高中压转子，采用鼓式结构，除调节级外其他各级动叶片直接装在转子上开出的叶片槽中。高中压压力级反向布置，转子上还设有高、中、低压三个平衡活塞，以平衡轴向推力。该汽轮机的低压转子以进汽中心线为基准两侧对称，中部为转鼓形结构，末级和次末级为整锻叶轮结构。

为了减小高温区域内转子的金属蠕变变形和热应力，国产引进型 300MW 汽轮机对高中压转子进行了冷却，如图 7-23 所示。图 7-23a 所示为主蒸汽进口处的高温区段内转子的冷却结构，该汽轮机调节级与高压压力级反向布置，从调节级出来的蒸汽有一部分通过调节级叶轮上的斜孔并流过高温区转子表面，然后再进入到压力级，从而使这部分高温区转子得到了冷却。图7-23b是再热蒸汽进口区域内转子的冷却情况，冷却高压内缸后的蒸汽和来自高压平衡活塞密封环后的蒸汽从中压平衡活塞密封环与转子之间流过，然后其中的一部分在中压第一级的动、静叶片之间汇入主流，另一部分通过动叶根部的通道进入中压第二级，这样就对中压第二级前的转子进行了冷却。

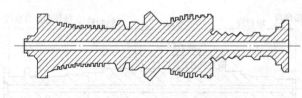

图7-22　鼓式转子

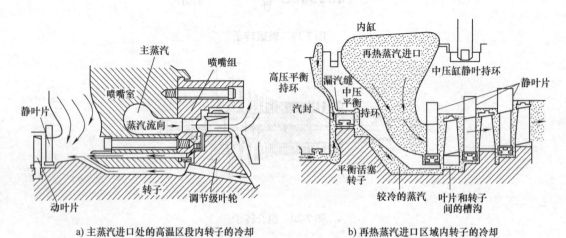

a) 主蒸汽进口处的高温区段内转子的冷却　　　　b) 再热蒸汽进口区域内转子的冷却

图7-23　汽轮机转子的冷却

2. 转子的临界转速

在多数汽轮发电机组起动和停机过程中，当转速升高到某一数值时，机组将发生强烈振动，而越过这一转速后，振动便迅速减弱；当转速下降到这一转速时，转子又强烈振动，再继续降低转速，振动又迅速减弱。当转速达到另一更高值时，又可能出现同样现象。这些机组发生强烈振动时的转速称为**转子的临界转速**。

转子临界转速下的强烈振动可看作共振现象。由于制造、装配的误差以及材质不均匀，转子上存在质量偏心。当转子旋转时，质量偏心引起的离心力作用在转子上，相当于一个频率等于转速的周期性激振力迫使转子振动。当激振力频率等于转子横向自振频率时，便发生共振，振幅急剧增大，此时的转速就是转子的临界转速。

（1）等直径均布质量转子的临界转速　汽轮机转子的结构和形状比较复杂，临界转速的计算也比较复杂。为简便起见，下面先讨论无轮盘等直径均布质量转子的临界转速。

根据弹性梁的振动原理，可以导出等直径均布质量转子的临界转速 n_c 为

$$n_c = \frac{30i^2\pi}{l^2}\sqrt{\frac{EI}{\rho A}} \qquad (7-1)$$

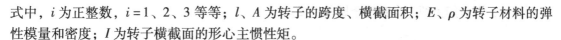

式中，i 为正整数，$i = 1$、2、3 等等；l、A 为转子的跨度、横截面积；E、ρ 为转子材料的弹性模量和密度；I 为转子横截面的形心主惯性矩。

由上式可见，等直径均布质量转子有无穷多个临界转速。$i = 1$、2、3 时的临界转速 n_{c1}、n_{c2}、n_{c3} 分别称为一阶、二阶、三阶临界转速，依此类推。

上式表明，转子临界转速值与其抗弯刚度 EI、质量 ρA 及跨度 l 有关。刚度大、质量轻、跨度小的转子，临界转速高；反之，临界转速低。

汽轮机转子通常不是等直径而是呈阶梯形，上面还安装着叶轮（轮式转子）和其他零件，其形状和结构较复杂，但前面讨论的等直径均布质量转子临界转速的结论同样适用于汽轮机转子。

汽轮机中，每一根转子两端都有轴承支承，称为单跨转子。汽轮机各单跨转子及发电机转子之间用联轴器连接起来，就构成了一个多支点的转子系统，称为**轴系**。轴系的临界转速由各单跨转子的临界转速汇集而成，但又不是它们的简单集合。用联轴器连接起来后，各转子的刚度增大，因此轴系的临界转速比单跨转子相应阶次的临界转速高，且联轴器刚性越好，临界转速提高得越多。

转子临界转速的大小还受到工作温度和支承刚度等因素的影响。工作温度升高时，转子刚度降低，使临界转速降低。转子支承在油膜、轴承、轴承座、台板和基础等组成的支承系统上，支承刚度降低，将使转子临界转速降低。

（2）转子临界转速的校核标准　为保证机组的安全运行，汽轮机的工作转速应当避开邻近的临界转速，并有一定裕度。

一阶临界转速高于正常工作转速的转子称为**刚性转子**，反之称为**挠性（或柔性）转子**。对于刚性转子，通常要求其一阶临界转速 n_{c1} 比工作转速 n_0 高 $20\% \sim 25\%$，但不允许在 $2n_0$ 附近。对于挠性转子，其工作转速在临界转速 n_{cn}、$n_{c(n+1)}$ 之间，要求 $1.4n_{cn} < n_0 < 0.7n_{c(n+1)}$。

有的汽轮机转子采用了高速动平衡，平衡精度大大提高，质量偏心引起的离心力大为减小，因此临界转速与工作转速之间的避开裕度可以减小很多，国外有的制造厂采用 5% 的裕度。实际上，平衡良好的转子在通过临界转速时感觉不到明显的振动。

3. 动叶片

在汽轮机中，动叶片是形状复杂、工作条件恶劣、受力情况复杂、数目最多的一种零件。它在汽轮机中的重要任务是把蒸汽的动能变为机械能，并通过叶轮传给主轴。

汽轮机动叶片的形状如图 7-24 所示，它是由叶顶部分、叶片型线（叶型）部分和叶根部分等三部分组成。

（1）叶顶结构　叶片受力较大，为了改善其振动特性，增加其强度，叶片多由围带及拉筋连接成组。

短叶片的叶顶都有围带，其围带连接有两种形式：一种是在叶片顶部铣出铆钉头，然后用特制带有孔眼的围带与其铆在一起，如图 7-25b 所示。另一种是近年来许多中小型机组常用的短叶片，多将叶片顶部的围带和叶片一起铣出，如图 7-25a 所示。在叶轮上组装叶片后，再将每组叶片的围带采用氩弧焊焊在一起。对于大功率汽轮机的叶片，在末几级多采用无围带及拉筋的自由叶片，也有的采用拉筋连接。所谓**拉筋**，是穿过叶片型线部分，将若干叶片连成一组的不锈钢金属条。该金属条一般为圆形，有实心、空心之分，有的将圆形拉筋一剖两半，即拉筋由两个半圆形金属条组成。

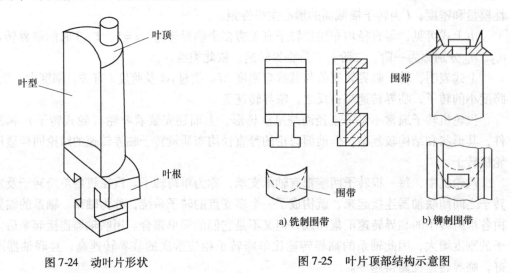

图 7-24　动叶片形状　　　　　　图 7-25　叶片顶部结构示意图

a) 铣制围带　　b) 铆制围带

只用拉筋连接成组的动叶片，其叶片顶部均有较薄的汽封刃，如图 7-26 所示。一旦发生辐向动静相碰时，汽封刃很容易变形，以减轻因摩擦而引起的机组振动。由于叶片顶部和汽缸间的辐向间隙并不大，再加上在叶片顶部制有汽封刃，所以可大大减少叶片顶部的蒸汽泄漏。

（2）叶型部分构造　叶型部分是动叶片进行能量转换的工作部分，蒸汽的动能转变为机械能的过程就在这里发生。因此，叶型部分应具有良好的空气动力特性，以减少蒸汽做功的能量损失。

叶片按叶型从根部到顶部截面变化的情况，可分为等截面叶片和变截面叶片两种。等截面叶片从叶根到叶顶，不但叶片型线相同，而且其截面积也相等，如图 7-24 所示。变截面叶片从叶片根部到叶片顶部的截面积逐渐减小。变截面叶片多用在汽轮机的末几级，它能较好地保证空气动力特性，减少叶片根部所承受的离心力，提高叶片的强度。

汽轮机末几级叶片较长，从叶根到叶顶圆周速度相差较大，由动叶片进出口速度三角形可知，在相同的进汽与排汽速度下，不同的圆周速度要求有不同的进汽与排汽角，才能保证蒸汽在叶片中充分地做功。因而长叶片被做成扭转的变截面叶片，如图 7-27 所示。

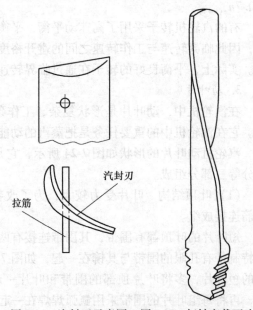

图 7-26　汽封刃示意图　图 7-27　扭转变截面叶片

凝汽式和调整抽汽式机组的末几级叶片工作在湿蒸汽区，蒸汽的含湿量较大，为防止小水珠对动叶片入口的冲蚀，在叶片入口的背弧上镶有硬质合金或采用其他强化措施。

对于小型汽轮机，由于叶片高度不大，故叶片大多数为等截面叶片。

（3）叶根形式　叶根是用来将叶片与叶轮结合在一起而采用的一种连接结构。叶片在工作中承受不变的离心力和变化的由蒸汽引起的弯应力，它们都要传至叶片根部。如何保证叶根和叶片轮槽的结合强度，很好地完成将叶片的机械能传给汽轮机转子的传递作用，必须研究叶根的结构问题。叶根结构形式示意如图 7-28 所示。

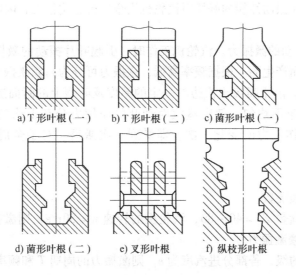

a)T 形叶根（一）　b)T 形叶根（二）　c) 菌形叶根（一）

d) 菌形叶根（二）　e) 叉形叶根　f) 纵枝形叶根

图 7-28　叶根结构形式示意

1）T 形叶根。图 7-28a、b 所示均为 T 形叶根。图 7-28a 所示 T 形叶根，在离心力的作用下，对轮缘两侧产生弯矩，有使叶槽向两侧张开的趋势，引起弯应力。为此，叶轮的轮缘要相应加厚。为了克服这一缺点，将 T 形叶根制成带有突肩的形式，如图 7-28b 所示，叶根以两个突肩从两侧将轮缘包住，以减少轮缘的弯应力。T 形叶根加工简便，装配容易，工作可靠，短叶片普遍采用这种叶根。

2）菌形叶根。图 7-28c、d 所示为菌形叶根，前者也被称为**外包式叶根**。这种叶根改善了轮缘的受力情况，因而强度较高，但加工比较复杂。

3）叉形叶根。图 7-28e 为叉形叶根。这种叶根跨装在轮缘上，并要在轴向以铆钉铆住。图中所示为双叉形。叶根可根据承受离心力的大小，制成单叉形和多叉形。这种叶根及轮缘加工简单，叶片的拆卸比较方便。但装配比较费工，钻孔非常不便。一般在整体锻造转子及焊接转子上不采用这种叶根。

4）纵枝形叶根。图 7-28f 所示为纵枝形叶根。这种叶根多用于大功率的汽轮机中。这种叶根是从叶轮的轴向装入单独的叶根槽内，拆装方便。叶根采用尖劈状，叶根及轮缘断面都接近于等强度。但它的外形复杂，加工不便，装配面多。为保证各齿接触良好，加工及装配都要求具有较高的精度。叶根齿数较多，叶根又很小，所以齿底的圆角不能做得太大，否则易引起应力集中。

（4）叶片的振动　叶片是根部固定的弹性杆件，当受到一个瞬时外力的冲击后，它将

在原平衡位置附近做周期性的摆动，这种摆动称为**自由振动**，振动的频率称为**自振频率**。当叶片受到一周期性外力（称为**激振力**）作用时，它会按外力的频率振动，而与叶片的自振频率无关，即为强迫振动。在强迫振动时，若叶片的自振频率与激振力频率相等或成整数倍，叶片将发生共振，振幅和振动应力急剧增加，可能引起叶片的疲劳损坏。若叶片断裂，其碎片可能将相邻叶片及后边级的叶片打坏，还会使转子失去平衡，引起机组强烈振动，造成严重后果。据资料统计，汽轮机叶片事故占汽轮机事故的39%，而叶片因振动疲劳折断的事故又占叶片事故的首位。

由此可知，叶片振动性能的好坏对汽轮机安全运行影响很大，因此必须对叶片振动问题进行研究。

1）引起叶片振动的激振力。汽轮机工作时，引起叶片振动的激振力主要是由于沿圆周方向蒸汽流不均匀而产生的。根据频率高低，激振力可分为高频激振力和低频激振力。

①高频激振力。由于喷嘴出汽边有一定的厚度及叶型上的附面层等原因，喷嘴出口蒸汽流速度沿圆周分布不均匀，使得蒸汽对动叶的作用力分布不均匀，动叶每经过一个喷嘴所受的蒸汽流的作用力就变化一次，即受到一次激振。对于全周进汽的级，该激振力的频率为

$$f = Z_n n \tag{7-2}$$

式中，Z_n 为一级的喷嘴数。

通常一级的喷嘴数 $Z_n = 40 \sim 80$，汽轮机的转速 $n = 50 \text{r/s}$，则激振力的频率 $f = 2000 \sim 4000 \text{Hz}$，故称为**高频激振力**。

对于部分进汽的级，若部分进汽度为 e，则激振力的周期 T 和频率 f 分别为

$$T = \frac{e}{Z_n n} \tag{7-3}$$

$$f = \frac{1}{T} = \frac{Z_n n}{e} \tag{7-4}$$

②低频激振力。由于制造加工的误差及结构等方面的原因，级的圆周个别地方蒸汽流速度的大小或方向可能异常，动叶每转到此处所受蒸汽流作用力就变化一次，这样形成的激振力频率较低，称为低频激振力。**产生低频激振力的主要原因有：个别喷嘴加工安装有偏差或损坏；上下隔板结合面的喷嘴结合不良；级前后有加强筋，蒸汽流受到干扰；部分进汽或喷嘴弧分段；级前后有抽汽口。**若一级中有 i 个异常处，则低频激振力频率为

$$f = in \tag{7-5}$$

2）叶片的振型。叶片的振动有弯曲振动和扭转振动两种基本形式，弯曲振动又分为切向振动和轴向振动。绕截面最小主惯性轴的振动，振动方向接近叶轮圆周的切线方向，称为**切向振动**；绕截面最大主惯性轴的振动，振动方向接近汽轮机的轴向，称为轴向振动；沿叶高方向绕通过各截面形心连线的往复扭转，称为**扭转振动**。任何一种复杂的振型都可以看作是弯曲振动和扭转振动的组合。

叶片的扭转振动和轴向振动发生在蒸汽流作用力较小而叶片刚度较大的方向，振动应力较小，所以不是主要问题。切向振动发生在叶片刚度最小的方向，且与蒸汽流主要作用力方向一致，因此切向振动是最容易发生又最危险的振动。以下只讨论叶片的切向振动问题。

按叶片振动时其顶部是否摆动，切向振动可分为 A 型振动和 B 型振动两大类。

A 型振动：叶片振动时，叶根不动、叶顶摆动的振动形式称为 **A 型振动**。振动时，叶型上可能有不动的点（实际是一条线），称为**节点**。自由叶片发生 A 型振动时，起初出现振幅沿叶高逐渐增大的振型，随着激振力频率的升高，将出现一个、两个及更多个节点的振型，如图 7-29 所示，这些振动分别称为 A0 型、A1 型和 A2 型振动。图 7-30 所示为叶片组的 A0、A1 振型。

B 型振型：叶片振动时，叶根不动、叶顶也基本不摆动的振动形式称为 **B 型振动**。用围带成组的叶片，除叶根固定外，叶顶也有支点，有可能发生 B 型振动。按节点的数目，B 型振动也有 B0、B1 等振型。

叶片组发生 B 型振动时，组内叶片的相位大多是对称的，图 7-31 所示为叶片组的 B0 型振动。

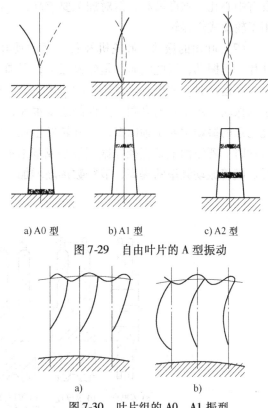

a) A0 型   b) A1 型   c) A2 型

图 7-29 自由叶片的 A 型振动

a)   b)

图 7-30 叶片组的 A0、A1 振型

4. 叶轮

（1）叶轮的结构 轮式转子上装有叶轮，用来安装动叶片并将动叶片上的转矩传递给主轴，如图 7-32 所示。

叶轮由轮缘和轮面组成，套装式叶轮还有轮毂。轮缘上开有安装动叶片的叶根槽，其形状取决于叶根的形式；轮毂是为了减小叶轮内孔应力的加厚部分；轮面将轮缘和轮毂或主轴连成一体，轮面上通常开有 5～7 个平衡孔。为了避免在同一直径上有两个平衡孔，叶轮上的平衡孔都是奇数且均匀分布。

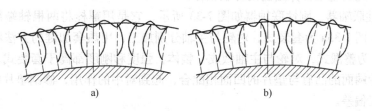

a)   b)

图 7-31 叶片组的 B0 型振动

按轮面断面的型线不同，叶轮可分为等厚度叶轮、锥形叶轮和等强度叶轮等形式，图 7-32 为这几种叶轮的纵截面图。其中图 7-32a、b、c 所示为等厚度叶轮，这种叶轮加工方便，轴向尺寸小，但强度较低，通常用于叶轮直径较小的高压部分。对于直径稍大的叶轮，常将内径附近适当加厚，以提高承载能力，如图 7-32a 所示。图 7-32d 为锥形叶轮，它不但加工方便，而且强度高，得到了广泛应用。图 7-32e 为等强度叶轮，其断面按等强度要求设计，

没有中心孔，强度最高，但对加工要求高，一般采用近似等强度的叶轮型线以便于制造，多用于轮盘式焊接转子。

（2）叶轮的振动 叶轮机及其上面的动叶片统称为**轮系**。当叶轮振动时，总是带动动叶片一起振动，因此实质上是轮系振动，习惯上常简称为**叶轮振动**。

在运行时，如果蒸汽对轮系的作用力沿圆周分布不均匀，或者轴系的振动，都将引起轮系的振动。由于叶轮沿圆周方向的刚度很大，一般不会产生切向振动；但轴向刚度较小，因此轮系的振动主要是轴向振动。叶轮发生轴向振动时，常见的振型是有节径的振动。当叶轮振动时，若轮面上某直径处振幅很小或基本不振，此直径称为**节径**，节径两侧的振动方向相反。随着振动频率的提高，节径数逐渐增加。

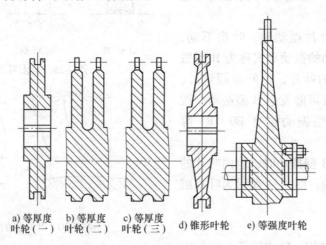

a) 等厚度 b) 等厚度 c) 等厚度 d) 锥形叶轮 e) 等强度叶轮
叶轮（一） 叶轮（二） 叶轮（三）

图 7-32 叶轮的结构形式

5. **联轴器**

联轴器又称靠背轮，它的作用是连接汽轮机的各转子及发电机转子，并传递转子上的扭转力矩。按照结构和特性，联轴器可分为刚性联轴器、半挠性联轴器和挠性联轴器三种形式。由于挠性联轴器结构复杂、易磨损、传递扭转力矩小，在现代大功率汽轮发电机组上已很少采用。因此这里主要介绍前两种联轴器。

（1）刚性联轴器 刚性联轴器如图 7-33 所示，它是用螺栓将两根轴端部的对轮紧紧地连接在一起。图 7-33a 为套装式，对轮与主轴分别加工，用热套加键的方法将对轮固定在轴端。图 7-33b 为整锻式，对轮与主轴做成一整体，强度和刚度都高于套装式。在对轮间装有垫片。两对轮端面的凸肩与垫片的凹面相配合，起到对中的作用，修刮垫片的厚度还可调整对轮间的加工偏差。

刚性联轴器的优点是连接刚性高，传递的扭转力矩大；结构简单，尺寸小；减少了轴承个数，缩短了机组长度。这种联轴器的缺点是传递振动和轴向位移，对转子找中心要求很高。

（2）半挠性联轴器 半挠性联轴器的两对轮之间通过一个波形套筒连接，如图 7-34 所示。波形套筒在扭转方向是刚性的，在弯曲方向是挠性的。波形套筒具有一定的弹性，故可吸收部分振动，并允许两转子的中心有少许偏差，而这种偏差是由于汽轮机与发电机运行时热膨胀不同可能出现的。因此半挠性联轴器被广泛用来连接汽轮机转子与发电机转子，国产

200MW、300MW 机组的汽轮机转子与发电机转子之间都采用了这种联轴器。

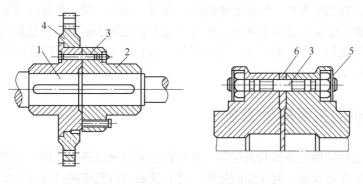

a) 套装式刚性联轴器   b) 整锻式刚性联轴器

图 7-33 刚性联轴器

1—主轴 2—对轮 3—螺栓 4—盘车轮齿 5—防鼓风盖板 6—垫片

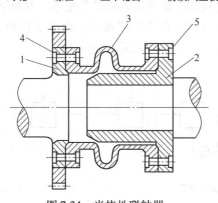

图 7-34 半挠性联轴器

1、2—对轮 3—波形套筒 4、5—螺栓

6. 盘车装置

汽轮发电机的盘车装置是一种低速盘动汽轮发电机转子的设备，主要在汽轮机起动和停机时使用。凝汽式汽轮机在起动中，为提高凝汽器的真空度，必须向汽缸两端轴封供汽。为防止汽轮机转子局部受热产生热弯曲，向轴封送汽前必须投入电动盘车装置盘动转子。对于其他类型的机组，在汽轮机冲转前也必须投入盘车装置，将转子缓慢地转动起来。

停机后汽缸上下存在温差，如果转子静止不动，则会造成热弯曲，这一弯曲在自然状态下需几十小时才能逐渐消失。在热弯曲减小到规定值以前，汽轮机无法起动。如果停机后投入盘车装置，汽轮机转子便能均匀冷却，不会造成热弯曲，这样汽轮机在停机后随时都可以起动。

汽轮机的盘车装置按其盘动转子时的转速不同，可分为低速盘车和高速盘车两种。低速盘车用在中小型汽轮机中，盘动转子的转速为 3~6r/min。高速盘车用在大型机组中，盘动转子的转速为 40~70r/min。高速盘车虽然耗电较多，但盘车转速高，有利于改善轴承的润滑条件，会减轻低速盘车造成的"研瓦"现象，同时对消除转子热变形和停机时充分均匀地冷却轴承有好处。

盘车装置按传动齿轮的种类，可分为蜗杆传动的盘车装置及纯齿轮传动的盘车装置；按其脱扣装置的结构，可分为螺旋传动及摆动齿轮传动两种；按不同结构方式还可以分为许多类型。

尽管盘车装置构造多样，但总体来说由三大部分构成，即：①与汽轮发电机转子连接着的一套减速机构；②决定盘车时减速机构与汽轮发电机转子是呈啮合状态还是脱扣状态的啮合机构；③辅助机构（如行程开关、润滑系统、联动装置等）。受篇幅所限，对盘车装置的结构不作具体介绍。

7.3 汽轮机的主要辅助设备

汽轮机的主要辅助设备有凝汽设备、加热设备和除氧设备等，这些辅助设备在汽轮机工作时起着极其重要的作用，其工作的好坏，将直接影响汽轮机的经济性和安全性。

7.3.1 回热加热器

回热加热器是利用汽轮机抽汽加热进入锅炉的给水，从而提高热循环效率的换热设备。回热加热器有两种基本形式，即混合式加热器和表面式加热器，如图 7-35 所示，发电厂中的除氧器采用混合式加热器，其余均为表面式加热器。

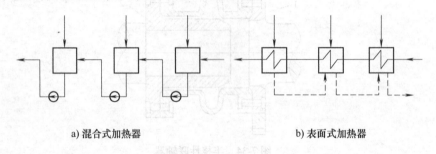

a) 混合式加热器　　　　　　　　　　　b) 表面式加热器

图 7-35　回热加热器

表面式加热器根据在回热系统中的位置不同可分为低压加热器及高压加热器，在除氧器之前的称为**低压加热器**，处于凝汽器与给水泵之间，其水侧承受凝结水泵出口压力。而高压加热器在除氧器之后，处于给水泵和锅炉之间，水侧承受给水泵出口压力，可高达 15 ~ 30MPa。

由于表面式加热器存在着热阻，所以被加热水不可能达到蒸汽压力下的饱和温度，存在的温度差称为**端差**。弥补的办法是加装蒸汽冷却器，充分地利用过热度，使出口水温升高，接近、等于甚至超过该级抽汽压力下的饱和温度。

1. 高压加热器

高压加热器水侧工作压力很高，所以结构比较复杂。目前，我国常用的主要是管板 – U 形管式。图 7 – 36 所示为卧式管板 – U 形管式高压加热器。该加热器由水室、壳体和 U 形管束等组成。高压加热器的传热面一般设计成为 3 个区段：过热蒸汽冷却段、凝结段和疏水冷却段。

过热蒸汽冷却段布置在给水出口流程侧。它利用具有一定过热度的加热蒸汽所释放出的过热加热较高温度的给水，使给水的温度可升高到蒸汽压力下的饱和温度。凝结段是利用蒸汽凝结时放出的汽化潜热加热给水。疏水冷却段位于给水进口流程侧，在疏水自流入下一级

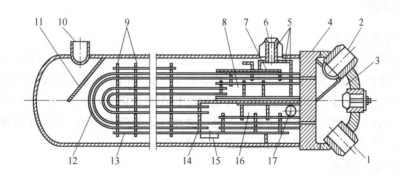

图 7-36　卧式管板－U 形管式高压加热器
1、2—给水进、出口　3—水室　4—管板　5—遮热板　6—蒸汽进口
7—防冲板　8—过热蒸汽冷却段　9—隔板　10—上级疏水进口　11—防冲板
12—U 形管　13—拉杆和定距管　14—疏水冷却段端板　15—疏水冷却段进口
16—疏水冷却段　17—疏水出口

加热器之前，用一部分主凝结水冷却疏水，使疏水的放热量减少，以减少由于排挤低压抽汽所引起的冷源热损失，还可防止疏水在疏水管道中汽化而发生汽阻影响正常疏水。

2. 低压加热器

低压加热器的结构和工作原理类似于高压加热器。由于低压加热器所承受的压力和温度远低于高压加热器，因此不仅所用材料次于高压加热器，而且结构上也简单一些。

卧式低压加热器主要由壳体、水室、U 形管束、隔板及防冲板等组成，并设计成可拆卸壳体结构，以便于检修时抽出管束，如图 7-37 所示。卧式低压加热器的传热面一般设计成两个区段：凝结段和疏水冷却段。在国产机组上，对于抽汽过热度较大的低压加热器，同样也设置过热蒸汽冷却段。

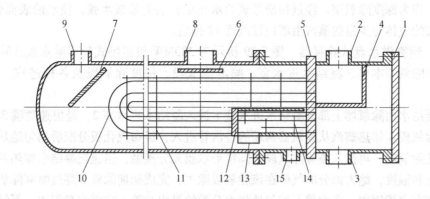

图 7-37　卧式低压加热器
1—端盖　2、3—给水进、出口　4—水室分割板　5—管板　6、7—防冲板　8—蒸汽进口
9—上级疏水进口　10—U 形管　11—隔板　12—疏水冷却段端板
13—疏水冷却段进口　14—疏水冷却段　15—疏水出口

7.3.2 除氧器

1. 给水除氧的任务

在锅炉的给水中，一般都存在溶解空气，这将加速锅炉、汽轮机等热力设备的氧化腐蚀，而且不凝结气体附着在传热面上，与传热面上氧化物沉积形成的盐垢起作用，会增大传热热阻，使热力设备传热恶化。同时，氧化物沉积在汽轮机叶片上，会导致汽轮机出力下降和轴向推力增加。因此除氧器的主要任务是除去水中的氧气和其他不凝结的气体，防止热力设备腐蚀和传热恶化，保证热力设备的安全经济运行。

2. 热力除氧的原理

亨利定律指出：单位体积水中溶解的气体量和水面上该气体的分压力成正比。 由此可知，要除去水中的溶解气体，只需设法使水面上该气体的分压力降至零。

道尔顿定律指出：混合气体的全压力等于各组成气体的分压力之和。 在除氧器中，除氧器水面上的全压力等于水中溶解的各种气体的分压力及水蒸气的分压力之和。当给水定压加热时，随着水蒸发过程的进行，水面上的蒸汽量不断增加，蒸汽的分压力逐渐升高，及时排除气体，相应地水面上各种气体的分压力不断降低。当水被加热到除氧器压力下的饱和温度时，水大量蒸发，水蒸气的分压力就会接近于水面上的全压力，随着气体的不断排出，水面上各种气体的分压力将趋近于零，于是溶解于水中的气体就会从水中逸出而被除去。

3. 除氧器的结构

(1) 高压喷雾填料式除氧器 国产机组上常配用高压喷雾填料式除氧器，其结构如图7-38 所示，主凝结水先进入中心管 4，再由中心管流入环形配水管 3，在环形配水管上装有若干个喷嘴 2，水经喷嘴喷成雾状，加热蒸汽由除氧塔顶的一次蒸汽进汽管 1 进入喷雾层，蒸汽对水进行第一次加热。由于汽水间传热面积大，除氧水很快被加热到除氧器压力下的饱和温度，这时约有 80% ~90% 的溶解气体以小气泡的形式从水中逸出，进行初期除氧。

在喷雾除氧层下部，装置一些填料 7，如 Ω 形不锈钢片、小瓷环、塑性波纹板及不锈钢车花等，作为深度除氧层。经过初期除氧的水在填料层上形成水膜，使水的表面张力减小，水中残留的气体与少量的蒸汽由塔顶排汽管 12 排出。

(2) 喷雾淋水盘式除氧器 图 7-39 所示为 300MW 机组卧式喷雾淋水盘式除氧器的结构。它由除氧器本体、凝结水进水室、喷雾除氧段、深度除氧段及各种进汽、进水管等组成。

主凝结水由除氧器上部的凝结水进水管 1 进入凝结水进水室 2，经恒速喷嘴 3 雾化，进入喷雾除氧段。加热蒸汽从除氧器两端的进汽管进入，经布汽孔板分配后均匀地从栅架底部进入深度除氧段，再流入喷雾除氧段与圆锥形水膜充分接触，迅速把凝结水加热到除氧器压力下的饱和温度，绝大部分的气体在该除氧段除去，完成初期除氧。穿过喷雾除氧段的凝结水喷洒在布水槽钢中，布水槽钢均匀地将水分配给淋水盘箱。在淋水盘箱中，凝结水从上层的小槽钢两侧分别流入下层的小槽钢中，经过十几层上下个彼此交错布置的小槽钢后，被分成无数细流，使其具有足够的时间与加热蒸汽充分接触，凝结水会随之不断沸腾，这时，残余在水中的气体在淋水盘箱中进一步离析出来，进行深度除氧。离析出来的气体通过进水室上的 6 只排气管排入大气。除氧后的水从除氧器的下水管流入除氧水箱。

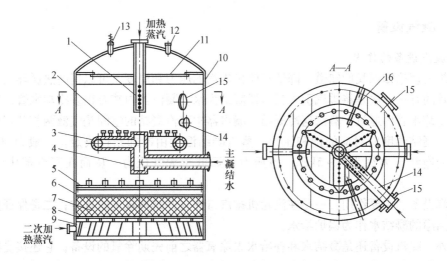

图 7-38　高压喷雾填料式除氧器

1——次蒸汽进汽管　2—喷嘴　3—环形配水管　4—中心管　5—淋水区　6—滤板

7—填料　8—滤网　9—二次蒸汽进汽室　10—筒身　11—挡水板　12—排汽管

13—弹簧安全阀　14—疏水进入管　15—人孔　16—吊攀

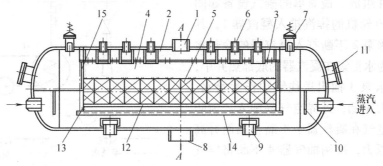

a) 除氧器纵剖面图

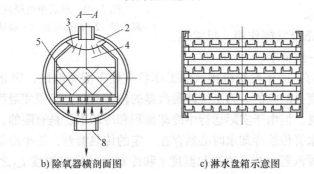

b) 除氧器横剖面图　　　　　c) 淋水盘箱示意图

图 7-39　卧式喷雾淋水盘式除氧器

1—凝结水进水管　2—凝结水进水室　3—恒速喷嘴　4—喷雾除氧段

5—淋水盘箱　6—排气管　7—安全阀　8—除氧水出口　9—蒸汽连通管

10—布汽孔板　11—搬物孔　12—栅架　13—工字钢　14—基面角铁

15—喷雾除氧段人孔门

7.3.3 凝汽设备

1. 凝汽设备的作用

从热工理论知识我们知道，降低汽轮机排汽的压力和温度，可以提高热循环效率。降低排汽参数的有效办法是将排汽引入凝汽器凝结为水。凝汽器内装有很多冷却水管，冷却水不断地在冷却水管内通过，蒸汽遇冷凝结。凝汽器中蒸汽凝结的空间是气液两相共存的，压力等于蒸汽凝结温度所对应的饱和压力。蒸汽凝结温度由冷却条件决定，一般为30℃左右，所对应的饱和压力约为 4～5kPa，该压力远远低于大气压力，从而在凝汽器中形成高度真空。

凝汽设备的主要作用：一是在汽轮机排汽口建立并维持规定的真空；二是保证蒸汽凝结并供应洁净的凝结水作为锅炉给水。

此外，凝汽设备还是凝结水和补给水去除氧器之前先期除氧的设备；它还接受机组起停和正常运行中的疏水和甩负荷过程中的旁路排汽，以收回热量和减少循环工质损失。

2. 凝汽设备的组成

以水为冷却介质的凝汽设备，一般由凝汽器、抽气器、凝结水泵以及它们之间的连接管道和附件组成。最简单的凝汽设备如图7-40所示。汽轮机的排汽排入凝汽器1，其热量被循环水泵2不断打入凝汽器的冷却水带走，凝结为水汇集在凝汽器的底部热井中，然后由凝结水泵3抽出送往锅炉作为给水。凝汽器的压力很低，外界空气易漏入。为防止不凝结的空气在凝汽器中不断积累而升高凝汽器内的压力，采用抽气器4不断将空气抽出。

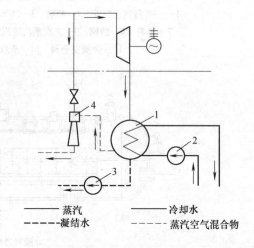

图例：
—— 蒸汽　　　　—— 冷却水
---- 凝结水　　　---- 蒸汽空气混合物

图 7-40　最简单的凝汽设备示意
1—凝汽器　2—循环水泵　3—凝结水泵　4—抽气器

3. 对凝汽器的要求

为了保证凝汽器充分发挥作用，机组运行时对凝汽器提出了一些要求。

（1）传热性能要好　由于汽轮机排汽的工作状态处于湿蒸汽区，因此，凝汽器内蒸汽的饱和压力和饱和温度是对应的。为了维持凝汽器的较高真空，必须使凝汽器内蒸汽的饱和温度尽量接近冷源温度。但由于实际运行中冷却面积和冷却水量是有限的，所以当蒸汽凝结放出的热量通过冷却水管传给冷却水时必然存在一定的传热温差，使得冷却水的出口温度低于蒸汽的饱和温度。凝汽器中蒸汽的饱和温度 t_s 和冷却水的出口温度 t_{w2} 之差称为**凝汽器的传热端温差 δt**，即

$$\delta t = t_s - t_{w2}$$

当 t_{w2} 一定时，δt 越小，t_s 越小，对应的汽轮机排汽压力越低，从而使得整机的理想焓降增加，机组的热效率提高。

为了提高机组的热经济性，应加强凝汽器的传热效果，尽量减小传热温差。具体措施主要包括：选择有较高传热系数的冷却水管；及时抽走积聚在冷却水管表面的空气；定期清洗

凝汽器冷却水管，防止冷却水管结垢。

（2）凝结水过冷度要小　当蒸汽进入凝汽器穿过上部铜管时，大部分蒸汽凝结放热变成水珠，这部分水珠在下落的过程中，又被下部冷却水管进一步冷却。凝汽器中蒸汽的饱和温度 t_s 和凝结水的温度 t_{co} 之差称为**凝结水的过冷度**，即

$$\delta = t_s - t_{co}$$

一般过冷度为 $0.5 \sim 1\,℃$。过冷度的大小直接影响机组的经济性。过冷度越大，说明冷却水额外带走的热量越多。这一部分损失要靠锅炉多燃烧燃料来弥补。而且过冷度越大，凝结水中的含氧量也越多，对设备和管道的腐蚀越大。因此应尽量减少过冷度。

为保证凝结水温度接近排汽温度，消除凝结水过冷现象，现代凝汽器都设有专门的蒸汽通道，使部分蒸汽直接到达热井加热凝结水，这种结构称为**回热式凝汽器**。汽流向心式和向侧式凝汽器都属于此类。

（3）汽阻和水阻要小　由于空气抽出口不断地抽出空气，抽气口处的压力最低，在凝汽器中蒸汽和空气由入口流向抽气口，在流经管束时存在流动阻力。凝汽器入口处压力与抽气口处压力的差值称为凝汽器的汽阻。汽阻越大，则凝汽器入口压力越高，经济性越低。现代凝汽器的汽阻可以减少到 $240 \sim 260\text{Pa}$。

凝汽器给冷却水的阻力称为**水阻**。它由冷却水管内的沿程阻力、冷却水由水室进出冷却水管的局部阻力与水室中的流动阻力等部分组成。水阻越大，循环水泵耗功越大，故水阻应越小越好。双流程凝汽器的水阻较大，为 $49 \sim 78\text{kPa}$，单流程水阻较小。

4. 影响凝汽器真空的因素

在凝汽器中，蒸汽压力和其饱和温度 t_s 是相对应的，只要知道了 t_s 就可以确定它所对应的饱和蒸汽压力 p_s。由于凝汽器的总压力与蒸汽的分压力相差甚微，则蒸汽的压力 p_s 即为凝汽器的压力。

凝汽器内蒸汽和冷却水温度沿冷却表面的分布规律如图 7-41 所示，由图可知蒸汽的饱和温度 t_s 为

$$t_s = t_{w1} + \Delta t + \delta t$$
$$\Delta t = t_{w2} - t_{w1} \tag{7-6}$$

式中，t_{w1} 为冷却水的进口温度；Δt 为冷却水在凝汽器中的温升；δt 为凝汽器的传热端温差。

由上式可知，影响凝汽器真空的因素主要有三个方面。

1）冷却水的进口温度 t_{w1}。t_{w1} 的大小取决于当地的气候和供水方式，在其他条件不变时，冬季 t_{w1} 低，则 t_s 也低，凝汽器压力低，真空高；夏季 t_{w1} 高，t_s 也高，真空低。循环供水时，t_{w1} 也取决于冷水塔或喷水池的冷却效果。

2）冷却水温升 Δt。降低冷却水温升 Δt，可降低 t_s，Δt 由凝汽器热平衡方程式求得

$$D_c(h_c - h'_c) = D_w(h_{w2} - h_{t1}) = D_w c_p \Delta t \tag{7-7}$$

式中，D_c、D_w 为进入凝汽器的蒸汽量与冷却水量（kg/h）；h_c、h'_c 为蒸汽和凝结水的焓（kJ/kg）；h_{w1}、h_{w2} 为冷却水流入和流出凝汽器的焓（kJ/kg）；c_p 为水的比定容热容，在低温时，一般取 $c_p = 4.187\text{kJ/}(\text{kg} \cdot \text{K})$。

根据式（7-7）得

$$\Delta t = \frac{h_c - h'_c}{c_p D_w / D_c} = \frac{h_c - h'_c}{c_p m} \tag{7-8}$$

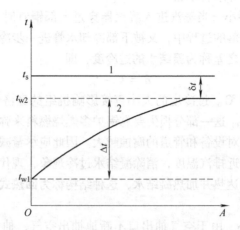

图 7-41　凝汽器中蒸汽和冷却水温度沿冷却表面的分布规律
1—饱和蒸汽放热过程　2—冷却水的温度升高过程

$$m = D_w/D_c$$

式中，m 为凝汽器的冷却倍率或循环倍率；$(h_c - h_c')$ 为 1kg 排汽凝结时放出的汽化潜热。

在凝汽器排汽压力下，$(h_c - h_c')$ 只有 $2140 \sim 2220kJ/kg$，一般取其平均值，约为 2180kJ/kg，于是有

$$\Delta t = \frac{2180}{4.187m}K = \frac{520}{m}K \tag{7-9}$$

由式（7-9）可知，m 值越大，Δt 越小，真空越高。但 m 值越大，循环水泵功耗越大。经过技术经济多因素比较，m 值一般为 $50 \sim 120$。

3）传热端温差 δt。由凝汽器的传热方程式可知，蒸汽凝结时传给冷却水的热量 Q 为

$$Q = KA_c\Delta t_m \tag{7-10}$$

式中，K 为凝汽器的总体传热系数 $[kJ/(m^2 \cdot h \cdot K)]$；$A_c$ 为总冷却水管外表面积（m^2）；Δt_m 为蒸汽至冷却水的平均传热温差。

由于空冷区传热面积较小，假设蒸汽凝结温度沿整个传热面积 A_c 不变，这时蒸汽和冷却水之间的平均传热温差为

$$\Delta t_m = \frac{\Delta t}{\ln[(\Delta t + \delta t)/\delta t]} \tag{7-11}$$

将式（7-7）、式（7-10）、式（7-11）三式联立求解得

$$\delta t = \frac{\Delta t}{e^{A_c K/C_p D_w} - 1} \tag{7-12}$$

由上式可知，传热端温差由 A_c、K、D_w 和 Δt 确定。

7.3.4　抽气设备

机组起动和正常运行过程中，抽气设备都要投入运行。机组起动时，需要把一些气、水管路系统和设备当中所积集的空气抽出来，以便加快起动速度。正常运行时，及时地抽出凝汽器中的非凝结气体以维持凝汽器的额定真空；及时地抽出加热器热交换过程中释放出的非

凝结气体，保证加热器具有较高的换热效率；把汽轮机低压段轴封的蒸汽、空气及时地抽到轴封冷却器中，以确保轴封的正常工作等，这些都离不开抽气设备的工作。抽气设备按工作原理可分为射流式和容积式两大类。

1. 射流式抽气器

根据工作介质不同，射流式抽气器可分为射汽式和射水式两种。

射汽式抽气器结构示意图如图7-42所示，由工作喷嘴 A、外壳 B 和扩压管 C 组成。工作蒸汽进入喷嘴 A，A 中的高速蒸汽流在混合室中与周围气体分子产生动量交换，夹带气体分子前进，使周围形成高度真空。外壳 B 的入口与凝汽器抽气口相连，蒸汽空气混合物不断地被吸入混合室，进入扩压管。此时气流动能转换为压力能，速度降低，压力升高。蒸汽空气混合物最终排入大气。

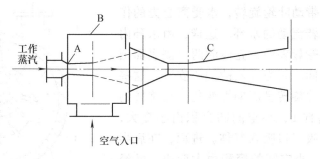

图7-42　射汽式抽气器结构示意图
A—工作喷嘴　B—外壳　C—扩压管

抽气器形式的选择主要根据汽轮机设备的运行情况和抽气器的特点来考虑。一般来说，对于高、中压母管制额定参数起动的机组，工作蒸汽的来源有保证，多采用射汽式抽气器。为提高经济性，射汽式抽气器多制成带中间冷却器的两级或三级抽气器，另外，还要配置专用的起动抽气器，它的任务是在汽轮机起动前，使凝汽器迅速建立真空，以缩短起动时间；对于高参数大容量单元机组，由于射汽式抽气器的过载能力小以及机组滑参数起动时需要引入其他的工作汽源，使系统复杂化，所以多采用射水式抽气器。

射水式抽气器结构示意图如图7-43所示。一般由专用水泵供给工作水，工作水进入工作水室1，然后进入喷嘴2，形成高速水流，在高速水流周围形成高度真空，凝汽器的蒸汽空气混合物被吸进混合室3，与工作水相混合，部分蒸汽立即在工作水表面凝结，然后一起进入扩压管4，速度减小、压力升高后排出扩压管。

当专用水泵或其电动机故障或厂用电中断时，工作水室水压立即消失，混合室内就不能建立真空。这时凝汽器压力仍是很低的，而排水井上面的压力是大气压

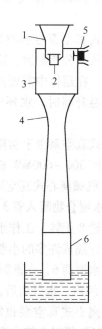

图7-43　射水式抽气器结构示意图
1—工作水室　2—喷嘴　3—混合室
4—扩压管　5—止回阀　6—排水管

力,故不洁净的工作水将从扩压管倒流入凝汽器,污染凝结水。为此在混合室入口处设置了止回阀5,用以阻止工作水倒流。

射水式抽气器结构简单,工作可靠,起动运行方便。通常需专设工作水泵,工作水量较大,被抽除的混合气体中蒸汽含量较大,不能回收,工质损失较多,但不同于射汽式抽气器需考虑工作蒸汽来源。适用于滑参数起动和滑压运行的单元制再热机组。

2. 容积式抽气器

容积式抽气器可分为水环式真空泵和机械离心式真空泵两种。

（1）水环式真空泵 如图7-44所示,水环式真空泵的主要部件是叶轮、叶片、泵壳和吸排气口等。叶轮偏心地安装在壳体内,叶片为前弯式。

在水环式真空泵工作前,需要先向泵内注入一定量的水。电动机带动叶轮旋转,水受离心力的作用,形成沿泵壳旋转流动的水环。这样,由水环内表面、叶片表面、轮毂表面、壳体的两个侧表面围成了许多密闭小空间。因为叶轮的偏心安装,这些小空间的容积随叶片旋转呈周期性变化。在旋转的前半周,即由 a 转向 b,小空间的容积由小变大,压力降低,可通过吸气口吸入气体。进而,在后半周,即由 c 转向 d,小空间的容积由大变小,已经被吸入的气体压缩升压。当压力达到一定程度时,通过排气口将气体排出。这样,水环式真空泵就完成了吸气、压缩、排气三个连续的过程,达到抽气的目的。

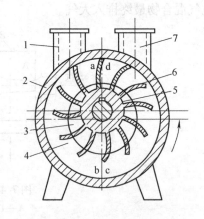

图7-44 水环式真空泵结构示意图
1—吸气口 2—泵壳 3—空腔 4—水环
5—叶轮 6—叶片 7—排气口

水环式真空泵在排气时,工作水会排出一小部分。经过汽水分离器后,这一小部分水又送回泵内,所以工作水的损失较小。为保证稳定的水环厚度,在运行中需要向泵内补充凝结水,但量很少。工作水温对其抽吸能力有较大影响,当水温升高时,水环式真空泵抽吸能力下降,故运行时要保证工作水冷却器的正常运行。

水环式真空泵由于功耗低、运行维护方便、工作可靠、起动性能好及利于环保等优点,多作为国产 300 ~ 600MW 机组的配套设备。

（2）机械离心式真空泵 如图7-45所示,机械离心式真空泵的工作轮安装在与聚水锥筒 6、汽水混合物吸入管 3 相连接的外壳 9 中,工作水由水箱 11 经吸水管 12 进入吸入室 5。随着工作轮 8 旋转,工作水经一个固定喷嘴 7 喷出,并进入旋转着的工作轮的叶片槽道内。水被叶片分隔成许多的小股水柱,这些高速水柱夹带由汽水混合物吸入管 3 吸入的汽气混合物进入聚水锥筒 6,在锥筒内增加流速后进入扩压管 10,并在压力稍大于大气压力之后排入水箱 11,经汽、水分离后,气体排出,工作水继续参加循环。

机械离心式真空泵也需要定期补充冷水,以防工作水的流失和水温升高。这种泵在 100 ~ 300MW 机组上较广泛地应用。

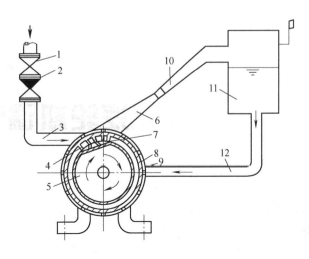

图 7-45　机械离心式真空泵结构示意图

1—闸阀　2—止回阀　3—汽水混合物吸入管　4—叶片　5—吸入室　6—聚水锥筒
7—固定喷嘴　8—工作轮　9—外壳　10—扩压管　11—水箱　12—吸水管

复习与思考题

7-1　汽轮机分为哪些类型?

7-2　说明下列型号汽轮机中各部分的含义:N200 – 12.7/535/535,B25 – 8.82/0.98。

7-3　汽轮机本体由哪几大部分组成?各部分的作用是什么?

7-4　汽缸的作用是什么?为什么超高压及以上汽轮机的高压缸要采用双层结构?

7-5　汽封的作用是什么?常用的曲径式汽封有哪几种?

7-6　动叶片常用的叶根形式有哪几种?各有何特点?

7-7　叶轮的结构形式有哪几种?各有何特点?

7-8　汽轮发电机组常用的联轴器有哪几种?各有何特点?

7-9　简述凝汽设备的组成及其工作过程。

第 8 章

汽轮机调节与运行

教学目标

```
1. 了解汽轮机调节任务及调节原理。
2. 了解汽轮机调速器的组成。
3. 掌握机械液压型汽轮机调速器的工作原理。
4. 掌握汽轮机的起动和停机操作。
5. 掌握汽轮机运行的主要监视参数。
```

8.1 汽轮机调节概述

8.1.1 汽轮机调节任务

汽轮机调节的任务与水轮机调节的任务相同，只不过水轮机调节是根据机组所带的负荷变化及时调节进入水轮机的水流量，而汽轮机调节是根据机组所带的负荷变化及时调节进入汽轮机的蒸汽流量。

8.1.2 汽轮机调节原理

图 8-1 是汽轮机调节系统原理框图，火力发电的能源来自锅炉，锅炉以压力 p、温度 t 和蒸汽流量 D 的形式向汽轮机提供热能，汽轮机调节是通过调速器输出机械位移 ΔY，调节汽轮机配汽机构，改变进入汽轮机的蒸汽流量的方法来实现的。

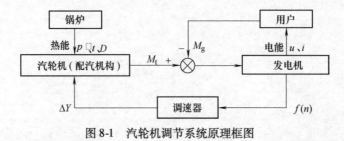

图 8-1 汽轮机调节系统原理框图

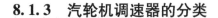

8.1.3 汽轮机调速器的分类

1）汽轮机调速器按构成元件的结构分类与水轮机调速器一样，也有机械液压型调速器、电气液压型调速器和微机液压型调速器三种，其中电气液压型调速器已逐步被淘汰。

2）按调节规律分类与水轮机调速器一样，也有比例规律调速器（P 规律）、比例 – 积分规律调速器（PI 规律）和比例 – 积分 – 微分规律调速器（PID 规律）三种。

8.1.4 汽轮机调速器的结构组成

汽轮机调速器在结构上由自动调节部分、操作部分和油压装置三部分组成，如图 8-2 所示。

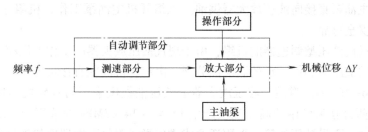

图 8-2 汽轮机调速器的结构组成

1. 自动调节部分

自动调节部分由测速部分和液压放大器组成。

1）水轮机机械液压型调速器的测速方法是利用离心力与转速二次方成正比的原理，将机组的转速变化信号转换成离心摆下支持块（或转动套）的上下机械位移。汽轮机机械液压型调速器的测速方法有两种：一种方法是利用离心力与转速二次方成正比的原理，将机组的转速变化信号转换成离心摆挡油板的左右机械位移；另一种方法是由于汽轮机的最低转速（3000r/min）比水轮机的最高转速（1500r/min）还高，而在高转速下油泵的出口压力对转速变化相当敏感，所以采用由汽轮机同轴带动的信号油泵来测量机组的转速变化（这在水轮机调节中是办不到的），即将机组的转速变化信号转换成信号油泵的出口油压变化信号。汽轮机微机液压型调速器的测速方法是通过磁阻发信器从与机组同轴转动的齿盘取出频率信号，再进行数字测频。

2）与水轮机调速器相似，汽轮机调速器无论是机械液压型调速器、电气液压型调速器还是微机液压型调速器，最后的机械功率放大都是由油压操作的液压放大器担任，目前还没有一种装置能取代输出功率大、运行平稳、响应灵敏和安全可靠的液压放大器。汽轮机调速器液压放大器内部的调节信号和反馈信号的传递较多地采用油压变化的方法。通过杠杆位移传递信号存在杆与杆铰连接处间隙造成死行程和杠杆自身质量产生惯性滞后的缺点，影响调速器对信号快速反应的灵敏度和精确性。通过油压变化传递信号克服了杠杆位移方法传递信号的缺点，油压对信号反映的灵敏度和精确性相当高并且没有惯性滞后。尽管在水轮机微机液压型调速器液压放大器中的杠杆已减少到最小程度，但是在汽轮机调速器的液压放大器内部几乎没有用来传递信号的杠杆。

2. 操作部分

汽轮机调速器的操作部分有同步器和危急保安器两个。同步器的作用与 YT 型调速器中的转速调整机构完全一样，即可以人为改变调节汽门的开度，单机运行可以调转速、并网运行可以调出力。危急保安器的作用与 YT 型调速器中的紧急停机电磁阀完全一样，在机组转速超过额定转速的 110% 时，迅速切断进入汽轮机的蒸汽流，迫使机组紧急停机，防止事故扩大。

3. 油压装置

对于采用机械液压型调速器的机组，由于汽轮机的转速比较高，一般由汽轮机同轴直接带动主油泵供油（这在水轮机调节中是办不到的），产生 0.98 ~ 1.96MPa 的液压油。因此，这种汽轮机调速器的油压装置比水轮机调速器简单得多，没有液压油箱，也不需要补气阀补气，只有一台主油泵直接向液压放大器供油。机组开机主油泵工作，机组停机主油泵停止，即简单方便又安全可靠。

对于采用微机液压型调速器的机组，由于现代液压放大器的工作油压相当高，因此常将供液压放大器的液压油和供轴承的润滑油分开，由汽轮机同轴直接带动的主油泵向机组轴承提供 1.44 ~ 1.69MPa 的润滑油。液压放大器的液压油提供采用与水轮机调速器油压装置相似的方法，由两台互为备用的高压油泵产生 12.42 ~ 14.47MPa 的液压油。高压油泵直接向液压放大器供油，不设液压油箱，采用活塞式或皮囊式氮气蓄能器取代液压油箱。液压放大器工作油压的提高使得油动机的结构体积大大减小。

8.1.5 汽轮发电机组在电网中的地位

1）包括锅炉、管路和汽轮机在内的所有金属结构的设备对温度上升和下降的速率都有严格的限制，否则将发生金属结构的永久性变形甚至开裂，因此汽轮发电机组的开机升温和停机降温都需要经历比较长时间。处于冷备用状态的锅炉和汽轮发电机组，从锅炉开始点火到发电机并入电网带上满负荷，需要 8 ~ 10h，即使处于热备用状态的机组，在停机 6 ~ 8h 内，再次起动也需要 3 ~ 4h。机组起停一次燃料和工质消耗巨大，而且操作程序繁琐，技术要求高。而处于冷备用状态的水轮发电机组，从主阀打开向蜗壳充水到发电机并入电网带上满负荷，只需 2 ~ 3min 时间，而且机组起停方便。因此，汽轮发电机组不宜频繁起停，不宜在电网中作为事故备用机组或调峰机组，频繁进出电网。

2）由于煤粉燃烧的调节范围较小，造成锅炉的调节范围很小，当锅炉不在最佳工作范围内工作时，火焰燃烧很不稳定，造成蒸汽温度、压力很不稳定，而且这时锅炉的热效率很低。汽轮发电机组常规压负荷 20% ~ 30%，还能维持机组正常运行，当压负荷大于 30% 时，属于非常规压负荷运行，这时汽轮机的排汽温度升高，热膨胀使得转动部件与固定部件的间隙减小，甚至摩擦振动，危及机组安全稳定运行，而且这时汽轮机的热效率也很低。所以，锅炉和汽轮发电机组最好带额定负荷稳定运行。而水斗式水轮发电机组压负荷 80% 时照样能正常运行，轴流转桨式水轮发电机组压负荷 60% 时也照样能正常运行。因此，汽轮发电机组不宜用作调频机组，不宜在电网中大幅度压负荷参与电网频率调节，承担不可预见负荷。

3）火电、核电机组的最大优点是：只要燃料供应保证，机组的发电功率是绝对保证的。而水电机组发电功率的保证率比火电机组要差得多，水电机组在丰水年时发电功率保证率高，枯水年时发电功率保证率低。同一年中，水电机组在丰水期时发电功率保证率高，枯水期时发电功率保证率低。水电站的建造受地理位置的水资源条件的限制，水电机组的发电量受水库来水量和库容限制。发电功率的保证率对电网调度来讲是非常重要的，直接影响电网供电的稳定性和可靠性，因此火电、核电机组在电网中的地位是无法替代的。并不是水电比重越高的电网就越好，水电比重高的电网往往在丰水期电站弃水，枯水期拉闸限电。实际情况中，大部分电网都是火电、核电机组比例远远高于水电机组的比例。

由于火电、核电机组的调节性能比水电机组差得多，因此火电、核电机组的最佳工况是带 80% ~100% 额定负荷固定不变运行。实际电网运行总结发现，当电网中的水电机组装机比重在 35% 时，一般水电机组能承担电网峰谷电负荷的 80%，即由水电机组调节电网峰谷电负荷的 80%，另外 20% 峰谷电负荷可以由火电机组按常规压负荷进行调节。当电网中的水电机组装机比重小于 35% 时，火电机组将被迫采取非常规调峰手段，即不得不按非常规压负荷对电网峰谷电负荷进行调节。例如我国的华北、华东和东北电网，水电机组的比重均在 17% 以下，这些电网中的火电机组经常需要参与调峰运行。有的火电机组经常压负荷30% ~50% 调峰运行，甚至当天开停机调峰，这时火电厂的经济效益是很差的，无论从机组的经济性和安全性都是很不合理的。

8.2　汽轮机调速器

常用的汽轮机调速器有机械液压型调速器和微机液压型调速器。机械液压型调速器由于结构简单，维护方便，目前在早期生产的中小型汽轮发电机组中应用较多。机械液压型调速器的测速元件有两大类：一类是利用机械测速的方法，将转速偏差信号转换成机械位移信号；另一类是利用油压测速的方法，将转速偏差信号转换成油压变化信号。油压测速方法又有径向钻孔泵油压测速和旋转阻尼器油压测速两种。

8.2.1　机械液压型调速器

1. 离心摆机械测速的机械液压型调速器

（1）离心摆结构　图 8-3 为汽轮机离心摆的结构图。其工作原理与水轮机 YT 型调速器的离心摆相似，不同的是此离心摆卧式布置，与汽轮机同轴高速转动，即汽轮机主轴带动主油泵同轴高速转动，主油泵轴 2 再带动离心摆同轴高速转动。当机组转速发生变化时，重锤 8 受到的离心力也发生变化，由于柔性钢带 5 的两端被螺钉 9 固定在离心摆托架 1 上，当转速上升时，离心力增大，重锤在旋转的同时沿汽轮机主轴半径方向向外位移，带动柔性钢带中间点的挡油板 6 一边旋转一边沿汽轮机主轴轴线方向向右移动；当转速下降时，离心力减小，柔性钢带中间点的挡油板沿汽轮机主轴轴向左移动。

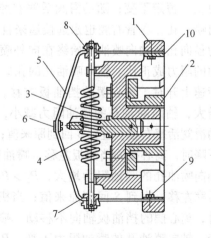

图 8-3　汽轮机离心摆结构图

1—离心摆托架　2—主油泵轴　3—弹簧支撑
4—弹簧　5—柔性钢带　6—挡油板　7—螺母
8—重锤　9—螺钉　10—压板

从而将机组的转速变化信号转换成挡油板沿主轴轴线方向的水平机械位移。

（2）调速器元件组成　图8-4为离心摆机械测速的机械液压型调速器工作原理图，主要元件为同步器、随动滑阀3、离心摆4、错油门5、反馈滑阀6、调速滑阀7和油动机8。同步器相当于YT型调速器中的转速调整机构，随动滑阀相当于YT型调速器中的辅助接力器，错油门相当于YT型调速器中的主配压阀，油动机相当于YT型调速器中的主接力器。液压放大器工作所需的液压油由与汽轮机同轴转动的主油泵供油。

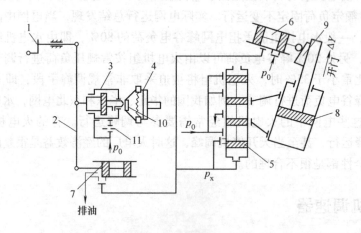

图8-4　离心摆机械测速的机械液压型调速器工作原理图
1—同步器手轮螺杆　2—传动杠杆　3—随动滑阀　4—离心摆　5—错油门　6—反馈滑阀
7—调速滑阀　8—油动机　9—反馈斜板　10—挡油板　11—针形节流阀

（3）随动滑阀的工作原理　图8-5为随动滑阀活塞杆喷油示意图，随动滑阀活塞1左腔的活塞面积小但永远接通来自主油泵的液压油 p_0，液压油在活塞左腔产生的向右总压力 p_1 恒定不变；随动滑阀活塞右腔的活塞面积大，但右腔活塞杆上加工有径向孔和轴向喷油孔，尽管右腔也永远接通来自主油泵的液压油 p_0，但由于右腔液压油经活塞杆上的径向孔和轴向喷油孔始终在向外喷油，液压油在活塞右腔产生的向左总压力 P_2。与喷油的阻力成正比。轴向喷油孔的孔口正面对准离心摆的挡油板2，喷油间距为 S。当机组转速上升时，离心摆的挡油板右移，喷油间距 S 增大，轴向喷油孔的喷油阻力减小，$P_2 < P_1$，随动滑阀活塞右移，直到 S 回到原来值；当机组转速下降时，离心摆的挡油板左移，喷油间距 S 减小，轴向喷油孔的喷油阻力增大，$P_2 > P_1$，随动滑阀活塞左移，直到 S 回到原来值；当机组转速不变时，离心摆的挡油板轴向不移动，喷油间距 S 不变，轴向喷油孔的喷油阻力不变，$P_2 = P_1$，随动滑阀活塞不动，调节针形节流阀3的开度，可调整活塞右腔液压油的压力，从而调整喷油间距 S 的大小。随动滑阀将挡油板的机械位移转换成随动滑

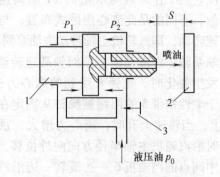

图8-5　随动滑阀活塞杆喷油示意图
1—随动滑阀活塞　2—挡油板　3—针形节流阀

阀活塞的机械位移，随动滑阀活塞随挡油板的位移而位移，因此机械位移的行程没有放大，但机械位移的力放大了几千倍，从而完成了第一级液压放大。第二级液压放大由错油门、油动机和反馈滑阀组成。

（4）整机工作原理　如图 8-4 所示，离心摆机械测速的机械液压型调速器调节过程为：设单机带负荷运行，当外界负荷减小时，机组转速上升，离心摆的挡油板右移，随动滑阀活塞右移带动调速滑阀活塞右移，泄油孔面积增大，错油门活塞底部油压 p_x 下降，错油门活塞离开中间位置下移，将油动机上腔接来自主油泵的液压油 p_0 下腔接排油，油动机活塞下移 ΔY，通过配汽机构关小调节汽门，减少进入汽轮机的蒸汽流量，机组转速回落。与此同时，反馈斜板 9 作用反馈滑阀活塞右移，反馈滑阀的泄油孔面积增大，来自主油泵的液压油 p_0。使得错油门活塞底部油压回升，以油压反馈信号的形式将错油门活塞上移，向中间位置回复，直到错油门回到中间位置，油动机在新的位置停止不动，机组重新稳定。由于机组重新稳定后反馈滑阀活塞在新的位置，油压反馈信号不消失，因此这种负反馈属于硬反馈，能产生有差调节特性，所以重新稳定后的机组出力减小，转速比原来高。当外界负荷增大时，动作过程与上面分析相反。

人为转动同步器手轮螺杆，可人为改变泄油孔面积，从而人为改变调节汽门的开度和进入汽轮机的蒸汽流量。因此，同步器单机运行可以调机组的转速，并网运行可以调机组的出力。

2. 径向钻孔泵油压测速的机械液压型调速器

（1）径向钻孔泵结构　图 8-6 为径向钻孔泵结构图。泵轮 1 是钻有 10 个径向孔的轮盘，由汽轮机主轴直接带动高速旋转，径向孔中的油在离心力的作用下，具有油泵打油升压的效应，但径向钻孔泵工作在只输出油压不输出流量的状态下，使得出口油压仅与转速二次方成正比（一般的油泵出口油压还与输出流量有关），从而将机组的转速变化信号转换成径向钻孔泵出口环形压力室的油压变化信号。

（2）整机工作原理　图 8-7 为径向钻孔泵油压测速的机械液压型调速器工作原理图。与离心摆机械测速的机械液压型调速器比较，径向钻孔泵取代了离心摆和随动滑阀，其他部分基本相同。液压放大器工作所需的液压油也是由与汽轮机同轴转动的主油泵供油。

当调速滑阀 7 活塞上部受压紧弹簧 3 的向下作用力与下部受径向钻孔泵 4 出口油压的向上作用力大小相等时，活塞在某一位置不动。设单机

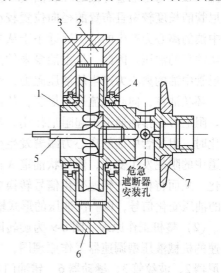

图 8-6　径向钻孔泵结构图
1—泵轮　2—环形压力室　3—稳压网　4—油封
5—接长轴　6—泵壳　7—甩油环

带负荷运行，当外界负荷减小时，机组转速上升，径向钻孔泵出口油压上升，调速滑阀的活塞底部压力增大，活塞上移，泄油孔面积增大；当外界负荷增大时，机组转速下降，径向钻孔泵出口油压下降，调速滑阀的活塞底部压力减小，活塞下移，泄油孔面积减小。后面的动作原理与离心摆机械测速的机械液压型调速器相同，不再重述。

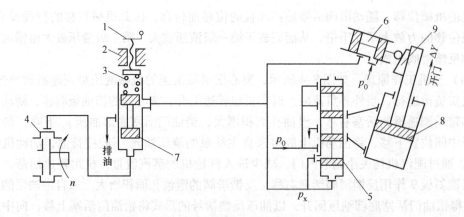

图 8-7　径向钻孔泵油压测速的机械液压型调速器原理图
1—同步器手轮螺杆　2—同步器螺母　3—压紧弹簧　4—径向钻孔泵
5—错油门　6—反馈滑阀　7—调速滑阀　8—油动机　9—反馈斜板

3. 旋转阻尼器油压测速的机械液压型调速器

（1）旋转阻尼器结构　图 8-8 为旋转阻尼器结构图。与汽轮机同轴转动的阻尼体 1 内径向均布了 8 根阻尼管 2，与径孔钻向泵的工作原理相似，阻尼管中的油在离心力的作用下，具有油泵打油升压的效应，主油泵出口油压经针形节流阀 6 节流减压后与阻尼管外围的环状油室 A 接通。由于阻尼管的长度较短且布置的径向位置较小，由阻尼管中油的离心力产生的油压远远小于从主油泵传到环状油室的油压。因此，从主油泵来的液压油克服阻尼管中油的离心力产生的油压阻力，经针形节流阀、环状油室，向心地流过阻尼管，从排油孔 4 排走。阻尼管在排油通道中起阻尼作用。当机组转速变化时，阻尼管中油的离心力跟着发生变化，排油通道中的阻尼发生变化，使环状油室 A 的压力发生变化，从而将机组的转速变化信号转换成环状油室 A 的油压变化信号，以一次油压的形式输出。

（2）整机工作原理　图 8-9 为旋转阻尼器油压测速的机械液压型调速器工作原理图，主要由旋转阻尼器 2、波纹管 3、继动器 6、错油门 8 和油动机 7 等组成。液压放大器工作所需的液压油由与汽轮

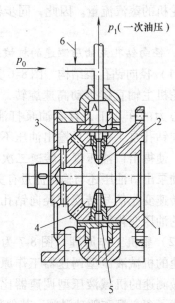

图 8-8　旋转阻尼器结构图
1—阻尼体　2—阻尼管　3—盖板　4—排油孔
5—交叉油孔　6—针形节流阀

机同轴转动的主油泵 1 提供。二次油压室 4 内的液压油为经针形节流阀减压后的二次油压 p_2。继动器相当于 YT 型调速器中的辅助接力器，其活塞上腔单向作用从二次油压室经逆止阀 5 送来的二次油压，二次油压产生的向下总压力与活塞杆上受拉弹簧 12 产生的向上弹簧力平衡。错油门活塞上腔向下作用经针形节流阀减压后的三次油压 p_3，三次油压在对错油门活塞向下作用总压力的同时，液压油还经继动器活塞控制的节流蝶阀从油门活塞轴向孔泄漏到错油门活塞下腔排走，错油门活塞下腔受压弹簧 13 产生的向上弹簧力与三次油压对错

油门活塞向下作用的总压力平衡。如果继动器活塞上移，则节流蝶阀开大，泄漏增大造成三次油压下降，错油门活塞平衡破坏，活塞上移，节流蝶阀关小（负反馈效果），三次油压回升直到回到原来压力值，错油门活塞在中间位置的上部停住不动；如果继动器活塞下移，分析与前面相反。所以错油门活塞时刻跟随继动器活塞移动。波纹管下腔作用经针形节流阀减压后的一次油压 p_1，一次油压对波纹管产生的向上总压力与受压状态下的波纹管向下的回复力平衡。每次调节结束后，油动机在新的位置不动，错油门活塞回到中间位置，继动器活塞也回到原来位置。

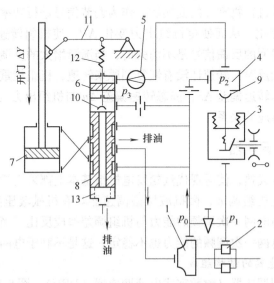

图 8-9　旋转阻尼器油压测速的机械液压型调速器工作原理图
1—主油泵　2—旋转阻尼器　3—波纹管　4—二次油压室　5—逆止阀　6—继动器
7—油动机　8—错油门　9、10—节流蝶阀　11—负反馈杠杆　12、13—弹簧

旋转阻尼器油压测速的机械液压型调速器调节过程为：设单机带负荷运行，当外界负荷减小时，机组转速上升，旋转阻尼器环形油室的一次油压 p_1 上升，作用波纹管带动节流蝶阀上移，造成二次油压室经节流蝶阀泄漏油的阻力增大，二次油压 p_2 上升，作用继动器活塞下移，带动节流蝶阀下移，造成错油门活塞上腔经节流蝶阀泄漏油的阻力增大，三次油压 p_3 上升，作用错油门活塞离开中间位置下移，使油动机下腔接通主油泵送来的液压油，上腔接排油，油动机活塞上移 ΔY，带动配汽机构关小调节汽门，减少进入汽轮机的蒸汽流量，机组转速回落。与此同时，油动机活塞通过负反馈杠杆 11、弹簧 12 作用继动器活塞上移，错油门活塞跟随上移，直到继动器活塞回到原来位置，错油门活塞回到中间位置。油动机在新的位置停止不动，机组重新稳定，重新稳定后的机组出力减小，转速比原来高。当外界负荷增大时，动作过程与上面分析相反。由于机组重新稳定后，负反馈杠杆在新的位置，机械反馈信号不消失，这种负反馈属于硬反馈，产生有差调节特性。

旋转阻尼器油压测速的机械液压型调速器从输入反映转速变化的一次油压信号到最后油动机输出的机械位移 ΔY，内部的信号传递和液压放大顺序为：一次油压信号经波纹管转换成节流蝶阀的机械位移→节流蝶阀的机械位移转换成二次油压室的二次油压信号→二次油压信号经继动器转换成节流蝶阀的机械位移→节流蝶阀的机械位移转换成三次油压信号→三次油压信号转换成错油门活塞的机械位移→错油门活塞的机械位移经错油门转换成错油门的输出油压信号→错油门的输出油压信号经油动机转换成机械位移 ΔY。途中经历了三次功率放大：从节流蝶阀的机械位移功率到继动器活塞的机械位移功率放大、从继动器活塞（或节流蝶阀的机械位移功率到错油门活塞的机械位移功率放大、从错油门活塞的机械位移功率到油动机的机械位移功率放大。

4. 机械液压型调速器的静态特性

从三种机械液压型调速器的工作原理可以看出，不同的转速测量方法都是将负荷扰动引起的机组转速变化信号进行物理量的变换后，作为调节信号进行功率放大，最后通过油动机操作调节汽门的开度变化，从而使得机组出力变化 ΔP，使机组转速企图恢复到原来转速。但是，由于从油动机引回的反馈信号是不消失的，当渐渐增大的反馈信号与渐渐减小的调节信号大小相等、极性相反时，转速还没有恢复到原来转速，机组就重新稳定。也就是说，机组的转速调节存在静态转速偏差 Δn，静态转速偏差 Δn 与机组出力变化 ΔP 成正比，即机组转速与出力具有一一对应的关系。

8.2.2　微机液压型调速器

计算机技术的日益成熟，使得现代汽轮发电机组基本上都采用微机液压型调速器，特别是容量较大的汽轮发电机组调节，微机液压型调速器具有机械液压型调速器无法取代的优点。我们知道机组参与电网一次调频的能力与机组调差率成反比，当机组调差率值不稳定发生变化时，机组参与电网一次调频的能力也不稳定，这是不利于电网稳定的。

1. 微机液压型调速器的结构组成

汽轮机微机液压型调速器又称数字式电液调速器（DEH），图 8-10 为采用数字式电液调速器的汽轮机功频调节系统原理图。系统主要由磁阻发信器 3、机组频率测量模块、霍尔测功器 7、机组功率测量模块、微机调节器、电液转换器 9、错油门 1、油动机 4 和负反馈节流针阀 2 组成。其中错油门、油动机和负反馈节流针阀组成液压放大器。

(1) 机组频率测量　图 8-11 为磁阻发信器脉冲测频原理图，永久磁钢 1 经铁心 3 和空气形成磁路，铁心上绕着线圈 2，铁心尽量靠近与机组同轴转动的齿盘 4，当齿盘转到铁心头部对准齿盘的齿顶时，永久磁钢磁路的磁阻最小，线圈中的磁通最大；当齿盘转到铁心头部对准齿盘的齿根时，永久磁钢磁路的磁阻最大，线圈中的磁通最小。根据焦耳-楞次定律可知，变化磁通在线圈中会感应出交流电动势，该交流电动势的频率信号 f 由机组频率测量模块进行数字测频后，以数字量的形式送入微机调节器。

(2) 机组功率测量　图 8-12 为霍尔测功原理图。将发电机机端电压互感器的 A 相二次电压整流成直流电后加在霍尔元件（半导体薄片）的 1—2 两侧，在霍尔元件中流过正比于机端 A 相电压的微小直流电流 I_s；再将发电机机端电流互感器的 A 相二次电流整流成直流电后接入一只线圈，产生正比于机端 A 相电流的直流磁场 B，并使磁场 B 垂直穿过霍尔元件，根据霍尔原理可知，在与电流 I_s 垂直的方向，即霍尔元件的另两侧 3—4 之间，会出现正比于 A 相电压和 A 相电流的霍尔电动势，A 相霍尔电动势为

$$U_{AH} = KU_A I_A$$

即 A 相霍尔电动势 U_{AH} 的大小正比于发电机 A 相输出功率。

同样方法可以测出发电机 B 相和 C 相输出功率。三相霍尔电动势 U_{AH}、U_{BH}、U_{CH} 由机组

功率测量模块进行数字测功后，以数字量的形式送入微机调节器。

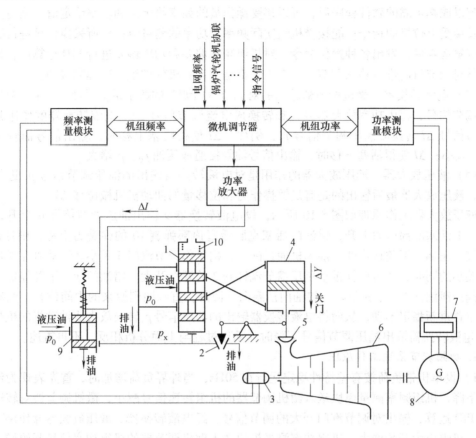

图 8-10　采用数字式电液调速器的汽轮机功频调节系统原理图

1—错油门　2—负反馈节流针阀　3—磁阻发信器　4—油动机　5—调节汽门　6—汽轮机

7—霍尔测功器　8—发电机　9—电液转换器　10—弹簧

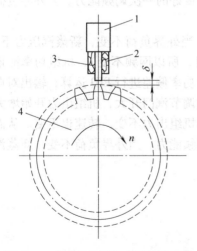

图 8-11　磁阻发信器脉冲测频原理图

1—永久磁钢　2—线圈　3—铁心　4—齿盘

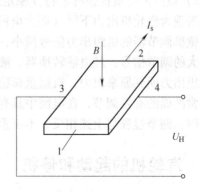

图 8-12　霍尔测功原理图

（3）微机调节器　微机调节器是由工控机或可编程序控制器构成的微机调节器硬件系统，配以成熟可靠的软件程序后，可以接受操作员的频率给定值和功率给定值，能与上位机通信及接受上位机的指令；能接受机组实际频率、功率的测量值；对所采集信号进行综合分析及逻辑运算后，发出各种操作命令，对机组频率偏差和功率偏差进行 PID 运算后，发出调节信号对调节汽门进行功频调节。所有工作都是由计算机软件统一处理完成的。

（4）电液转换器　微机调节器输出的对调节汽门调节的数字量信号经 D－A 转换后成为电压调节信号，再由功率放大器放大和转换成电流调节信号 ΔI。电液转换器的作用是将电流调节信号 ΔI 转换成油压调节信号 p_x，例如，ΔI 使得活塞上移时，输出信号油管接通排油，p_x 减小；ΔI 使得活塞下移时，输出信号油管接通液压油 p_0，p_x 增大。

（5）液压放大器　液压放大器的作用是对电液转换器输出的油压调节信号 p_x 进行功率放大，液压放大器最后输出的是有足够操作力和位移量的油动机机械位移 ΔY。

液压放大器工作原理如图 8-10 所示，设电液转换器 9 输出油压调节信号 p_x 上升，使得错油门 1 活塞底部压力上升，错油门活塞克服活塞顶部弹簧 10 的弹簧力上移，则油动机 4 上腔接液压油，下腔接排油。油动机通过配汽机构操作调节汽门 5 关小。油动机在操作调节汽门关小的同时，通过杠杆带动负反馈节流针阀 2 的开度开大。错油门活塞下腔经负反馈节流针阀的泄漏油增大，p_x 下降。错油门活塞向下回落，直到回到原来的中间位置，油动机在新的位置重新稳定不动，从而将电液转换器输出的油压信号 p_x 转换放大成油动机的机械位移 ΔY。电液转换器输出油压调节信号下降时，动作过程与上面分析相反，不再重述。

2. 功频调节系统工作原理

1）设单机带负荷按有差特性稳定运行在 50Hz，当外界负荷增加时，首先表现为汽轮机转速下降，机组频率测量模块送入微机调节器的机组转速信号减小，微机调节器对转速偏差进行 PID 运算，输出对调节汽门开大的调节信号，经电液转换器、液压放大器操作调节汽门开大，机组出力开始增大，机组功率测量模块送入微机调节器的机组功率信号开始增大。与此同时，机组转速回升，机组频率测量模块送入微机调节器的机组转速信号回升。当机组转速回升时，机组频率还没有回到 50Hz，机组就重新稳定，稳定后的机组出力增加，转速下降，从而实现了非常准确的有差调节，在电网中具有良好的一次调频能力。当外界负荷减少时，调节过程与上述相反，不再重述。

2）设并网带负荷按有差特性稳定运行在 50Hz，当外界负荷不变，新蒸汽压力下降时，首先表现为汽轮机出力下降（因为电网中有调频机组，所以网频不变），机组功率测量模块送入微机调节器的机组出力信号减小，微机调节器对功率偏差进行 PID 运算，输出对调节汽门开大的调节信号，经电液转换器、液压放大器操作调节汽门开大，机组出力开始增大，直到机组出力回到原来出力，机组重新稳定，稳定后的机组出力不变，转速也不变。从而保持了非常准确的有差调节，在电网中具有良好的一次调频能力。当外界负荷不变，新蒸汽压力上升时，调节过程与上述相反，不再重述。

8.3　汽轮机的起动和停机

8.3.1　限制机组起动速度的因素

合理的起动不但要保证机组安全可靠，而且还要求起动时间最短，即应按理想的起动速

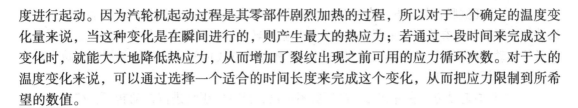

度进行起动。因为汽轮机起动过程是其零部件剧烈加热的过程，所以对于一个确定的温度变化量来说，当这种变化是在瞬间进行的，则产生最大的热应力；若通过一段时间来完成这个变化时，就能大大地降低热应力，从而增加了裂纹出现之前可用的应力循环次数。对于大的温度变化来说，可以通过选择一个适合的时间长度来完成这个变化，从而把应力限制到所希望的数值。

8.3.2　汽轮机的起动方式

1. 按起动过程中主蒸汽参数分类

按起动过程中主蒸汽参数是否变化，可分为额定参数起动和滑参数起动两种。

额定参数起动时，在整个起动过程中，从冲转直至机组带额定负荷，电动主汽阀前的主蒸汽参数始终保持额定值。这种起动方式的缺点是：蒸汽与汽轮机金属部件间的初始温差大，冲转流量小，调节汽阀节流损失大，调节级后温度变化剧烈，零部件受到较大热冲击。为了设备安全，必须加长升速和暖机时间，因而它一般适用于采用母管制供汽的汽轮机，大型、高压、单元制汽轮机不采用这种起动方式。

滑参数起动时，电动主汽阀前的主蒸汽参数随机组转速或负荷的变化而滑升，汽轮机定速或并网后，调节汽阀处于全开状态。这种起动方式经济性好，零部件加热均匀，故在单元制供汽的汽轮机中采用。根据汽轮机在冲动转子时主汽阀前的压力大小又可分为压力法起动和真空法起动。真空法起动时，锅炉点火前从锅炉汽包到汽轮机之间的蒸汽管道上的所有阀门开启，机组热力系统上的空气阀、疏水阀全部关闭，汽轮机盘车抽真空一直抽到锅炉汽包。然后锅炉点火产生蒸汽后，冲动汽轮机转子，此时主汽阀前仍处于真空状态，故称为**真空法**，随后汽轮机的升速和带负荷均由锅炉调整控制。**压力法**起动时，锅炉点火前汽轮机主汽阀和调节汽阀处于关闭状态，只对汽轮机抽真空。锅炉点火后，待主汽阀前蒸汽参数达到一定值（一般蒸汽压力为 1~4.2MPa，温度为 200~320℃）时冲动转子，冲转、升速直至定速一般均由调节汽阀（对采用调节汽阀冲转方式而言）控制，蒸汽参数不变。并网后，全开调节汽阀，此后随主蒸汽参数提高逐渐增加负荷。

从理论上讲，真空法滑参数起动可以最大限度地减少蒸汽对汽轮机受热部件的热冲击，且操作简单。但是在锅炉控制不当时，可能使过热器内的疏水进入汽轮机，造成水冲击事故而损坏设备。此外，需要抽真空的系统庞大，建立真空较难，不易控制转速等。因此，目前大容量机组广泛采用滑参数压力法起动。

2. 按起动前汽轮机金属温度（汽轮机内缸或转子表面的温度）水平分类

金属温度低于满负荷时金属温度的40%左右或金属温度低于150~180℃者，称为**冷态起动**；金属温度在满负荷时金属温度的40%~80%或金属温度介于180~350℃之间者，称为**温态起动**；金属温度高于满负荷时温度的80%或金属温度在350~450℃之间者，称为**热态起动**；金属温度在450℃以上者，称为**极热态起动**。

也可按停机的时数来划分：大于72h为冷态起动；10~72h为温态起动；小于10h为热态起动；停机在1h以内为极热态起动。

3. 按冲转时汽轮机进汽方式分类

对于中间再热式汽轮机，其起动还按冲动转子时的进汽方式分为高中压缸联合起动和中压缸起动两种方式。

1）高中压缸联合起动方式在冲转时，高中压缸同时进汽，此种起动方式虽然简单，但因冲转前再热蒸汽参数低于主蒸汽参数，中压缸及转子的温升速度减慢，汽缸膨胀迟缓，故延长了起动时间。对于高中压合缸的机组，这种起动方式可使分缸处均匀加热，减少热应力，并能缩短起动时间。

2）中压缸起动方式在冲转时，高压缸不进汽，只有中压缸进汽冲动转子，待转速升至 2300~2500r/min 后或并网后，才逐步转向高压缸进汽，这种起动方式对控制胀差有利，可排除高压缸胀差的干扰，以达到安全起动的目的，但起动时间较长，转速也较难控制。

起动初期只有中压缸进汽，中压缸可全周进汽，允许负荷变化大而温度变化率与热应力变化较小，故能适应电网调频的要求。为了缩短起动时间，在冷态起动开始时，可打开高压缸排汽单向阀，利用背压倒入蒸汽进行暖缸。

4. 按控制汽轮机进汽量所用阀门的不同而分类

1）调节汽阀起动：汽轮机冲转前，电动主汽阀和自动主汽阀全开，进入汽轮机的蒸汽量由调节汽阀控制。

2）用自动主汽阀或电动主汽阀（或旁路阀）起动：起动前，调节汽阀全开，进入汽轮机的蒸汽流量由自动主汽阀或电动主汽阀（或旁路阀）来控制。

8.3.3 冷态滑参数正常起动的一般操作步骤

下面以 125MW 单元机组为例介绍冷态滑参数正常起动、停机的一般操作步骤。

1. 起动前的准备工作

1）对所有设备和仪表进行全面详细的检查，并处于准备投入或已投入状态。

2）将原煤斗满仓，煤粉仓粉位正常。

3）工质水量充足，水质合格。

4）起动抽汽器，建立凝汽器真空。

2. 点火

点火前应投入引、送风机对炉膛及烟道进行不少于 5min 的空气吹扫。再用高能点火装置点燃助燃油枪，燃油燃烧的热量使炉膛和水冷壁的温度逐渐上升。在主汽阀打开之前，锅炉产生的蒸汽经旁路管道直接进入凝汽器，以保证锅炉各管路、管排有一定的工质流动，以免烧毁。

3. 锅炉升温升压

逐步增加投入助燃油枪和喷油量，使锅炉汽包的压力、温度逐步上升，由于在汽轮机冲转之前，锅炉汽包到主汽阀之间的所有阀门都是全开的，主汽阀是关闭的，因此升温升压的速度主要由汽包的内外壁温差限制和汽包允许承受的热应力限制所决定。一般规定汽包内工质温度的平均上升速度不超过 1~1.5℃/min。在锅炉升温升压过程中，同时进行锅炉汽包到主汽阀之间管道的暖管，应及时排走暖管时产生的凝结水（疏水）。当汽包内水位下降到一定值时，起动给水泵向汽包供水，同时调整好再循环电动阀的开度，满足工质对压力的要求。

4. 冲转

当主汽阀阀前蒸汽压力达到 1.2~1.5MPa，主蒸汽温度在 250~300℃（保证蒸汽过热度在 50℃以上）时，可打开主汽阀，再逐步开启调节汽阀的调节汽门，低参数蒸汽进入汽

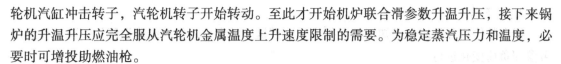

轮机汽缸冲击转子，汽轮机转子开始转动。至此才开始机炉联合滑参数升温升压，接下来锅炉的升温升压应完全服从汽轮机金属温度上升速度限制的需要。为稳定蒸汽压力和温度，必要时可增投助燃油枪。

5. 低速暖机

稳定蒸汽压力，锅炉升温，继续开大调节汽门，使转子转速上升到 500r/min，维持 10 ~ 15min，直到汽缸温度和膨胀趋向稳定。

6. 升速暖机

调节汽门到最大开度后，靠增加助燃油枪的投入数日和增加喷油量使锅炉刁温刁压和增大产汽量，机组按 100 ~ 150r/min 的速率升速，升温速度控制在 1 ~ 1.5℃/min 内（保证蒸汽过热度在 50℃ 以上）。当转速上升到 1000 ~ 1400r/min，中速暖机 20min；当转速上升到 2000 ~ 2400r/min，高速暖机 60min；然后将机组转速提升到额定转速 3000r/min（电气人员同时调励磁，建立发电机机端电压）。中速暖机和高速暖机的转速应避开临界转速，防止汽轮机振动。

7. 并网带负荷

当频率、电压符合并网条件后，断路器合闸，发电机并入电网，同时根据蒸汽温度和压力逐步关闭各旁路阀和给水泵再循环电动阀。当过热器后面的烟气温度达到 250℃ 以上时，开始投入燃烧器喷煤粉燃烧。此后靠锅炉升温升压和增大产汽量来增加机组的出力，升压速度控制在 0.05 ~ 0.1MPa/min，升温速度控制在 2 ~ 3.5℃/min。负荷增加到 10% 额定负荷时，进行 1h 的低负荷暖机，负荷增加到 40% 额定负荷时，进行 1h 的高负荷暖机。接着锅炉继续升温升压和增大产汽量，用 2h 时间将机组的负荷平稳升到额定负荷。在锅炉升温升压期间，应根据机组所带负荷，适当关小调节汽门的开度，防止发电机过负荷。最后蒸汽的参数滑升到额定参数，在机组增负荷期间，当负荷增加到 50% 额定负荷时，开始逐步退出助燃油枪。负荷增加到 60% 额定负荷时，全部退出助燃油枪。

8.3.4　汽轮机的停机

汽轮机从带负荷的正常运行状态转到静止（盘车）状态的过程称为**汽轮机的停机**。停机过程是汽轮机各金属部件的降温冷却过程，随着温度的下降，将出现温差，产生热变形和热应力。另外，由于转子的收缩快于汽缸，胀差也将出现负值。因此在停机过程中要注意汽轮机各部件的温度变化，防止它们冷却不均匀或冷却速度过快，以免导致事故，影响机组寿命。

汽轮机的停机分正常停机和事故停机。正常停机的方式有滑参数停机和额定参数停机两种。下面介绍国产优化引进型 300MW 机组滑参数停机及其应注意的问题。

所谓**滑参数停机**，就是在调节汽阀接近全开位置并保持开度不变的情况下，采用逐渐降低主蒸汽和再热蒸汽参数的方法进行减负荷，直至停汽停机。滑参数停机普遍用于单元制机组。

1. 做好停机前的准备和检查工作

辅汽系统倒为起动锅炉或由邻机供给。试验交、直流润滑油泵、密封油备用泵、顶轴油泵及盘车电动机均正常。确认各油泵联锁投入。

2. 减负荷

滑参数停机开始时，通知锅炉运行人员，按机组滑参数停机曲线降温降压，减负荷速度可参照负荷变化进行。

滑参数停机是分阶段进行的。每次减到预定负荷值稳定后，保持蒸汽压力不变，降压主蒸汽温度。当汽缸金属温度下降缓慢，且主蒸汽温度的过热度接近50℃时，即可降低主蒸汽压力，滑减到所需的负荷，再降温，这样交替地进行。

减负荷过程中，先设目标负荷值，负荷变化率达到 2～3MW/min 后，开始减负荷。注意机炉加强联系、配合。降负荷过程中，注意轴封供汽的切换，辅汽压力稳定，各参数正常。旁路系统在接近35%额定负荷时投入。

当负荷降至150MW时，起动电动给水泵，停一台汽动给水泵；负荷降至90MW时，停另一台汽动泵，注意高、低压加热器水位控制正常；负荷降至60MW时，中压调节汽阀后所有疏水阀自动开启，高压加热器由高至低依次停用；负荷降至50MW时，除氧器进汽由4段抽汽切换至辅汽供给；负荷降至45MW时，确认低压缸喷水阀自动投入，停止凝结水泵运行，凝结水旁路阀开启；当负荷降至30MW时，确认中压调节汽阀前所有疏水阀自动开启，并检查主蒸汽压力为4.12MPa，主蒸汽温度450℃，再热蒸汽温度430℃；当负荷降至15MW时，联系电气解列发电机。

在整个减负荷过程中，应注意监视下列参数：主、再热蒸汽压力、温度，轴振动，胀差，上、下缸温差，低压缸排汽温度，轴向位移，轴承金属温度，汽柜内外壁温差。并注意各水室水位应正常，轴封汽源应切换为辅汽供给。

3. 机组脱扣和解列

当机组全部负荷卸去后，在运行控制盘按下"紧急停机"按钮，或按下危急遮断器停机，这时主汽阀、再热主汽阀和调节汽阀、各抽汽止回阀、抽汽电动阀关闭。

汽轮机转速降到2700r/min，润滑油压降到 0.0750～0.084MPa 时，交流润滑油泵和密封油备用泵应自动起动，否则手动起动。

转速降至600r/min时，起动顶轴油泵运行，低压缸喷水自动退出，转子振动测量转为偏心测量。

当轴承油压下降到汽轮机控制给定值时，轴承油泵应自动投入。

转速降至零，迅速投入盘车运行，顶轴油泵最好随同运行，记录惰走时间。

润滑油温为42℃时，停冷油器水侧。在氢气温度下降到300℃左右时，停发电机氢冷器。

使用旁路系统时不要破坏真空，要在汽轮机组降速到400r/min或盘车已投运时，及汽包压力降至0.2MPa，不破坏凝汽器真空时，停止真空泵运行。停前应检查主蒸汽疏水阀已全关闭。真空到零后，停止轴封供汽，开启轴封疏水，停轴封加热器风机，防止冷空气被吸入汽缸。

锅炉上水完毕后，停电动给水泵，停凝结水泵。当润滑油温和发电机密封油温低于38℃，以及冷却水用户均停止时，停循环水泵。停EH油泵，除氧器、加热器停用保养。

汽包无压力，旁路切除后，停旁路油站运行。

盘车装置在停机以后要连续正常运行。当高压内缸上壁温度≤150℃时，停止盘车。

8.4　汽轮机的运行

8.4.1　汽轮机正常运行中各主要参数的监视和控制

运行中对汽轮机设备进行正确的维护、监视和调整，是实现安全、经济运行的必要条件。为此，机组正常运行时要经常监视主要参数的变化情况，并能分析其产生变化的原因。

对于危害设备安全经济运行的参数变化，根据原因采取相应措施调整，并控制在规定的允许范围内。

汽轮机运行中的主要监视项目，除蒸汽温度、蒸汽压力及真空外，还有监视段压力、轴向位移、热膨胀、转子（轴承）振动以及油系统等。

在正常运行过程中，为保证机组经济性，运行人员必须保证：规定的主蒸汽参数和再热蒸汽参数、凝汽器的最佳真空、给定的给水温度、凝结水最小过冷却度以及汽水损失最小等。

8.4.2　初终参数变化对机组经济性的影响

发电厂中的汽轮机经常在变工况下运行。除了流量发生变化外，蒸汽初终参数亦会偏离设计值，如锅炉运行状态的变化或故障，将引起汽轮机进汽参数的变化；另外，凝汽设备运行状态的变化或故障以及自然环境温度的变化，又将引起凝汽器内真空发生变化。蒸汽参数在一定范围内变化，在运行中是允许的，实际上也是难以避免的。这种变化只影响汽轮机运行的经济性，不影响安全性。但是当蒸汽参数越限时，将危急机组的安全。下面仅在参数偏离额定值（或规定值）时，对机组运行经济性的影响进行分析。

汽轮机制造厂提出的热耗率保证值，一般是汽轮机在设计工况下运行时应达到的数值。为了衡量汽轮机运行的经济性，校核制造厂给出的热经济性指标保证值，须对机组进行热力特性试验。试验时的工况应尽量与设计工况一致，运行参数接近额定值，若不一致，会对机组的经济性产生影响。为了便于和同类机组以及同一机组进行性能比较，一般制造厂均提供一套机组蒸汽参数变化时，其功率和热耗率的修正曲线。

当汽轮机热力特性试验运行参数与额定参数不同时，汽轮机总的功率（出力）或净热耗率要除以制造厂提供的一系列参数修正系数（假定调节汽阀全开）。

1. 主蒸汽压力变化对经济性的影响

当主蒸汽温度、排汽压力不变，而主蒸汽压力变化时，将引起汽轮机进汽量、理想比焓降和内效率的变化。主蒸汽压力变化不大时，相对内效率可认为不变。若调节汽阀开度不变，则对于凝汽式机组或调节级为临界工况的机组，其进汽量与主蒸汽压力成正比，故汽轮机的功率变化与主蒸汽压力变化成正比。以主蒸汽压力降低为例，当压力降低时，蒸汽在锅炉内的平均吸热温度相应降低，机组的热循环效率随之降低，而使其热耗率相应增大。功率随压力降低而减少。若主蒸汽压力增加，则反之。

2. 主蒸汽温度变化对经济性的影响

当主蒸汽压力、排汽压力不变，而主蒸汽温度升高时，蒸汽比体积相应增大，若调节汽阀开度不变，则汽轮机进汽量相应减少，此时蒸汽在高压缸的理想比焓降稍有增加，高压缸功率与主蒸汽温度的二次方根成正比，但中、低压缸的功率因再热蒸汽流量和中、低压缸理想比焓降减少而减少，因高压缸功率占全机比例较小（约为1/3），全机功率相应减少。此时，蒸汽在锅炉内的平均吸热温度升高，而使热循环效率相应增加，故机组热耗率相应降低。若主蒸汽温度降低，则反之。

3. 再热蒸汽压力变化对经济性的影响

主蒸汽参数变化，均将引起汽轮机进汽量相应变化，从而使再热蒸汽流量或再热器流动阻力改变，由此引起再热蒸汽压力改变。若再热蒸汽温度不变，而再热蒸汽压力降低且排汽压力不变时，则中、低压缸的流量和理想比焓降都相应减小，排汽湿度随再热蒸汽压力降低而有所降低，虽然这可使低压级的相对内效率增大，但综合的结果，汽轮机中、低压级的功率相应减少。另外，再热蒸汽在锅炉再热器中的平均吸热温度相应降低，且排汽比焓相应增加，从而使机组热耗率相应增高。若再热蒸汽压力升高，则反之。

4. 再热蒸汽温度变化对经济性的影响

当主蒸汽参数和排汽压力不变，而再热蒸汽温度升高时，再热蒸汽比体积相应增加，同时中、低压缸内的理想比焓降也相应增加，故而中、低压缸功率增大。另外，随着再热蒸汽温度升高，低压缸排汽湿度会相应降低，则低压缸效率相应提高。再热蒸汽温度升高，蒸汽在锅炉内的平均吸热温度必然升高，这使得机组热循环效率提高，热耗率降低。若再热蒸汽温度降低，则反之。

5. 排汽压力变化对经济性的影响

当主蒸汽和再热蒸汽参数不变时，汽轮机进汽量和蒸汽在锅炉中的吸热量均不变，当排汽压力升高时，将会引起机组功率减小，热耗率增大。

复习与思考题

8-1 汽轮机调节与水轮机调节的不同之处有哪些？

8-2 火电、核电机组的最大优点是什么？

8-3 汽轮机调速器分为哪几类？

8-4 简述机械液压型调速器的工作原理。

8-5 微机液压型调速器主要由哪几部分组成？

8-6 汽轮机的起动方式有哪几种？

8-7 限制机组起动速度的因素有哪些？

8-8 简述汽轮机的起动过程。

8-9 什么是汽轮机的停机？简述汽轮机停机的操作过程。

8-10 汽轮机运行过程中的维护项目有哪些？

附　　录

附录 A　饱和水与干饱和蒸汽表（按压力编排）

压　力	饱和温度	比 体 积		焓		汽化潜热	熵	
		液　体	蒸　汽	液　体	蒸　汽		液　体	蒸　汽
p	t_s	v'	v''	h'	h''	r	s'	s''
MPa	℃	m^3/kg	m^3/kg	kJ/kg	kJ/kg	kJ/kg	kJ/ (kg·K)	kJ/ (kg·K)
0.001	6.982	0.0010001	129.208	29.33	2513.8	2484.5	0.1060	8.9756
0.002	17.511	0.0010012	67.006	73.45	2533.2	2459.8	0.2606	8.7236
0.003	24.098	0.0010027	45.668	101.00	2545.2	2444.2	0.3543	8.5776
0.004	28.981	0.0010040	34.803	121.41	2554.1	2432.7	0.4224	8.4747
0.005	32.90	0.0010052	28.196	137.77	2561.2	2423.4	0.4762	8.3952
0.006	36.18	0.0010064	23.742	151.50	2567.1	2415.6	0.5209	8.3305
0.007	39.02	0.0010074	20.532	163.38	2572.2	2408.8	0.5591	8.2760
0.008	41.53	0.0010084	18.106	173.87	2576.7	2402.8	0.5926	8.2289
0.009	43.79	0.0010094	16.206	183.28	2580.8	2397.5	0.6224	8.1875
0.01	45.83	0.0010102	14.676	191.84	2584.4	2392.6	0.6493	8.1505
0.02	60.09	0.0010172	7.6515	251.46	2609.6	2358.1	0.8321	7.9092
0.03	69.12	0.0010223	5.2308	289.31	2625.3	2336.0	0.9441	7.7695
0.04	75.89	0.0010265	3.9949	317.65	2636.8	2319.2	1.0261	7.6711
0.05	81.35	0.0010301	3.2415	340.57	2646.0	2305.4	1.0912	7.5951
0.06	85.95	0.0010333	2.7329	359.93	2653.6	2293.7	1.1454	7.5332
0.07	89.96	0.0010361	2.3658	376.77	2660.2	2283.4	1.1921	7.4811
0.08	93.51	0.0010387	2.0879	391.72	2666.0	2274.3	1.2330	7.4360
0.09	96.71	0.0010412	1.8701	405.21	2671.1	2265.9	1.2696	7.3963
0.1	99.63	0.0010434	1.6946	417.51	2675.7	2258.2	1.3027	7.3608
0.2	120.23	0.0010608	0.88592	504.7	2706.9	2202.2	1.5301	7.1286
0.3	133.54	0.0010735	0.60586	561.4	2725.5	2164.1	1.6717	6.9930
0.4	143.62	0.0010839	0.46242	604.7	2738.5	2133.8	1.7764	6.8966

（续）

压　　力	饱和温度	比　体　积		焓		汽化潜热	熵	
		液　体	蒸　汽	液　体	蒸　汽		液　体	蒸　汽
p	t_s	v'	v''	h'	h''	r	s'	s''
MPa	℃	m³/kg	m³/kg	kJ/kg	kJ/kg	kJ/kg	kJ/(kg·K)	kJ/(kg·K)
0.5	151.85	0.0010928	0.37481	640.1	2748.5	2108.4	1.8604	6.8215
0.6	158.84	0.0011009	0.31556	670.1	2756.4	2086.0	1.9308	6.7598
0.7	164.96	0.0011082	0.27274	697.1	2762.9	2065.8	1.9918	6.7074
0.8	170.42	0.0011150	0.24030	720.9	2768.4	2047.5	2.0457	6.6618
0.9	175.36	0.0011213	0.21484	742.6	2773.0	2030.4	2.0941	6.6212
1	179.88	0.0011274	0.19430	762.6	2777.0	2014.4	2.1382	6.5847
1.2	187.96	0.0011386	0.16320	798.4	2783.4	1985.0	2.2160	6.5210
1.4	195.04	0.0011489	0.14072	830.1	2788.4	1958.3	2.2836	6.4665
1.6	201.37	0.0011586	0.12368	858.6	2792.2	1933.6	2.3436	6.4187
1.8	207.10	0.0011678	0.11031	884.6	2795.1	1910.5	2.3976	6.3759
2.0	212.37	0.0011766	0.09953	908.6	2797.4	1888.8	2.4468	6.3373
2.5	223.93	0.0011972	0.07993	961.8	2800.8	1839.0	2.5540	6.2564
3.0	233.84	0.0012163	0.06662	1008.4	2801.9	1793.5	2.6455	6.1832
3.5	242.54	0.0012345	0.05702	1049.8	2801.3	1751.5	2.7253	6.1218
4.0	250.33	0.0012521	0.04974	1087.5	2799.4	1711.9	2.7967	6.0670
5.0	263.92	0.0012858	0.03941	1154.6	2792.8	1638.2	2.9209	5.9712
6.0	275.56	0.0013187	0.03241	1213.9	2783.3	1569.4	3.0277	5.8878
7.0	285.80	0.0013514	0.02734	1267.7	2771.4	1503.7	3.1225	5.8126
8.0	294.98	0.0013843	0.02349	1317.5	2757.5	1440.0	3.2083	5.7430
9.0	303.31	0.0014179	0.02046	1364.2	2741.8	1377.6	3.2875	5.6773
10	310.96	0.0014526	0.01800	1408.6	2724.4	1315.8	3.3616	5.6143
12	324.64	0.0015267	0.01425	1492.6	2684.8	1192.2	3.4986	5.4930
14	336.63	0.0016104	0.01149	1572.8	2638.3	1065.5	3.6262	5.3737
16	347.32	0.0017101	0.009330	1651.5	2582.7	931.2	3.7486	5.2496
18	356.96	0.0018380	0.007534	1733.4	2514.4	781.0	3.8739	5.1135
20	365.71	0.002038	0.005873	1828.8	2413.8	585.0	4.0181	4.9338
21	369.79	0.002218	0.005006	1892.2	2340.2	448.0	4.1137	4.8106
22	373.68	0.002675	0003757	2007.7	2192.5	184.8	4.2891	4.5748
22.129	374.15	0.00326	0.00326	2100	2100	0.0	4.4296	4.4296

注：临界参数 $p_c = 22.129$ MPa；$v_c = 0.00326$ m³/kg；$t_c = 374.15$ ℃。

附录 B　饱和水与干饱和蒸汽表（按温度编排）

温　度	饱和压力	比 体 积		焓		汽化潜热	熵	
		液　体	蒸　汽	液　体	蒸　汽		液　体	蒸　汽
t	p_s	v'	v''	h'	h''	r	s'	s''
℃	MPa	m^3/kg	m^3/kg	kJ/kg	kJ/kg	kJ/kg	kJ/ (kg·K)	kJ/ (kg·K)
0	0.0006108	0.0010002	206.321	−0.04	2501.0	2501.0	−0.0002	9.1565
0.01	0.0006112	0.00100022	206.175	0.000614	2501.0	2501.0	0.0000	9.1562
1	0.0006566	0.0010001	192.611	4.17	2502.8	2498.6	0.0152	9.1298
2	0.0007054	0.0010001	179.935	8.39	2504.7	2496.3	0.0306	9.1035
4	0.0008129	0.0010000	157.267	16.80	2508.3	2491.5	0.0611	9.0514
6	0.0009346	0.0010000	137.768	25.21	2512.0	2486.8	0.0913	9.0003
8	0.0010721	0.0010001	120.952	33.60	2515.7	2482.1	0.1213	8.9501
10	0.0012271	0.0010003	106.419	41.99	2519.4	2477.4	0.1510	8.9009
12	0.0014015	0.0010004	93.828	50.38	2523.0	2472.6	0.1805	8.8525
14	0.0015974	0.0010007	82.893	58.75	2526.7	2467.9	0.2098	8.8050
16	0.0018170	0.0010010	73.376	67.13	2530.4	2463.3	0.2388	8.7583
18	0.0020626	0.0010013	65.080	75.50	2534.0	2458.5	0.2677	8.7125
20	0.0023368	0.0010017	57.833	83.86	2537.7	2453.8	0.2963	8.6674
25	0.0031660	0.0010030	43.400	104.81	2547.0	2442.2	0.3672	8.5570
30	0.0042417	0.0010043	32.929	125.66	2555.9	2430.2	0.4365	8.4537
35	0.0056217	0.0010060	25.246	146.56	2565.0	2418.4	0.5049	8.3536
40	0.0073749	0.0010078	19.548	167.45	2574.0	2406.5	0.5721	8.2576
45	0.0095817	0.0010099	15.278	188.35	2582.9	2394.5	0.6383	8.1655
50	0.012335	0.0010121	12.048	209.26	2591.8	2382.5	0.7035	8.0771
60	0.019919	0.0010171	7.6807	251.09	2609.5	2358.4	0.8310	7.9106
70	0.031161	0.0010228	5.0479	292.97	2626.8	2333.8	0.9548	7.7565
80	0.47359	0.0010292	3.4104	334.92	2643.8	2308.9	1.0752	7.6135

（续）

温 度	饱和压力	比 体 积		焓		汽化潜热	熵	
		液 体	蒸 汽	液 体	蒸 汽		液 体	蒸 汽
t	p_s	v'	v''	h'	h''	r	s'	s''
℃	MPa	m³/kg	m³/kg	kJ/kg	kJ/kg	kJ/kg	kJ/ (kg·K)	kJ/ (kg·K)
90	0.070108	0.0010361	2.3624	376.94	2660.3	2283.4	1.1925	7.4805
100	0.101325	0.0010437	1.6738	419.06	2676.3	2257.2	1.3069	7.3564
110	0.14326	0.0010519	1.2106	461.32	2691.8	2230.5	1.4185	7.2402
120	0.19854	0.0010606	0.89202	503.7	2706.6	2202.9	1.5276	7.1310
130	0.27012	0.0010700	0.66851	546.3	2720.7	2174.4	1.6344	7.0281
140	0.36136	0.0010801	0.50875	589.1	2734.0	2144.9	1.7390	6.9307
150	0.47597	0.0010908	0.39261	632.2	2746.3	2114.1	1.8416	6.8381
160	0.61804	0.0011022	0.30685	675.5	2757.7	2082.2	1.9425	6.7498
170	0.79202	0.0011145	0.24259	719.1	2768.0	2048.9	2.0416	6.6652
180	1.0027	0.0011275	0.19381	763.1	2777.1	2014.0	2.1393	6.5838
190	1.2552	0.0011415	0.15631	807.5	2784.9	1977.4	2.2356	6.5052
200	1.5551	0.0011565	0.12714	852.4	2791.4	1939.0	2.3307	6.4289
220	2.3201	0.0011900	0.08602	943.7	2799.9	1856.2	2.5178	6.2819
240	3.3480	0.0012291	0.05964	1037.6	2801.6	1764.0	2.7021	6.1397
260	4.6940	0.0012756	0.04212	1135.0	2795.2	1660.2	2.8850	5.9989
280	6.4191	0.0013324	0.03010	1237.0	2778.6	1541.6	3.0687	5.8555
300	8.5917	0.0014041	0.02162	1345.4	2748.4	1403.0	3.2559	5.7038
320	11.290	0.0014995	0.01544	1463.4	2699.6	1236.2	3.4513	5.5356
340	14.608	0.0016390	0.01078	1596.8	2622.3	1025.5	3.6638	5.3363
350	16.537	0.0017407	0.008822	1672.9	2566.1	893.2	3.7816	5.2149
360	18.674	0.0018930	0.006970	1763.1	2485.7	722.6	3.9189	5.0603
370	21.053	0.002231	0.004958	1896.2	2335.7	439.5	4.1198	4.8031
374.15	22.129	0.00326	0.00326	2100	2100	0.0	4.4296	4.4296

附录 C　未饱和水与过热蒸汽表

p	0.005MPa			0.010MPa		
	$t_s=32.90℃$ $v'=0.0010052\text{m}^3/\text{kg}$　$v''=28.196\text{m}^3/\text{kg}$ $h'=137.77\text{kJ/kg}$　$h''=2561.2\text{kJ/kg}$ $s'=0.4762\text{kJ/(kg·K)}$　$s''=8.3952\text{kJ/(kg·K)}$			$t_s=45.83℃$ $v'=0.0010102\text{m}^3/\text{kg}$　$v''=14.676\text{m}^3/\text{kg}$ $h'=191.84\text{kJ/kg}$　$h''=2584.4\text{kJ/kg}$ $s'=0.6493\text{kJ/(kg·K)}$　$s''=8.1505\text{kJ/(kg·K)}$		
t	v	h	s	v	h	s
℃	m³/kg	kJ/kg	kJ/(kg·K)	m³/kg	kJ/kg	kJ/(kg·K)
0	0.0010002	0.0	−0.0001	0.0010002	0.0	−0.0001
10	0.0010002	42.0	0.1510	0.0010002	42.0	0.1510
20	0.0010017	83.9	0.2963	0.0010017	83.9	0.2963
40	28.86	2574.6	8.4385	0.0010078	167.4	0.5721
60	30.71	2612.3	8.5552	15.34	2611.3	8.2331
80	32.57	2650.0	8.6652	16.27	2649.3	8.3437
100	34.42	2687.9	8.7695	17.20	2687.3	8.4484
120	36.27	2725.9	8.8687	18.12	2725.4	8.5479
140	38.12	2764.0	8.9633	19.05	2763.6	8.6427
160	39.97	2802.3	9.0539	19.98	2802.0	8.7334
180	41.81	2840.8	9.1408	20.90	2840.6	8.8204
200	43.66	2879.5	9.2244	21.82	2879.3	8.9041
220	45.51	2918.5	9.3049	22.75	2918.3	8.9848
240	47.36	2957.6	9.3828	23.67	2957.4	9.0626
260	49.20	2997.0	9.4580	24.60	2996.8	9.1379
280	51.05	3036.6	9.5310	25.52	3036.5	9.2109
300	52.90	3076.4	9.6017	26.44	3076.3	9.2817
350	57.51	3177.1	9.7702	28.75	3177.0	9.4502
400	62.13	3279.4	9.9280	31.06	3279.4	9.6081
450	66.74	3383.3	10.077	33.37	3383.3	9.7570
500	71.36	3489.0	10.218	35.68	3488.9	9.8982
550	75.98	3596.2	10.352	37.99	3596.2	10.033
600	80.59	3705.3	10.481	40.29	3705.2	10.161

（续）

p	0.1MPa			0.2MPa		
	$t_s = 99.63℃$			$t_s = 120.23℃$		
	$v' = 0.0010434m^3/kg$　$v'' = 1.6946m^3/kg$			$v' = 0.0010608m^3/kg$　$v'' = 0.88592m^3/kg$		
	$h' = 417.51kJ/kg$　$h'' = 2675.7kJ/kg$			$h' = 504.7kJ/kg$　$h'' = 2706.9kJ/kg$		
	$s' = 1.3027kJ/(kg \cdot K)$　$s'' = 7.3608kJ/(kg \cdot K)$			$s' = 1.5301kJ/(kg \cdot K)$　$s'' = 7.1286kJ/(kg \cdot K)$		
t	v	h	s	v	h	s
℃	m^3/kg	kJ/kg	$kJ/(kg \cdot K)$	m^3/kg	kJ/kg	$kJ/(kg \cdot K)$
0	0.0010002	0.1	−0.0001	0.0010001	0.2	−0.0001
10	0.0010002	42.1	0.1510	0.0010002	42.2	0.1510
20	0.0010017	84.0	0.2963	0.0010016	84.0	0.2963
40	0.0010078	167.5	0.5721	0.0010077	167.6	0.5720
60	0.0010171	251.2	0.8309	0.0010171	251.2	0.8309
80	0.0010292	335.0	1.0752	0.0010291	335.0	1.0752
100	1.696	2676.5	7.3628	0.0010437	419.1	1.3068
120	1.793	2716.8	7.4681	0.0010606	503.7	1.5276
140	1.889	2756.6	7.5669	0.9353	2748.4	7.2314
160	1.984	2796.2	7.6605	0.9842	2789.5	7.3286
180	2.078	2835.7	7.7496	1.0326	2830.1	7.4203
200	2.172	2875.2	7.8348	1.080	2870.5	7.5073
220	2.266	2914.7	7.9166	1.128	2910.6	7.5905
240	2.359	2954.3	7.9954	1.175	2950.8	7.6704
260	2.453	2994.1	8.0714	1.222	2991.0	7.7472
280	2.546	3034.0	8.1449	1.269	3031.3	7.8214
300	2.639	3074.1	8.2162	1.316	3071.7	7.8931
350	2.871	3175.3	8.3854	1.433	3173.4	8.0633
400	3.103	3278.0	8.5439	1.549	3276.5	8.2223
450	3.334	3382.2	8.6932	1.665	3380.9	8.3720
500	3.565	3487.9	8.8346	1.781	3486.9	8.5137
550	3.797	3595.4	8.9693	1.897	3594.5	8.6485
600	4.028	3704.5	9.0979	2.013	3703.7	8.7774

（续）

p	0.5MPa			1MPa		
	$t_s = 151.85℃$ $v' = 0.0010928 m^3/kg$　$v'' = 0.37481 m^3/kg$ $h' = 640.1 kJ/kg$　$h'' = 2748.5 kJ/kg$ $s' = 1.8604 kJ/(kg \cdot K)$　$s'' = 6.8215 kJ/(kg \cdot K)$			$t_s = 179.88℃$ $v' = 0.0011274 m^3/kg$　$v'' = 0.19430 m^3/kg$ $h' = 762.6 kJ/kg$　$h'' = 2777.0 kJ/kg$ $s' = 2.1382 kJ/(kg \cdot K)$　$s'' = 6.5847 kJ/(kg \cdot K)$		
t	v	h	s	v	h	s
℃	m^3/kg	kJ/kg	$kJ/(kg \cdot K)$	m^3/kg	kJ/kg	$kJ/(kg \cdot K)$
0	0.0010000	0.5	−0.0001	0.0009997	1.0	−0.0001
10	0.0010000	42.5	0.1509	0.0009998	43.0	0.1509
20	0.0010015	84.3	0.2962	0.0010013	84.8	0.2961
40	0.0010076	167.9	0.5719	0.0010074	168.3	0.5717
60	0.0010169	251.5	0.8307	0.0010167	251.9	0.8305
80	0.0010290	335.3	1.0750	0.0010287	335.7	1.0746
100	0.0010435	419.4	1.3066	0.0010432	419.7	1.3062
120	0.0010605	503.9	1.5273	0.0010602	504.3	1.5269
140	0.0010800	589.2	1.7388	0.0010796	589.5	1.7383
160	0.3836	2767.3	6.8654	0.0011019	675.7	1.9420
180	0.4046	2812.1	6.9665	0.1944	2777.3	6.5854
200	0.4250	2855.5	7.0602	0.2059	2827.5	6.6940
220	0.4450	2898.0	7.1481	0.2169	2874.9	6.7921
240	0.4646	2939.9	7.2315	0.2275	2920.5	6.8826
260	0.4841	2981.5	7.3110	0.2378	2964.8	6.6974
280	0.5034	3022.9	7.3872	0.2480	3008.3	7.0475
300	0.5226	3064.2	7.4606	0.2580	3051.3	7.1239
350	0.5701	3167.6	7.6335	0.2825	3157.7	7.3018
400	0.6172	3271.8	7.7944	0.3066	3264.0	7.4606
420	0.6360	3313.8	7.8558	0.3161	3306.6	7.5283
440	0.6548	3355.9	7.9158	0.3256	3349.3	7.5890
450	0.6641	3377.1	7.9452	0.3304	3370.7	7.6188
460	0.6735	3398.3	7.9743	0.3351	3392.1	7.6482
480	0.6922	3440.9	8.0316	0.3446	3435.1	7.7061
500	0.7109	3483.7	8.0877	0.3540	3478.3	7.7627
550	0.7575	3591.7	8.2232	0.3776	3587.2	7.8991
600	0.8040	3701.4	8.3525	0.4010	3697.4	8.0292

（续）

p	2MPa			3MPa		
	$t_s = 212.37℃$			$t_s = 233.84℃$		
	$v' = 0.0011766 m^3/kg$ $v'' = 0.09953 m^3/kg$			$v' = 0.0012163 m^3/kg$ $v'' = 0.06662 m^3/kg$		
	$h' = 908.6 kJ/kg$ $h'' = 2797.4 kJ/kg$			$h' = 1008.4 kJ/kg$ $h'' = 2801.9 kJ/kg$		
	$s' = 2.4468 kJ/(kg \cdot K)$ $s'' = 6.3373 kJ/(kg \cdot K)$			$s' = 2.6455 kJ/(kg \cdot K)$ $s'' = 6.1832 kJ/(kg \cdot K)$		
t	v	h	s	v	h	s
℃	m^3/kg	kJ/kg	kJ/(kg·K)	m^3/kg	kJ/kg	kJ/(kg·K)
0	0.0009992	2.0	0.0000	0.0009987	3.0	0.0001
10	0.0009993	43.9	0.1508	0.0009988	44.9	0.1507
20	0.0010008	85.7	0.2959	0.0010004	86.7	0.2957
40	0.0010069	169.2	0.5713	0.0010065	170.1	0.5709
60	0.0010162	252.7	0.8299	0.0010158	253.6	0.8294
80	0.0010282	336.5	1.0740	0.0010278	337.3	1.0733
100	0.0010427	420.5	1.3054	0.0010422	421.2	1.3046
120	0.0010596	505.0	1.5260	0.0010590	505.7	1.5250
140	0.0010790	590.2	1.7373	0.0010783	590.8	1.7362
160	0.0011012	676.3	1.9408	0.0011005	676.9	1.9396
180	0.0011266	763.6	2.1379	0.0011258	764.1	2.1366
200	0.0011560	852.6	2.3300	0.0011550	853.0	2.3284
220	0.10211	2820.4	6.3842	0.0011891	943.9	2.5166
240	0.1084	2876.3	6.4953	0.06818	2823.0	6.2245
260	0.1144	2927.9	6.5941	0.07286	2885.5	6.3440
280	0.1200	2976.9	6.6842	0.07714	2941.8	6.4477
300	0.1255	3024.0	6.7679	0.08116	2994.2	6.5408
350	0.1386	3137.2	6.9574	0.09053	3115.7	6.7443
400	0.1512	3248.1	7.1285	0.09933	3231.6	6.9231
420	0.1561	3291.9	7.1927	0.10276	3276.9	6.9894
440	0.1610	3335.7	7.2550	0.1061	3321.9	7.0535
450	0.1635	3357.7	7.2855	0.1078	3344.4	7.0847
460	0.1659	3379.6	7.3156	0.1095	3366.8	7.1155
480	0.1708	3423.5	7.3747	0.1128	3411.6	7.1758
500	0.1756	3467.4	7.4323	0.1161	3456.4	7.2345
550	0.1876	3578.0	7.5708	0.1243	3568.6	7.3752
600	0.1995	3689.5	7.7024	0.1324	3681.5	7.5084

（续）

p	4MPa			5MPa		
	$t_s=250.33℃$ $v'=0.0012521\text{m}^3/\text{kg}$　$v''=0.04974\text{m}^3/\text{kg}$ $h'=1087.5\text{kJ/kg}$　$h''=2799.4\text{kJ/kg}$ $s'=2.7967\text{kJ/(kg·K)}$　$s''=6.0670\text{kJ/(kg·K)}$			$t_s=263.92℃$ $v'=0.0012858\text{m}^3/\text{kg}$　$v''=0.03941\text{m}^3/\text{kg}$ $h'=1154.6\text{kJ/kg}$　$h''=2792.8\text{kJ/kg}$ $s'=2.9209\text{kJ/(kg·K)}$　$s''=5.9712\text{kJ/(kg·K)}$		
t	v	h	s	v	h	s
℃	m³/kg	kJ/kg	kJ/(kg·K)	m³/kg	kJ/kg	kJ/(kg·K)
0	0.0009982	4.0	0.0002	0.0009977	5.1	0.0002
10	0.0009984	45.9	0.1506	0.0009979	46.9	0.1505
20	0.0009999	87.6	0.2955	0.0009995	88.6	0.2952
40	0.0010060	171.0	0.5706	0.0010056	171.9	0.5702
60	0.0010153	254.4	0.8288	0.0010149	255.3	0.8283
80	0.0010273	338.1	1.0726	0.0010268	338.8	1.0720
100	0.0010417	422.0	1.3038	0.0010412	422.7	1.3030
120	0.0010584	506.4	1.5242	0.0010579	507.1	1.5232
140	0.0010777	591.5	1.7352	0.0010771	592.1	1.7342
160	0.0010997	677.5	1.9385	0.0010990	678.0	1.9373
180	0.0011249	764.6	2.1352	0.0011241	765.2	2.1339
200	0.0011540	853.4	2.3268	0.0011530	853.8	2.3253
220	0.0011878	944.2	2.5147	0.0011866	944.4	2.5129
240	0.0012880	1037.7	2.7007	0.0012264	1037.8	2.6985
260	0.05174	2835.6	6.1355	0.0012750	1135.0	2.8842
280	0.05547	2902.2	6.2581	0.04224	2857.0	6.0889
300	0.05885	2961.5	6.3634	0.04532	2925.4	6.2104
350	0.06445	3093.1	6.5838	0.05194	3069.2	6.4513
400	0.07339	3214.5	6.7713	0.05780	3196.9	6.6486
420	0.07606	3261.4	6.8399	0.06002	3245.4	6.7196
440	0.07869	3307.7	6.9058	0.06220	3293.2	6.7875
450	0.07999	3330.7	6.9379	0.06327	3316.8	6.8204
460	0.08128	3353.7	6.9694	0.06434	3340.4	6.8528
480	0.08384	3399.5	7.0310	0.06644	3387.2	6.9158
500	0.08638	3445.2	7.0909	0.06853	3433.8	6.9768
550	0.09264	3559.2	7.2338	0.07363	3549.6	7.1221
600	0.09879	3673.4	7.3686	0.07864	3665.4	7.2586

（续）

p	6MPa			7MPa		
	$t_s=275.56℃$			$t_s=285.80℃$		
	$v'=0.0013187\,m^3/kg$ $v''=0.03241\,m^3/kg$			$v'=0.0013514\,m^3/kg$ $v''=0.02734\,m^3/kg$		
	$h'=1213.9\,kJ/kg$ $h''=2783.3\,kJ/kg$			$h'=1267.7\,kJ/kg$ $h''=2771.4\,kJ/kg$		
	$s'=3.0277\,kJ/(kg\cdot K)$ $s''=5.8878\,kJ/(kg\cdot K)$			$s'=3.1225\,kJ/(kg\cdot K)$ $s''=5.8126\,kJ/(kg\cdot K)$		
t	v	h	s	v	h	s
℃	m³/kg	kJ/kg	kJ/(kg·K)	m³/kg	kJ/kg	kJ/(kg·K)
0	0.0009972	6.1	0.0003	0.0009967	7.1	0.0004
10	0.0009974	47.8	0.1505	0.0009970	48.8	0.1504
20	0.0009990	89.5	0.2951	0.0009986	90.4	0.2948
40	0.0010051	172.7	0.5698	0.0010047	173.6	0.5694
60	0.0010144	256.1	0.8278	0.0010140	256.9	0.8273
80	0.0010263	339.6	1.0713	0.0010259	340.4	1.0707
100	0.0010406	423.5	1.3023	0.0010401	424.2	1.3015
120	0.0010573	507.8	1.5224	0.0010567	508.5	1.5215
140	0.0010764	592.8	1.7332	0.0010758	593.4	1.7321
160	0.0010983	678.6	1.9361	0.0010976	679.2	1.9350
180	0.0011232	765.7	2.1325	0.0011224	766.2	2.1312
200	0.0011519	854.2	2.3237	0.0011510	854.6	2.3222
220	0.0011853	944.7	2.5111	0.0011841	945.0	2.5093
240	0.0012249	1037.9	2.6963	0.0012233	1038.0	2.6941
260	0.0012729	1134.8	2.8815	0.0012708	1131.7	2.8789
280	0.03317	2804.0	5.9253	0.0013307	1236.7	3.0667
300	0.03616	2885.0	6.0693	0.02946	2839.2	5.9322
350	0.04223	3043.9	6.3356	0.03524	3017.0	6.2306
400	0.04738	3178.6	6.5438	0.03992	3159.7	6.4511
450	0.05212	3302.6	6.7214	0.04414	3288.0	6.6350
500	0.05662	3422.2	6.8814	0.04810	3410.5	6.7988
520	0.05837	3469.5	6.9417	0.04964	3458.6	6.8602
540	0.06010	3516.5	7.0003	0.05116	3506.4	6.9198
550	0.06096	3540.0	7.0291	0.05191	3530.2	6.9490
560	0.06182	3563.5	7.0575	0.05266	3554.1	6.9778
580	0.06352	3610.4	7.1131	0.05414	3601.6	7.0342
600	0.06521	3657.2	7.1673	0.05561	3649.0	7.0890

（续）

p	8MPa			9MPa		
	$t_s = 294.98℃$			$t_s = 303.31℃$		
	$v' = 0.0013843 \text{m}^3/\text{kg}$　$v'' = 0.02349 \text{m}^3/\text{kg}$			$v' = 0.0014179 \text{m}^3/\text{kg}$　$v'' = 0.02046 \text{m}^3/\text{kg}$		
	$h' = 1317.5\text{kJ/kg}$　$h'' = 2757.5\text{kJ/kg}$			$h' = 1364.2\text{kJ/kg}$　$h'' = 2741.8\text{kJ/kg}$		
	$s' = 3.2083\text{kJ/ (kg} \cdot \text{K)}$　$s'' = 5.7430\text{kJ/ (kg} \cdot \text{K)}$			$s' = 3.2875\text{kJ/ (kg} \cdot \text{K)}$　$s'' = 5.6773\text{kJ/ (kg} \cdot \text{K)}$		
t	v	h	s	v	h	s
℃	m^3/kg	kJ/kg	kJ/ (kg $\cdot$ K)	m^2/kg	kJ/kg	kJ/ (kg $\cdot$ K)
0	0.0009962	8.1	0.0004	0.0009958	9.1	0.0005
10	0.0009965	49.8	0.1503	0.0009960	50.7	0.1502
20	0.0009981	91.4	0.2946	0.0009977	92.3	0.2944
40	0.0010043	174.5	0.5690	0.0010038	175.4	0.5686
60	0.0010135	257.8	0.8267	0.0010131	258.6	0.8262
80	0.0010254	341.2	1.0700	0.0010249	342.0	1.0694
100	0.0010396	425.0	1.3007	0.0010391	425.8	1.3000
120	0.0010562	509.2	1.5206	0.0010556	509.9	1.5197
140	0.0010752	594.1	1.7311	0.0010745	594.7	1.7301
160	0.0010968	679.8	1.9338	0.0010961	680.4	1.9326
180	0.0011216	766.7	2.1299	0.0011207	767.2	2.1286
200	0.0011500	855.1	2.3207	0.0011490	855.5	2.3191
220	0.0011829	945.3	2.5075	0.0011817	945.6	2.5057
240	0.0012218	1038.2	2.6920	0.0012202	1038.3	2.6899
260	0.0012687	1134.6	2.8762	0.0012667	1134.4	2.8737
280	0.0013277	1236.2	3.0633	0.0013249	1235.6	3.0600
300	0.02425	2785.4	5.7918	0.0014022	1344.9	3.2539
350	0.02995	2988.3	6.1324	0.02579	2957.5	6.0383
400	0.03431	3140.1	6.3670	0.02993	3119.7	6.2891
450	0.03815	3273.1	6.5577	0.03348	3257.9	6.4872
500	0.04172	3398.5	6.7254	0.03675	3386.4	6.6592
520	0.04309	3447.6	6.7881	0.03800	3436.4	6.7230
540	0.04445	3496.2	6.8486	0.03923	3485.9	6.7846
550	0.04512	3520.4	6.8783	0.03984	3510.5	6.8147
560	0.04578	3544.6	6.9075	0.04044	3535.0	6.8444
580	0.04710	3592.8	6.9646	0.04163	3583.9	6.9023
600	0.04841	3640.7	7.0201	0.04281	3632.4	6.9585

(续)

p	10MPa			12MPa		
	$t_s=310.96℃$ $v'=0.0014526m^3/kg$ $v''=0.01800m^3/kg$ $h'=1408.6kJ/kg$ $h''=2724.4kJ/kg$ $s'=3.3616kJ/(kg\cdot K)$ $s''=5.6143kJ/(kg\cdot K)$			$t_s=324.64℃$ $v'=0.0015267m^3/kg$ $v''=0.01425m^3/kg$ $h'=1492.6kJ/kg$ $h''=2684.8kJ/kg$ $s'=3.4986kJ/(kg\cdot K)$ $s''=5.4930kJ/(kg\cdot K)$		
t	v	h	s	v	h	s
℃	m³/kg	kJ/kg	kJ/(kg·K)	m³/kg	kJ/kg	kJ/(kg·K)
0	0.0009953	10.1	0.0005	0.0009943	12.1	0.0006
10	0.0009956	51.7	0.1500	0.0009947	53.6	0.1498
20	0.0009972	93.2	0.2942	0.0009964	95.1	0.2937
40	0.0010034	176.3	0.5682	0.0010026	178.1	0.5674
60	0.0010126	259.4	0.8257	0.0010118	261.1	0.8246
80	0.0010244	342.8	1.0687	0.0010235	344.4	1.0674
100	0.0010386	426.5	1.2992	0.0010376	428.0	1.2977
120	0.0010551	510.6	1.5188	0.0010540	512.0	1.5170
140	0.0010739	595.4	1.7291	0.0010727	596.7	1.7271
160	0.0010954	681.0	1.9315	0.0010940	682.2	1.9292
180	0.0011190	767.8	2.1272	0.0011183	768.8	2.1246
200	0.0011480	855.9	2.3176	0.0011461	856.8	2.3146
220	0.0011805	946.0	2.5040	0.0011782	946.6	2.5005
240	0.0012188	1038.4	2.6878	0.0012158	1038.8	2.6837
260	0.0012648	1134.3	2.8711	0.0012609	1134.2	2.8661
280	0.0013221	1235.2	3.0567	0.0013167	1234.3	3.0503
300	0.0013978	1343.7	3.2494	0.0013895	1341.5	3.2407
350	0.02242	2924.2	5.9464	0.01721	2848.4	5.7615
400	0.02641	3098.5	6.2158	0.02108	3053.3	6.0787
450	0.02974	3242.2	6.4220	0.02411	3209.9	6.3032
500	0.03277	3374.1	6.5984	0.02679	3349.0	6.4893
520	0.03392	3425.1	6.6635	0.02780	3402.1	6.5571
540	0.03505	3475.4	6.7262	0.02878	3454.2	6.6220
550	0.03561	3500.4	6.7568	0.02926	3480.0	6.6536
560	0.03616	3525.4	6.7869	0.02974	3505.7	6.6847
580	0.03726	3574.9	6.8456	0.03068	3556.7	6.7451
600	0.03833	3624.0	6.9025	0.03161	3607.0	6.8034

（续）

p	14MPa			16MPa		
	$t_s = 336.63℃$ $v' = 0.0016104 \text{m}^3/\text{kg}$　$v'' = 0.01149 \text{m}^3/\text{kg}$ $h' = 1572.8 \text{kJ/kg}$　$h'' = 2638.3 \text{kJ/kg}$ $s' = 3.6262 \text{kJ/(kg·K)}$　$s'' = 5.3737 \text{kJ/(kg·K)}$			$t_s = 347.32℃$ $v' = 0.0017101 \text{m}^3/\text{kg}$　$v'' = 0.009330 \text{m}^3/\text{kg}$ $h' = 1651.5 \text{kJ/kg}$　$h'' = 2582.7 \text{kJ/kg}$ $s' = 3.7486 \text{kJ/(kg·K)}$　$s'' = 5.2496 \text{kJ/(kg·K)}$		
t	v	h	s	v	h	s
℃	m³/kg	kJ/kg	kJ/(kg·K)	m³/kg	kJ/kg	kJ/(kg·K)
0	0.0009933	14.1	0.0007	0.0009924	16.1	0.0008
10	0.0009938	55.6	0.1496	0.0009928	57.5	0.01494
20	0.0009955	97.0	0.2933	0.0009946	98.8	0.2928
40	0.0010017	179.8	0.5666	0.0010008	181.6	0.5659
60	0.0010109	262.8	0.8236	0.0010100	264.5	0.8225
80	0.0010226	346.0	1.0661	0.0010217	347.6	1.0648
100	0.0010366	429.5	1.2961	0.0010356	431.0	1.2946
120	0.0010529	513.5	1.5153	0.0010518	514.9	1.5136
140	0.0010715	598.0	1.7251	0.0010703	599.4	1.7231
160	0.0010926	683.4	1.9269	0.0010912	684.6	1.9247
180	0.0011167	769.9	2.1220	0.0011151	771.0	2.1195
200	0.0011442	857.7	2.3117	0.0011423	858.6	2.3087
220	0.0011759	947.2	2.4970	0.0011736	947.9	2.4936
240	0.0012129	1039.1	2.6796	0.0012101	1039.5	2.6756
260	0.0012572	1134.1	2.8612	0.0012535	1134.0	2.8563
280	0.0013115	1233.5	3.0441	0.0013065	1232.8	3.0381
300	0.0013816	1339.5	3.2324	0.0013742	1337.7	3.2245
350	0.01323	2753.5	5.5606	0.009782	2618.5	5.3071
400	0.01722	3004.0	5.9488	0.01427	2949.7	5.8215
450	0.02007	3175.8	6.1953	0.01702	3140.0	6.0947
500	0.02251	3323.0	6.3922	0.01929	3296.3	6.3038
520	0.02342	3378.4	6.4630	0.02013	3354.2	6.3777
540	0.02430	3432.5	6.5304	0.02093	3410.4	6.4477
550	0.02473	3459.2	6.5631	0.02132	3438.0	6.4816
560	0.02515	3485.8	6.5951	0.02171	3465.4	6.5146
580	0.02599	3538.2	6.6573	0.02247	3519.4	6.5787
600	0.02681	3589.8	6.7172	0.02321	3572.4	6.6401

（续）

p	18MPa			20MPa		
	$t_s = 356.96℃$			$t_s = 365.71℃$		
	$v' = 0.0018380 m^3/kg$ $v'' = 0.007534 m^3/kg$			$v' = 0.002038 m^3/kg$ $v'' = 0.005873 m^3/kg$		
	$h' = 1733.4 kJ/kg$ $h'' = 2514.4 kJ/kg$			$h' = 1828.8 kJ/kg$ $h'' = 2413.8 kJ/kg$		
	$s' = 3.8739 kJ/(kg \cdot K)$ $s'' = 5.1135 kJ/(kg \cdot K)$			$s' = 4.0181 kJ/(kg \cdot K)$ $s'' = 4.9338 kJ/(kg \cdot K)$		
t	v	h	s	v	h	s
℃	m³/kg	kJ/kg	kJ/(kg·K)	m³/kg	kJ/kg	kJ/(kg·K)
0	0.0009914	18.1	0.0008	0.0009904	20.1	0.0008
10	0.0009919	59.4	0.1491	0.0009910	61.3	0.1489
20	0.0009937	100.7	0.2924	0.0009929	102.5	0.2919
40	0.0010000	183.3	0.5651	0.0009992	185.1	0.5643
60	0.0010092	266.1	0.8215	0.0010083	267.8	0.8204
80	0.0010208	349.2	1.0636	0.0010199	350.8	1.0623
100	0.0010346	432.5	1.2931	0.0010337	434.0	1.2916
120	0.0010507	516.3	1.5118	0.0010496	517.7	1.5101
140	0.0010691	600.7	1.7212	0.0010679	602.0	1.7192
160	0.0010899	685.9	1.9225	0.0010886	687.1	1.9203
180	0.0011136	772.0	2.1170	0.0011120	773.1	2.1145
200	0.0011405	859.5	2.3058	0.0011387	860.4	2.3030
220	0.0011714	948.6	2.4903	0.0011693	949.3	2.4870
240	0.0012074	1039.9	2.6717	0.0012047	1040.3	2.6678
260	0.0012500	1134.0	2.8516	0.0012466	1134.1	2.8470
280	0.0013017	1232.1	3.0323	0.0012971	1231.6	3.0266
300	0.0013672	1336.1	3.2168	0.0013606	1334.6	3.2095
350	0.0017042	1660.9	3.7582	0.001666	1648.4	3.7327
400	0.01191	2889.0	5.6926	0.009952	2820.1	5.5578
450	0.01463	3102.3	5.9989	0.01270	3062.4	5.9061
500	0.01678	3268.7	6.2215	0.01477	3240.2	6.1440
520	0.01756	3329.3	6.2989	0.01551	3303.7	6.2251
540	0.01831	3387.7	6.3717	0.01621	3364.6	6.3009
550	0.01867	3416.4	6.4068	0.01655	3394.3	6.3373
560	0.01903	3444.7	6.4410	0.01688	3423.6	6.3726
580	0.01973	3500.3	6.5070	0.01753	3480.9	6.4406
600	0.02041	3554.8	6.5701	0.01816	3536.9	6.5055

（续）

p	25MPa			30MPa		
t	v	h	s	v	h	s
℃	m³/kg	kJ/kg	kJ/ (kg · K)	m³/kg	kJ/kg	kJ/ (kg · K)
0	0.0009881	25.1	0.0009	0.0009857	30.0	0.0008
10	0.0009888	66.1	0.1482	0.0009866	70.8	0.1475
20	0.0009907	107.1	0.2907	0.0009886	111.7	0.2895
40	0.0009971	189.4	0.5623	0.0009950	193.8	0.5604
60	0.0010062	272.0	0.8178	0.0010041	276.1	0.8153
80	0.0010177	354.8	1.0591	0.0010155	358.7	1.0560
100	0.0010313	437.8	1.2879	0.0010289	441.6	1.2843
120	0.0010470	521.3	1.5059	0.0010445	524.9	1.5017
140	0.0010650	605.4	1.7144	0.0010621	608.1	1.7097
160	0.0010853	690.2	1.9148	0.0010821	693.3	1.9095
180	0.0011082	775.9	2.1083	0.0011046	778.7	2.1022
200	0.0011343	862.8	2.2960	0.0011300	865.2	2.2891
220	0.0011640	951.2	2.4789	0.0011590	953.1	2.4711
240	0.0011983	1041.5	2.6584	0.0011922	1042.8	2.6493
260	0.0012384	1134.3	2.8359	0.0012307	1134.8	2.8252
280	0.0012863	1230.5	3.0130	0.0012762	1229.9	3.0002
300	0.0013453	1331.5	3.1922	0.0013315	1329.0	3.1763
350	0.001600	1626.4	3.6844	0.001554	1611.3	3.6475
400	0.006009	2583.2	5.1472	0.002806	2159.1	4.4854
450	0.009168	2952.1	5.6787	0.006730	2823.1	5.4458
500	0.01113	3165.0	5.9639	0.008679	3083.9	5.7954
520	0.01180	3237.0	6.0558	0.009309	3166.1	5.9004
540	0.01242	3304.7	6.1401	0.009889	3241.7	5.9945
550	0.01272	3337.3	6.1800	0.010165	3277.7	6.0385
560	0.01301	3369.2	6.2185	0.01043	3312.6	6.0806
580	0.01358	3431.2	6.2921	0.01095	3379.8	6.1604
600	0.01413	3491.2	6.3616	0.01144	3444.2	6.2351

注：p 取值一定的单元格区域内，水平线以上为未饱和水，以下则为过热蒸汽。

参 考 文 献

[1] 吴季兰. 汽轮机设备及系统 [M]. 2 版. 北京：中国电力出版社, 2015.

[2]《中国电力百科全书》编辑委员会,《中国电力百科全书》编辑部. 中国电力百科全书 [M]. 3 版. 北京：中国电力出版社, 2014.

[3] 叶涛, 张燕平. 热力发电厂 [M]. 5 版. 北京：中国电力出版社, 2016.

[4] 易大贤. 发电厂动力设备 [M]. 2 版. 北京：中国电力出版社, 2008.

[5] 王祥. 电厂热力设备及系统 [M]. 2 版. 北京：中国电力出版社, 2014.

[6] 赵素芬. 汽轮机设备 [M]. 3 版. 北京：中国电力出版社, 2014.

[7] 方勇耕. 发电厂动力部分 [M]. 北京：中国水利水电出版社, 2004.

[8] 郑源, 陈德新. 水轮机 [M]. 北京：中国水利水电出版社, 2011.

[9] 盛国林. 发电厂动力部分 [M]. 北京：中国电力出版社, 2008.

[10] 富丹华. 水轮发电机组及辅助设备运行与维修 [M]. 南京：河海大学出版社, 2005.

[11] 关金锋. 发电厂动力部分 [M]. 2 版. 北京：中国电力出版社, 2007.

[12] 周菊华. 锅炉设备 [M]. 2 版, 北京：中国电力出版社, 2006.

[13] 肖增弘, 徐丰. 汽轮机数字式电液调节系统 [M]. 北京：中国电力出版社, 2014.

[14] 林亚一. 水轮机调节及辅助设备 [M]. 2 版. 北京：中国水利水电出版社, 2008.